oekom

ClimatePartner°
klimaneutral
Verlag | ID: 128-50040-1010-1082

Dieses Buch wurde klimaneutral hergestellt. CO_2-Emissionen vermeiden, reduzieren, kompensieren – nach diesem Grundsatz handelt der oekom verlag. Unvermeidbare Emissionen kompensiert der Verlag durch Investitionen in ein Gold-Standard-Projekt. Mehr Informationen finden Sie unter www.oekom.de.

Bibliografische Information der Deutschen Nationalbibliothek:
Die Deutsche Nationalbibliothek verzeichnet diese Publikation in der Deutschen Nationalbibliografie; detaillierte bibliografische Daten sind im Internet unter http://dnb.d-nb.de abrufbar.

oekom verlag, Gesellschaft für ökologische Kommunikation mbH,
Waltherstraße 29, 80337 München

Layout und Satz: Reihs Satzstudio, Lohmar
Coverentwurf: Luca Sartori, Lazise (Italien)
Umschlagentwurf: Elisabeth Fürnstein, oekom verlag
Umschlagabbildung: stock.adobe.com – adimas
Druck: Bosch-Druck GmbH, Ergolding

Dieses Buch wurde auf 100%igem Recyclingpapier gedruckt.

ISBN 978-3-86581-795-2

FSC
www.fsc.org
RECYCLED
Papier aus Recyclingmaterial
FSC® C011862

Evelyn Oberleiter · Günther Reifer · Hans-Ulrich Streit

SUSTAINABLE COMPANIES

Wie Sie den Aufbruch zum Unternehmen der Zukunft wirksam gestalten

EIN LEITFADEN

Inhalt

TEIL 2
RE:STRUCTURE

Zugunsten der Lesefreundlichkeit wurde auf eine durchgehend geschlechtsneutrale Schreibweise verzichtet. Die verwendete männliche Form schließt bei Entsprechung die weibliche Form selbstverständlich ein.

1

Vorwort von Prof. Ibrahim Abouleish*

Dynamisches Gleichgewicht als Basis für eine nachhaltige Entwicklung

Sehr gerne habe ich die Aufgabe übernommen, für dieses wertvolle Buch, das Unternehmen zu nachhaltigem Wirtschaften anleiten wird, ein Vorwort zu verfassen. Der Schlüssel für eine nachhaltige Entwicklung besteht für mich im Herstellen eines dynamischen Gleichgewichtes zwischen scheinbaren Gegensätzen, die integriert werden müssen. Dass die Welt heute in vielen Bereichen in heftigen, tiefen Krisen steckt, wurzelt meiner Ansicht nach vorrangig in der Tatsache, dass zwischen sich ergänzenden Disziplinen keine Integration stattgefunden hat.

Wir haben in Europa lange intensive, naturwissenschaftliche Forschung betrieben, die viele Technologien hervorgebracht hat. Und ein Großteil der Wirtschaft basiert seit jeher auf den Errungenschaften der Naturwissenschaften und ihrer Technologien. Die Ökonomie wiederum funktioniert nicht ohne politische Unterstützung, weshalb ich Wirtschaft und Politik immer als etwas Gemeinsames denke. Doch sowohl die Naturwissenschaften und Technologien als auch die Wirtschaft und Politik sind in keinem dynamischen Gleichgewicht mit den sie notwendig ergänzenden Disziplinen. Trotz des enormen Fortschrittes, für den wir auch dankbar sind, leidet die Erde. Die Schere zwischen Arm und Reich driftet immer weiter auseinander. Viele Bereiche stehen vor großen Herausforderungen, sodass wir heute von einer Katastrophe in der Welt sprechen müssen. Was ist da falsch gelaufen, was fehlt den Menschen?

In der Beschäftigung mit dem Materiellen, den Naturwissenschaften und der Wirtschaft haben die Menschen die Forschung und Beschäftigung mit dem Ökologisch-Lebendigen und dem Geistig-Ethischen stark vernachlässigt. So wissen die Naturwissenschaftler im Grunde wenig über das Funktionieren der Ökosysteme und ihrer

* Ibrahim Abouleish ist Gründer der SEKEM-Initiative in Ägypten (www.sekem.com), Umsetzer, Querdenker und weltweiter Inspirator für neues Wirtschaften – ausgezeichnet unter anderem mit dem Alternativen Nobelpreis (Right Livelihood Award).

Lebensprozesse. Sie haben sich vornehmlich einer linear-mechanistischen Weltsicht verschrieben anstatt einer zirkulär-systemischen, die dem Leben entspricht. So ist der Mensch für die Naturwissenschaft eine Maschine, das Herz ist eine Pumpe, und das, was am Firmament sichtbar ist, der Kosmos, ist ein mechanisches Regelwerk. Wir haben es jahrhundertelang versäumt, in demselben Maße Sozialforschung zu betreiben wie naturwissenschaftliche Forschung, zu wenig haben wir die Mechanismen lebendiger Systeme erforscht und die Prinzipien sozialer Zusammenhänge verstanden, um sie in unser technologisch-wirtschaftliches Handeln zu integrieren. Und auch die Entwicklung des Geistes, des Denkens und der Ethik ist zu kurz gekommen. Der Mensch ist aber nicht allein ein materielles Wesen und darin Bürger dieser Welt, sondern er ist in demselben Maße auch ein geistiges Wesen und Bürger der geistigen Welt. Die Pflege des Geistes kommt in der Beschäftigung mit Themen der Erziehung, Kultur, Ethik und Denkweise, Kunst und Musik zum Ausdruck. Und welchen Kontakt wir zu unserem Geist pflegen, welche Wahrnehmungsfähigkeit und Denkweise, ob linear oder zirkulär, unserer Persönlichkeit zugrunde liegt, bestimmt unser Handeln in dieser Welt. Weil die Naturwissenschaften und die Ökonomie nicht mit den Sozialwissenschaften und dem Geistigen ausbalanciert wurden, ist ein völliges Ungleichgewicht in der Welt entstanden. Das ist meiner Meinung nach die Erklärung dafür, weshalb in der Wirtschaft und in der Politik, in den Naturwissenschaften und in der Technologie derzeit so viele Probleme vorherrschen und immer heftigere und schneller wiederkehrende Krisen ausbrechen, die mehr und mehr das gesamte Leben auf dem Planeten in Gefahr bringen. Die Vernachlässigung des Lebendig-Sozialen und des Geistig-Ethischen führt zu einem tiefen Misstrauen in die Innovationskraft und Zukunftsfähigkeit der Wirtschaft, Politik und Technologie, denn – nur um ein Beispiel zu nennen – wie kann der Mensch der Gentechnik trauen, wenn diese nicht getragen ist von einer tief gehenden ökologisch-sozialen und geistig-ethischen Betrachtung? Ohne diese Integration gibt es keine Chance, dass Finanzkrisen, ökologische Krisen, Verteilungsprobleme und andere Schwierigkeiten eine langfristige Lösung erfahren.

Die Vision einer nachhaltigen Welt, wie die Autoren Evelyn Oberleiter, Günther Reifer, Hans-Ulrich Streit und das Team des Terra Institutes sie in der Transformation von Unternehmen und der Zivilgesellschaft verfolgen, sieht die Verbindung zwischen Wirtschaft, Naturwissenschaften, Sozialwissenschaften und Ethik vor. Deshalb finde ich dieses Buch als praktische Anleitung so wichtig, denn wenn zwischen all diesen notwendigen Aspekten des menschlichen Seins eine dynamische Balance herrscht, so gibt es Hoffnung für die Welt.

Ibrahim Abouleish, Sekem
November 2015

2

Vorwort der Autoren

Die Gedanken von Prof. Ibrahim Abouleish wollen wir aufgreifen und weiterführen, indem wir anerkennen, dass Gegensätze und *Unterschiede* ein wesentliches Grundprinzip des Lebens und die Voraussetzung für nachhaltige Entwicklung sind. Sie gelten für uns nicht als starr und unverrückbar, sondern als beweglich, in ständiger Veränderung und integrierbar. Hier wollen wir detailliert aufzeigen, wie diese Integration in den verschiedensten Unternehmensbereichen gelingen kann.

Gegensätze, die zusammengehören, sind zum Beispiel die Selbstbehauptung und die Kooperation – als Wechselspiel des Lebens allgemein wie auch als Basis für Wirtschaft und Politik. So passiert es oft, dass sich Einzelne selbst und allein behaupten wollen. Doch die Natur hat uns gezeigt, dass alleinige Selbstbehauptung nicht ohne Integration funktionieren kann. Die zahlreichen Pflanzen- und Tierarten der Erde hätten die Milliarden Jahre der Evolution nicht überdauert, wenn sie nicht auch kooperiert hätten. So sind Selbstbehauptung und Einzelstreben weder schlecht noch gut, solange sie in einem dynamischen Gleichgewicht mit Kooperation und Integrationsfähigkeit stehen. Menschen wollen auch herrschen, und Macht ist eine Kraft, die alle Menschen in gewissem Maße fasziniert. Doch Herrschaft ohne Partnerschaft führt zur Zerstörung. Und auch Konkurrenz und Wettbewerb ohne gleichzeitige Zusammenarbeit führt überall und umfassend zu Verlierern.

Ein weiteres nicht integriertes Gegensatzpaar in der Ökonomie besteht im Spannungsfeld von »Mehr« und »Besser«. Wenn bislang Unternehmen und Volkswirtschaften vorrangig Wert auf Quantität, Wachstum und Gewinne gelegt haben, was an und für sich auch weder gut noch schlecht ist, so fehlte der Ausgleich mit der Qualität und der Sinnhaftigkeit des Tuns sowie mit der gerechten Verteilung.

Das Leben ist uns Menschen als einzigartige Chance geschenkt, uns selbst in Zeit und Materie zu erfahren. Und es ist in uns angelegt, dieses Leben in einer Form führen zu wollen, die uns auf allen Ebenen bereichert und unsere Liebe und unser Glück vermehrt. Der Weg dahin geht über das Streben zu und das Herstellen von einem immer wieder neuen Gleichgewicht der gegebenen Dualitäten. Dann wird das Engagement für ein zukunftsfähiges, lebendiges, geistreiches und nachhaltiges Wirtschaften zu einer Hommage an das Leben. Wir wünschen uns, dass die ganzheitlichen Wirtschaftsansätze, die wir in diesem Buch ausführen, sich schnell verbreiten werden. Mögen sie viele Unternehmer der Welt inspirieren und dazu beitragen, die Welt für die Unternehmer selbst und alle Lebewesen unserer Erde ein Stück weit zu verbessern.

Im Rahmen unserer vielzähligen Seminare und Beratungsprojekte wurden wir immer wieder aufgefordert, unsere diesbezüglichen Lernerfahrungen niederzuschreiben und breiter zugänglich zu machen. Motiviert wurden wir dabei von den vielen Menschen, die sich einen Wandel wünschen, denen aber vielfach hierfür die Idee eines Weges oder aber die Methoden fehlen. Ziel dieses Buches ist es demnach, einen praktischen Wegweiser für mutige Unternehmer anzubieten und sie zu bestärken, ins Handeln zu kommen. Es geht um ein neues Unternehmertum, das noch mehr als bislang Teil der Lösung und weniger Teil der globalen Probleme sein möchte. Vieles ist möglich. Und jeder kleine Schritt kann viel verändern. Lasst es uns tun.

Evelyn Oberleiter, Günther Reifer, Hans-Ulrich Streit
Dezember 2015

3

Einführung

2013 feierte der Begriff *Nachhaltigkeit* seinen 300. Geburtstag. »Es soll nur so viel Holz geschlagen werden, wie durch Wiederaufforstung nachwachsen kann«, schrieb 1713 Oberberghauptmann Hans Carl von Carlowitz, als er die Knappheit der primären Ressource Holz überall in Europa als eines der akuten Probleme der damaligen Zeit erkannte. Wenn man heute von Nachhaltigkeit spricht, so umfasst der Begriff weit mehr als nur die Holzversorgung Europas.

Im Jahre 1972 ermahnte erstmalig der Club of Rome in seiner Publikation *Die Grenzen des Wachstums* die Gesellschaft zu einer ressourcenschonenderen Umorientierung. 1992 erkannten die Teilnehmenden der Rio-Umweltkonferenz, dass eine nachhaltige Entwicklung die Voraussetzung für eine gesunde Gesellschaft und Wirtschaft ist. Und heute? Nach den anhaltenden Wirtschafts- und Finanzkrisen des letzten Jahrzehnts, den großen ökologischen Herausforderungen und der immer tiefer werdenden Kluft zwischen Arm und Reich zweifelt kaum mehr jemand daran, dass wir eine neue Perspektive brauchen, ein neues Verständnis der Zusammenhänge der Welt, in der wir leben.

Vielleicht haben Sie dieses Buch in die Hand genommen, weil Sie einen Beitrag zu einer positiven Veränderung leisten möchten. Vielleicht haben Sie verstanden, dass wir in einer Zeit nie da gewesener Umwälzungen leben, die Gefahren, aber auch Chancen birgt. Vielleicht stellen Sie unsere gesamte Lebens- und Wirtschaftsweise infrage und gehören zu der täglich wachsenden Zahl von Menschen, die einen Beitrag leisten möchten, ökologische Systeme zu erhalten und soziale zu stärken. Vielleicht suchen Sie nach neuen unternehmerischen Modellen, die auf lebenserhaltenden und lebensfördernden Prinzipien aufbauen und nachhaltige Entwicklungen fördern.

An Lösungsvorschlägen mangelt es nicht. Viele sind bisher technischer Natur: erneuerbare Energien zur Bekämpfung des Klimawandels, ausgefeilte Filtertechnologien zur Vermeidung von Umweltverschmutzung, Prozesseffizienz zur schonenden Nutzung natürlicher Ressourcen und vieles mehr. Ihre langfristige Wirksamkeit ist häufig umstritten. Alleine werden sie sicherlich nicht ausreichen, um die natürlichen Lebensgrundlagen der Menschheit nicht nur zu erhalten, sondern darüber hinaus: um sie wieder zu stärken. Und auf die Sinnfragen unserer Zivilisation geben sie ebenfalls keine Antwort.

Was fehlt, sind überzeugende Vorschläge zur gesellschaftlichen Umsetzung in den Kommunen, in den Unternehmen und in der Gesellschaft. Wir konzentrieren uns in diesem Buch auf Möglichkeiten zur Transformation in Unternehmen und wollen einen Beitrag leisten, Unternehmen schrittweise in eine nachhaltige Zukunft zu begleiten. *Wir wollen Unternehmen darin befähigen, Teil der Lösung und nicht mehr Teil des Problems zu sein.*

Dieses Buch ist das Ergebnis eines längeren Prozesses, den wir selber in unserem Unternehmen gehen und der noch lange nicht abgeschlossen ist. Begonnen haben wir mit unserem *Kompetenzzentrum für Zukunftsfähigkeit von Wirtschaft & Gesellschaft* im Jahr 2009 nach tief beeindruckenden Begegnungen unter anderem mit Ibrahim Abouleish, dem Gründer von SEKEM in Ägypten, und Muhammad Yunus, dem Gründer der Grameen-Bank für Mikrokredite in Bangladesch und Friedensnobelpreisträger. Unsere Entrüstung über den Zustand der Welt und gleichzeitig die bereits sichtbaren ganz konkreten Handlungsmöglichkeiten waren Impulse für die Gründung des Terra Institute. Das spiegelte sich auch in den ersten Entwürfen dieses Buches wieder. Die erste Version enthielt noch eine ausführliche Beschreibung des Zustandes der Welt und der aus unserer Sicht wichtigsten Einflussfaktoren dafür, wie es so weit kommen konnte. Und zunächst wollten wir auch noch möglichst viele der uns bekannt gewordenen Lösungsmöglichkeiten vorstellen.

Inzwischen sind wir fokussierter geworden. Eine weitere detaillierte Darstellung der Probleme unseres Planeten und unserer Zivilisation würde Ihnen vermutlich keinen großen Nutzen mehr bringen. Wir gehen davon aus, dass unsere Leser sich mit dieser Thematik bereits ausführlich beschäftigt haben und sich der großen Fragestellungen unserer Welt bestens bewusst sind. Genauso denken wir, dass auch die ausführliche Darstellung von Lösungsmöglichkeiten keinen grundsätzlich neuen Beitrag mehr bringen würde. Denn Vorschläge zur Verbesserung gibt es genug, und sie werden in anderen Büchern schon sehr gut und genau dargestellt. Wir brauchen das hier nicht zu wiederholen.

Stattdessen konzentrieren wir uns auf die *Gestaltung der Umsetzung* von Maßnahmen. Natürlich braucht es zunächst eine genaue Analyse der Ausgangssituation. Und hilfreich ist es sicherlich auch, mehrere Lösungsmöglichkeiten zur Auswahl zu haben. Aber viele der unternehmerischen Aufgaben unserer Zeit sind komplex, viele unterschiedliche Interessen und Ziele sind zu berücksichtigen. Deshalb muss jede geplante Änderung im Kontext der Kultur einer Organisation gesehen und für diese maßgeschneidert werden, wenn sie zu einem Erfolg werden soll. Darauf legen wir den

Schwerpunkt in diesem Buch. Wir stellen Ihnen unsere Ansätze vor und die Erfahrungen, die wir gemeinsam mit den von uns begleiteten Unternehmen gemacht haben.

Dieses Buch haben wir in drei Teile gegliedert. *Re:connect* heißt der erste Teil, in dem wir ökologische Nachhaltigkeit, soziale Gerechtigkeit und persönliche Sinnerfüllung im globalen Kontext betrachten sowie Perspektiven zu neuen Rollen von Unternehmen und Wirtschaft untersuchen. Ausführlich gehen wir auf unser Denken, Fühlen und Handeln wichtiger Kernprinzipien ein. Wir sind überzeugt, dass es in einer komplexen Welt widerstreitender Faktoren eine klare Werteorientierung braucht, um mit ganzer Kraft handlungsfähig zu sein.

Im Hauptteil *Re:structure* stellen wir Ihnen unsere erprobten Methoden für eine unternehmerische Transformation vor. Natürlich sind viele der Ansätze, Ideen und Werkzeuge, über die wir berichten, nicht von uns erfunden worden. Aber wir können versichern, dass sie erfolgreich praxiserprobt sind in Unternehmen unterschiedlichster Branchen – vom Kleinunternehmen bis zu mittleren und großen Betrieben mit über 10.000 Beschäftigten. Das erste der insgesamt sieben Kapitel beginnt mit der Erstellung eines systemischen Leitbildes aus Mission & Vision. Das ist aus unserer Sicht ein wichtiger Kernpunkt für die Zukunftsfähigkeit von Unternehmen, und wir widmen ihm eine genaue Handlungsanleitung.

Im dritten Teil, *Re:member,* fassen wir schließlich zusammen und wagen einen Ausblick in die Zukunft.

Drei längere Interviews mit Christof Bosch (Sprecher der Familie Bosch beim global aktiven Unternehmen Robert Bosch GmbH), Jakob von Uexküll (Stifter des Alternativen Nobelpreises) und Gunther Schmidt (einer der profiliertesten Organisationsberater im deutschsprachigen Raum) stellen unsere Ansichten in den Kontext wichtiger gesellschaftlicher Vordenker. Dabei werden auch Unterschiede in den Sichtweisen deutlich.

In diesem Buch beziehen wir uns nur zum Teil auf anerkannte Studien und Ressourcen. Andere Einsichten und Erkenntnisse sind Früchte vieler Diskussionen, Reflexionen, Beratungserfolge und Beratungsfehler des lebendigen und vielfältigen Teams des Terra Institute und seiner Kooperationspartner. Stellen Sie alles infrage, lesen Sie nach, seien Sie kritisch. Treten Sie mit uns in einen Dialog. Nur indem wir uns laufend gegenseitig infrage stellen und uns kritisch konfrontieren, können wir von den nie da gewesenen Chancen dieser Zeit profitieren und unseren Traum einer Welt, die für alle funktioniert, verwirklichen.

4

Danksagungen

An dieser Stelle möchten wir aus ganzem Herzen Danke sagen! An erster Stelle all unseren heutigen und ehemaligen Kollegen im Terra Institute für ihre Hilfestellungen, die Ergänzungen und Fragen, das Teilen von Erfahrungen, von Gefühlen wie Freude, Schmerz, Frust und neuer Hoffnung und Motivation. Viele haben wichtige inhaltliche Anmerkungen oder Textabschnitte beigetragen: Christina Julius, Dagmar Knuth, Emma Petersson, Günter Lenz, Hans Steisslinger, Johanna Bernhardt, Jörn Wiedemann, Juergen Schmidt, Klaus Egger, Laura Kästele, Marcel Fischer, Michael Weiss, Ralf Nacke, Roswitha Schalk, Sonja Gantioler und besonders Vivian Dittmar, die bei der allerersten Version des Buches intensiv mitgearbeitet hatte. Die anregenden Diskussionen zwischen uns waren sehr hilfreich und haben unser ganzes Team und die inhaltliche und methodische Ausrichtung des Terra Institute ein großes Stück vorangebracht.

Besonders die Schlussphase des Buches war dann noch einmal ein Kraftakt, in dem Christin Kaden, Carlotta Menghini, Christian Kaiser, Claudia Ricci, Emanuela Vedovati, Katharina Gogl, Johanna Klapfer, Mauro Vaia, Paolo Agnelli, Rainer Paszek und Simone Tarneller bei der kritischer Durchsicht der Rohfassung und vielen weiteren Aufgaben, wie zum Beispiel der Erstellung der Grafiken, unterstützt oder einfach mit ihrer wohltuenden Präsenz für Ausgleich gesorgt haben.

Unseren Interviewpartnern Jakob von Uexküll, Christof Bosch und Gunther Schmidt danken wir für ihre Offenheit und die inspirierenden Gedanken. Die Gespräche mit ihnen waren eine große Freude!

Ein außerordentlich großes Dankeschön möchten wir auch an Ibrahim Abouleish richten, der das Vorwort zum Buch formuliert hat: Er war es, der uns vor etlichen Jahren bei einem Besuch von SEKEM in Ägypten darin bestärkt hat, diesen unseren heutigen Weg hin zu einem neuen, mutigen Unternehmertum und einer ganzheitlichen Nachhaltigkeit zu gehen. Wir danken ihm für seine weisen Worte und sein großes Herz, das uns tief berührt hat.

Unseren Kunden danken wir für die gemeinsamen, engagierten Wege und für das Zusammenstehen in der gemeinsamen, übergeordneten Vision. Wenn Sie beim Lesen die Praxisnähe der Ideen und Gedanken bemerkt haben, so ist das vor allem ein Verdienst unserer Kunden, die mutig mit uns manchmal auch noch unbekannte Gebiete betreten haben.

Der oekom verlag und dort besonders Herr Herrmann standen uns immer hilfreich zur Seite und verloren auch nicht die Geduld, als wir mehr Zeit brauchten als ursprünglich geplant.

TEIL 1

RE:CONNECT

5

Standortbestimmung

Jede Reise beginnt mit einer akkuraten Standortbestimmung. Bevor wir uns fragen, warum der Drang nach Veränderung heute von vielen Unternehmern so stark gespürt wird, ist es uns wichtig darzustellen, wo wir derzeit global im ökologischen, sozialen, persönlichen und wirtschaftlichen Sinne stehen.

Die Errungenschaften des industriellen Zeitalters sind nicht zu leugnen und sollen auch nicht in Abrede gestellt werden, ganz im Gegenteil. In Europa – zum Beispiel – ist die Wirtschaftsproduktivität außerordentlich stark gestiegen und damit auch der materielle Wohlstand mit Zentralheizung, privaten Autos, Flugreisen, Computer, Internet und sonst noch vielem Erdenklichen. Unter anderem dank der medizinischen Versorgung leben wir in den westeuropäischen Staaten heute doppelt so lang wie vor 150 Jahren. Der Analphabetismus ist fast gänzlich verschwunden. Binnen weniger Generationen erhöhte sich der Lebensstandard auf ein Niveau, das in der Zeit zuvor noch einer verschwindend kleinen Elite vorbehalten war.

Doch so unbestritten positiv diese Gewinne sind, so sind auch die negativen Auswirkungen des industriellen Systems nicht mehr zu leugnen. Manche Menschen neigen dazu, die Schwierigkeiten und die in den letzten Jahrzehnten entstandenen Gefahren für die Umwelt, für das Klima und für den sozialen Frieden auf diesem Planeten auszublenden. Das Vor-Augen-Führen der verschiedenen Stressfaktoren der Welt macht uns die Abhängigkeit aller von allem schmerzhaft bewusst und löst damit unangenehme Angst- und Ohnmachtsgefühle aus. Immer mehr Menschen lernen jedoch, diese *schwierigen* Gefühle auszuhalten und trotz eines Blickes auf die aktuelle Lage und die gegenwärtigen Probleme gleichsam auch schon die daraus resultierende Fülle an Chancen wahrzunehmen. Jede Krise trägt Chancen in sich – und so trägt auch die aktuelle globale Situation die Möglichkeit, die Kraft und die Kreativität für eine tief greifende Veränderung zu mehr Gemeinwohl in der Welt in sich.

Wenn wir nun in den nächstfolgenden Abschnitten in Teil 1 unseres Buches die heutige Situation auf diesem Planeten aus unterschiedlichen und doch eng miteinander verbundenen Perspektiven betrachten, so sind die dargestellten Inhalte und Fakten für die allermeisten nicht neu. Doch wie eben benannt, steckt der Wunsch nach Neuem in der Krise des Alten. Und genau diesen starken Treiber für Veränderung möchten wir noch einmal aktivieren und nutzen.

5.1
Die ökologische Krise

Nachhaltigkeit ist die Fähigkeit der derzeitigen Generation, ihre Bedürfnisse zu decken, ohne die Deckung der Bedürfnisse der zukünftigen Generationen zu beeinträchtigen.
Vereinte Nationen, 1987

Ein guter Ansatzpunkt, um die Dynamik hinter unserer derzeitigen Situation zu begreifen, ist die dramatische Bevölkerungsexplosion der letzten 150 Jahre. Unter anderem der enorme Anstieg der landwirtschaftlichen Produktivität ließ die Anzahl der Menschen auf diesem Planeten exponentiell wachsen. Mit den rasant ansteigenden Bevölkerungszahlen wuchs auch der Bedarf an den Ressourcen der Erde. Unser Wasserverbrauch stieg rapide an, genau wie unsere Nutzung von Mutterboden, fossilen Brennstoffen und anderen Rohstoffen.

Neben einem quantitativen Wachstum der Produktivität hat die Nutzung fossiler Energien und die Entwicklung moderner Technologien auch ein qualitatives Wachstum unterstützt. Strom- und Wassernetze, öffentliche und persönliche Nah- und Fernverkehrsmittel, medizinische Versorgung, Bildung und Informationstechnologien haben die Lebensweise der Menschen in der industriellen Welt grundlegend verändert. Keine Generation vor uns hat so viel wirtschaftlichen Wohlstand, politische Stabilität, Freizeit und Komfort genossen wie wir heute.

Doch nun erreichen die drastischen Veränderungen und beeindruckenden Errungenschaften einen kritischen Punkt, denn die Warnsignale werden immer deutlicher. Feierte man Mitte der 1950er-Jahre noch die Vorstellung eines Wirtschaftswunders, das ewig weiterwachsen würde, so hat 1972 der Club of Rome mit seinem Bericht *Die Grenzen des Wachstums* dieser Denkweise erstmals eine andere Perspektive entgegengebracht.

Bis Mitte der 1980er-Jahre lag der Verbrauch der Menschheit an Rohstoffen in einem Bereich, der von den Biosystemen der Erde regeneriert werden konnte. Schon damals war das nur möglich, weil der Großteil der Menschheit weit weniger verbrauchte, als in der westlichen Welt üblich war. Auch heute leben die meisten Menschen unter Bedingungen, die von denen der reichen Konsumschicht weit entfernt sind, und sie verbrauchen dadurch weniger Ressourcen. Mit weiter wachsender Weltbevölkerung und zugleich steigendem Wohlstand in vielen Regionen der Welt wird die Gesamtbilanz jedoch immer schlechter. Die Folgen sind absehbar: Indem sich die Menschen massiv der Ressourcen dieser Welt bedienen, ist die natürliche Lebensgrundlage zukünftiger Generationen gefährdet. Es besteht die Gefahr, dass die Übernutzung die lebenserhaltenden Systeme selbst angreift und oft sogar zerstört. Die regenerative Fähigkeit des Systems Erde nimmt ab, während der Bedarf an ihren Leistungen weiter ansteigt. Es braucht keine hellseherischen Fähigkeiten, um vorauszusehen, dass dieses System langfristig nicht funktionieren kann.

Es ist heute unumstritten, dass die globale Erwärmung in der Verantwortung des Menschen und seinem Umgang mit der Natur begründet ist. Dabei sind die industrielle Landwirtschaft und die damit verbundene großflächige Waldrodung zusammen mit der weltweit rasant ansteigenden Tiermast, den ungefilterten industriellen Abgasen und dem Transportverhalten wesentlich am Klimawandel beteiligt.

Wirtschaftlich spielen bei der Beschleunigung dieser gefährlichen Abwärtsspirale neben den wachsenden Bevölkerungszahlen auch die sogenannten aufstrebenden Märkte eine zentrale Rolle. So attraktiv der Gedanke erscheinen mag, die Milliarden Inder und Chinesen mit Konsumgütern aller Art auszustatten, so kritisch ist dieser Wunsch aus ökologischer Sicht. Die sich abzeichnende Ressourcenknappheit – nicht nur im Sektor der fossilen Energie – lädt uns ein, radikal neue Wege einzuschlagen. Lineare Wertschöpfungsketten, an deren Anfang ein scheinbar unbegrenzt vorhandener natürlicher Rohstoff steht und deren Ende die Mülldeponie ist, stoßen an ihre natürlichen Grenzen.

5.2 Soziale Ungerechtigkeit

Wenn es keine Menschen gäbe, gäbe es keine Wirtschaft.
Folglich ist die Wirtschaft für den Menschen da und nicht umgekehrt.
Prof. Götz W. Werner, Gründer und Aufsichtsrat von dm-drogerie markt

Neben der kritischen ökologischen Situation stehen wir vor nie da gewesenen sozialen Herausforderungen. Armut, stagnierende Einkommen, ungleiche Vermögensverteilung, steigender Wettbewerb in schrumpfenden Märkten, Existenzängste, Jugendarbeitslosigkeit und die Zuwanderung von Flüchtlingen aus Krisengebieten sind nur einige Phänomene dieses noch jungen Jahrtausends. Knapp 900 Millionen Menschen essen nicht genug, um ein gesundes Leben zu führen (FAO 2012). Der Hunger macht diese Menschen nicht nur überdurchschnittlich anfällig für Infektionskrankheiten und beeinträchtigt ihre physische und psychische Entwicklung, er verringert auch ihre Arbeitskraft und ihre Lebenserwartung. Gleichzeitig werden in den Industriestaaten 50 Prozent aller Lebensmittel weggeworfen, um genau zu sein: »jeder zweite Kopfsalat, jede zweite Kartoffel und jedes fünfte Brot«.

Besonders deutlich wird das Ausmaß des weltweiten Verteilungsproblems, wenn wir das Konsumverhalten der reichsten 20 Prozent der Menschheit mit jenem der ärmsten 20 Prozent vergleichen. In Tamkuha, einem Dorf im indischen Bundesstaat Bihar, haben die Kinder kein Licht zum Lernen, und ihre Mütter kochen im Dunkeln. Sie müssen sich ohne Licht waschen, anziehen und Zähne putzen. Der unbeleuchtete Weg zu Verwandten oder Freunden ist für Mädchen überaus gefährlich. Weltweit leben etwa 1,5 Milliarden Menschen ohne Zugang zu Elektrizität (Häusler, 2012).

Es fehlt nicht nur Licht für die Hausaufgaben: Die Kinder haben auch keine Bücher und kein Papier. 84 Prozent des weltweiten Papierkonsums gehen auf das Konto des reichsten Fünftels der Menschheit, die ärmsten 20 Prozent konsumieren lediglich 1,1 Prozent. Wohltätigkeitsorganisationen wie Room To Read haben sich aus diesem Grund der Verteilung von Schulbüchern an arme Schulkinder aus Gemeinden und Dörfern wie Tamkuha verschrieben.

Auch in den wohlhabenden Ländern selbst ist nicht alles fair verteilt. Die UNICEF hat 2012 eine Liste von einfachen Dingen veröffentlicht, die Kindern in reichen Ländern zur Verfügung stehen sollten. Dazu gehören beispielsweise eine warme Mahlzeit täglich, altersgerechte Bücher, mindestens ein altersgerechtes Spielzeug, ein Internetanschluss und zwei Paar Schuhe. Selbst in Deutschland wurde bei 8,8 Prozent der Kinder eine »besondere Mangelsituation« festgestellt. »Es ist enttäuschend, dass Deutschland es nicht schafft, die materiellen Lebensbedingungen für Kinder entscheidend zu verbessern«, sagte Christian Schneider, Geschäftsführer von UNICEF Deutschland (UNICEF 2012). Zudem hat 2015 die OECD (Organisation für wirtschaftliche Zusammenarbeit und Entwicklung) in ihrem Sozialbericht *In It Together: Why Less Inequality Benefits All* auf die steigende Einkommens- und Vermögensungleichheit in seinen Ländern hingewiesen. Sie warnt, dass dies auch die wirtschaftlichen Aussichten eines Landes beeinträchtigen kann aufgrund der fehlenden Nutzung von Potenzialen.

Wir können uns in diesen Zeiten unseres westlichen Überflusses kaum vorstellen, dass der ungerechte Verteilungstrend weltweit nicht rückläufig ist. Trotz einer Verringerung der extremen Armut verschärft er sich zunehmend. Die Vorstellung, dass wirtschaftliches Wachstum, kombiniert mit der Selbstregulierung der Märkte, ausreicht, um die Lebensqualität aller Menschen anzuheben, hat sich als nicht haltbar erwiesen.

Die soziale Verteilungskrise besteht nicht nur zwischen allen Menschen, die derzeit auf der Erde leben, sondern auch intergenerationell. Das heißt, sie liegt auch zwischen jetzigen und zukünftigen Generationen. Setzen sich gegenwärtige Trends fort, ist es absehbar, dass zukünftige Generationen weitaus schlechtere Bedingungen vorfinden werden als wir.

5.3
Die Sinnkrise

Der Grund, weshalb Menschen sich in diesem Massenkonsumalbtraum befinden, ist, dass sie einsam sind und verletzt. Sie glauben wirklich, dass mehr Einkommen, mehr Sachen, mehr Konsum, mehr materielle Dinge, die Beziehung zu Dingen, den Hunger des menschlichen Herzens stillen werden. Und das wird nie funktionieren.

Van Jones, Autor von *Green Collar Economy*

Die sozialen und ökologischen Herausforderungen unserer Zeit dürften den meisten Menschen durchaus bewusst sein. Klimawandel, Hunger, Artensterben und ähnliche Themen dominieren inzwischen regelmäßig die Schlagzeilen. Doch es gibt noch einen weiteren Aspekt der heutigen Krise, der häufig unerkannt bleibt: die persönlichen Sinnkrisen. Bis vor Kurzem schien wachsender materieller Wohlstand ein Garant für Wohlergehen, Sinnerfüllung und Glück. Trotzdem: Während durchschnittliches Einkommen und Wohlstand in den reichen Industrienationen beständig anstiegen, konnte kein vergleichbares Wachstum bei der Zufriedenheit der Bevölkerung verzeichnet werden. Das Bruttoinlandsprodukt als Messindikator für den Erfolg einer Volkswirtschaft verkannte, dass finanzieller Wohlstand nur bis zu einer gewissen Einkommensgrenze zu mehr Zufriedenheit führt. Wie inzwischen vielfach nachgewiesen, führt er jenseits dieser Grenze zu keiner weiteren Steigerung der subjektiv empfundenen Lebensqualität.

Doch wenn materieller Wohlstand nicht die ersehnte Erfüllung gewährleistet, was dann? Was macht uns glücklich? Wissenschaftliche Untersuchungen kamen diesbezüglich zu einigen überraschenden Erkenntnissen: Laut einer Umfrage im Auftrag der BBC ist die finanzielle Situation nur zu sieben Prozent für unser Wohlergehen verantwortlich (BBC 2006). Ähnlich gering beziffert wurden Faktoren wie ein schönes Zuhause (acht Prozent) und Religion oder das spirituelle Leben (sechs Prozent). Weniger überraschend ist die Tatsache, dass unsere Gesundheit mit fast einem Viertel einen vergleichsweise wichtigen Faktor darstellt. Bei Weitem übertroffen wird dieser Aspekt jedoch von unseren persönlichen Beziehungen: Familie, Partnerschaft und Freunde kommen zusammengenommen auf über 50 Prozent.

Und da uns gerade in diesem Bereich Geld und Konsum nur sehr begrenzt weiterhelfen, ist es nicht verwunderlich, dass eine prosperierende Wirtschaft nicht automatisch zu einer glücklicheren Bevölkerung führt. In den letzten Jahrzehnten scheint es sogar so zu sein, dass viele gerade in ihren zwischenmenschlichen Beziehungen besonders gelitten haben. Neben den konstant hohen Scheidungsraten belegen Untersuchungen einen massiven Rückgang in nahen persönlichen Beziehungen. So gab beispielsweise ein Viertel aller Amerikaner an, niemanden zu haben, dem sie sich anvertrauen können (McPherson et al. 2006). Ein weiteres Viertel gab an, nur eine solche Person zu haben. Diese Zahlen haben sich in den letzten 20 Jahren verdoppelt, was auf einen schnell voranschreitenden Verlust tief gehender menschlicher Beziehungen hinweist.

Gibt es einen Zusammenhang zwischen dem hohen Stellenwert des Konsums in unserer Gesellschaft und dem Zusammenbruch unserer sozialen Strukturen? Kulturphilosoph und Wachstumskritiker Charles Eisenstein beantwortet diese Frage in seinem Buch *Ökonomie der Verbundenheit* unumwunden mit Ja. Er sagt: »Wir haben Stück für Stück Beziehungen durch Dienstleistungen ersetzt und leben dadurch in einer Welt, in der wir uns alles kaufen können, jedoch auf niemanden angewiesen sind, wodurch keine wirklichen Bindungen mehr eingegangen werden.« (Eisenstein 2012)

5.4
Auswirkungen der Krisen auf Menschen in Unternehmen

Der Mensch … opfert seine Gesundheit, um Geld zu machen.
Dann opfert er sein Geld, um seine Gesundheit wiederzuerlangen.
Und dann ist er so ängstlich wegen der Zukunft, dass er die Gegenwart nicht genießt;
das Resultat ist, dass er nicht in der Gegenwart lebt;
er lebt, als würde er nie sterben, und dann stirbt er und hat nie wirklich gelebt.
Dalai-Lama

Die Sinnkrise unserer Zeit stellt Unternehmer vor nie da gewesene Herausforderungen. Die Tatsache, dass es auch in der Arbeitswelt selten geworden ist, durch finanzielle Entlohnung allein wirkliche Erfüllung zu finden, stellt Führungskräfte vor ganz neue Aufgaben. Eine angstbehaftete und konkurrenzgeprägte Unternehmenskultur vereitelt den Aufbau tragender Beziehungen; vielerorts bewegen sich Mitarbeitende und Führungskräfte im Spannungsfeld der inneren Kündigung einerseits und des Burnouts andererseits, wobei beide Extreme bedeutende Auswirkungen auf die Wirtschaftlichkeit von Unternehmen haben.

Studien ergeben, dass in Europa nur rund 35 Prozent der Arbeitnehmer wirklich engagiert sind (siehe zum Beispiel Blessing 2011). Das hat große finanzielle Folgen: Firmen mit hohem Mitarbeiterengagement konnten Wachstumsraten von 28 Prozent verzeichnen, während jene mit geringem Engagement Verluste von durchschnittlich 11 Prozent hatten (Perrin 2007). Zugleich zeigten Mitarbeiterbefragungen, dass authentisch gelebte Werte und die Verknüpfung der Unternehmensvision mit einem höheren Ziel eine der wichtigsten Triebfedern für Mitarbeiterengagement sind. Ein wichtiger Fingerzeig für uns, den wir zu einem späteren Zeitpunkt noch einmal aufgreifen werden.

Neben der Problematik der inneren Kündigung haben Unternehmen heute zunehmend mit Burn-out zu kämpfen. Burn-out gilt als der »neue Arbeitsunfall«, und der Übergang vom Burn-out zur Depression ist fließend. Laut einer Studie sind 19 Prozent aller Mitarbeitenden Burn-out-gefährdet (GPA 2013). 37 Prozent der Gefährdeten waren im vorangegangenen Jahr über 20 Tage im Krankenstand, was nur auf 11 Prozent der Nichtgefährdeten zutraf. Die finanziellen Kollateralschäden dieser Entwicklung sind beachtlich. Allein für die deutsche Wirtschaft wurden diese von der Dekra mit jährlich 43 Milliarden Euro beziffert.

Lassen wir die hier angeführten Facetten der derzeitigen globalen Gesamtsituation der ökologischen, soziale und Sinnkrise Revue passieren, dann drängt sich die folgende Frage auf: Welcher Nutzen liegt in der Fortführung eines Systems, das einerseits die ökologische Lebensgrundlage der zukünftigen Generationen und des ganzen Planeten gefährdet, dabei einen großen Teil der Weltbevölkerung auf der Strecke lässt und noch nicht einmal diejenigen, die am meisten von diesem System profitieren, wirklich glücklich macht?

Vielleicht beschreibt genau diese Fragestellung die Gesamtkrise und den daraus resultierenden Wunsch nach einer Systemveränderung am allerbesten. Denn das Bewusstsein, dass die ökonomische, ökologische und soziale Sinnkrise lediglich verschiedene Aspekte einer grundsätzlichen Systemkrise darstellen, setzt sich immer mehr durch.

6

Wie sind wir hierhergekommen? Wie geht es weiter?

Angesichts der aktuellen Lage auf unserer Erde könnte man meinen, dass wir teilweise den Verstand verloren haben. Wie aber sind wir nur in diese globale Schieflage geraten? In unserer auf Handlung ausgerichteten Kultur könnte es die erste Reaktion sein, sofort etwas unternehmen zu wollen. Wenn das Verhalten geändert wird, ohne sich die Grundursachen dessen bewusst zu machen, kann es aber leicht passieren, dass man sich schnell in einer ähnlichen Situation wiederfindet. Um zu verstehen, wie unser Handeln zu so negativen Ergebnissen führen konnte, ist es deshalb hilfreich, sich mit dem Phänomen *kultureller Blasen* zu befassen.

6.1 Die Blase des industriellen Zeitalters

Ein Wissen, das nicht in die Zukunft reicht, ist kein Wissen.

Hans-Peter Dürr

Eine Blase entsteht, wenn eine Gruppe von Menschen anfängt, nach anderen Gesetzmäßigkeiten zu leben als das größere System, in das sie eingebettet ist. Dadurch verliert diese Gruppe den Kontakt mit dem, was außerhalb der Blase geschieht, und sie begibt sich in eine Scheinwelt. Von innerhalb der Blase betrachtet, erscheint sie jedoch absolut real. Bekannte Beispiele der jüngeren Geschichte sind die Immobilienblasen in Spanien oder in den USA: Innerhalb dieser Spekulationsblasen schienen die Wertsteigerungen sinnvoll zu sein. Doch als die Blase zu groß wurde und mit der Realität kollidierte, platzte sie, und die prognostizierten Gewinne enttarnten sich als Fata Morgana.

Laut Peter Michael Senge, amerikanischer Wissenschaftler, Autor und Professor an der MIT Sloan School of Management, ist das gesamte industrielle Zeitalter eine solche Blase (Senge 2011). Er argumentiert, dass die Krise, die wir heute erleben, in

Abbildung 1: Die Blase des industriellen Zeitalters.

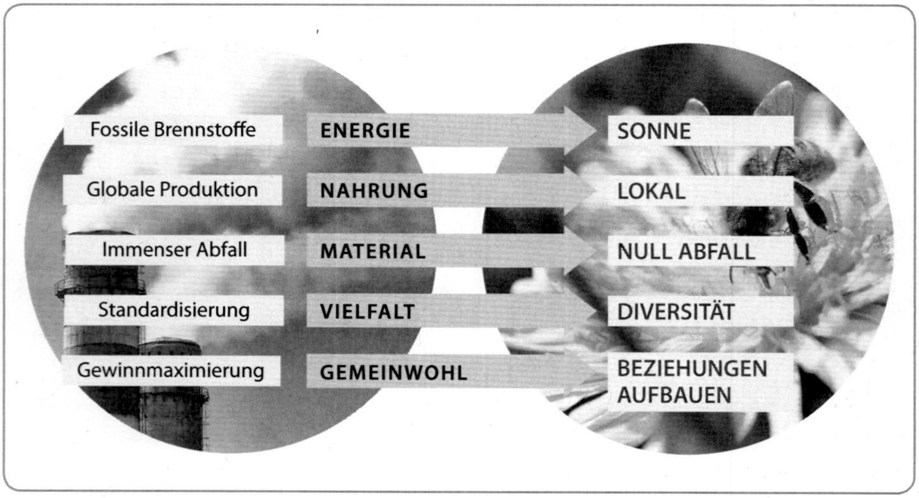

Quelle: nach Senge 2011.

Wahrheit das Platzen dieser Blase ist. Anhand der Art und Weise, wie wir heute unsere fundamentalen menschlichen Bedürfnisse nach Energie, Nahrung und Wasser, Materialien (Waren und Dienstleistungen), Vielfalt und Gemeinwohl erfüllen, bringt Senge die Unterschiede zwischen der Blase des industriellen Zeitalters und der *wirklichen Wirklichkeit* auf den Punkt. Mit diesem Modell erklärt er, weshalb die Bedürfniserfüllung in dieser Blase keineswegs nachhaltig sein kann und die Menschheit unweigerlich zu den natürlichen Gesetzmäßigkeiten zurückkehren muss.

Energie

Gesetzmäßigkeiten in der Blase: Die Industrie, die Transporte, die Landwirtschaft und die Haushalte basieren vorrangig auf der Nutzung fossiler Brennstoffe. Diese sind endlich und gehen zur Neige, deren Gewinnung selbst hat einen hohen Energieverbrauch, schädigt die Ökosysteme und führt zu großen wirtschaftlichen Machtkonzentrationen und Abhängigkeiten.

Gesetzmäßigkeiten der »Realität«: Die Natur bedient sich der Energie der Sonne und aller damit einhergehenden Energieformen. Diese ist frei verfügbar und unbegrenzt.

Nahrung

Gesetzmäßigkeiten in der Blase: Unsere Lebensmittel sind nur zu einem kleinen Bruchteil lokalen Ursprungs, sondern reisen vielmehr Tausende von Kilometern um den Globus. Sie sind häufig gentechnisch verändert, chemisch angereichert und auf verschiedenste Art und Weise konserviert und daher gesundheitsgefährdend. Der Zugang zu Boden und Wasser ist aufgrund von Eigentumsverhältnissen nicht für jedermann gewährleistet und fördert somit Abhängigkeiten und ist mitunter Auslöser von Hungersnöten und Kriegen.

Gesetzmäßigkeiten der »Realität«: In der Natur stammt der Großteil der Nahrung aus der lokalen Umwelt, auch wenn in einigen Fällen Samen über große Distanzen vom Wind getragen werden.

Material

Gesetzmäßigkeiten in der Blase: Die Art und Weise, wie Produkte konzipiert und hergestellt sind, hinterlässt enorme Mengen an Abfall. Zudem sind die Rohstoffe und Lieferketten derartig globalisiert, dass dies einen extremen Ressourcenverbrauch mit sich bringt. Aufgrund des »erfolgreichen« Wirkens der Marketingmaschinerie fehlt dem Konsumenten heute die Erfahrung von Sattheit. Diese fehlt in der Erfüllung sämtlicher Grundbedürfnisse nach Nahrung, Kleidung, Wohnausstattung, Unterhaltung und vielem mehr.

Gesetzmäßigkeiten der »Realität«: In der Natur gibt es keinen Abfall. Alles hat eine Verwendung und wird gebraucht. Jeder Konsum und jedes Wachstum hat eine natürliche Grenze.

Vielfalt

Gesetzmäßigkeiten in der Blase: In unserem globalen Wirtschaftssystem streben wir zur Steigerung von Produktivität und Effizienz gnadenlos nach Standardisierung und Vereinheitlichung. Biodiversität gilt als ineffizient, und die kulturelle und ethnische Vielfalt von Menschen wird als Gefahr wahrgenommen. So verfolgen heute Menschen auf der ganzen Welt zunehmend dieselben Fernsehsendungen, kaufen die gleichen Produkte und akzeptieren dieselben Konsumideale für das »gute Leben«.

Gesetzmäßigkeiten der »Realität«: Die Kraft und Resilienz natürlicher Systeme beruht auf biologischer Vielfalt. Kein Mensch gleicht dem anderen. Keine zwei Bäume, Blätter, Libellen oder Eisbären sind gleich. Alles ist einzigartig und miteinander in Verbindung. Je mehr Spezies miteinander kooperieren, desto stabiler ist das Ökosystem.

Gemeinwohl

Gesetzmäßigkeiten in der Blase: Primär wird unter sozialem Wohlergehen finanzieller Reichtum verstanden. Das Streben nach materiellem Wachstum bzw. ein steigendes Bruttoinlandsprodukt, ein hoher Firmengewinn oder ein großes Privatvermögen stehen im Vordergrund.

Gesetzmäßigkeiten der »Realität«: Seit Jahrtausenden haben gesunde Gesellschaften, die Bestand hatten, ein Gefühl von Zugehörigkeit und Geborgenheit gefördert. In diesem Beziehungsgeflecht konnte jeder darauf vertrauen, dass seine elementaren materiellen Bedürfnisse jederzeit erfüllt werden und jeder die Gelegenheit erhält, zu reifen und seine einzigartigen Begabungen und Ziele zu verwirklichen.

Das Platzen der industriellen Blase wird wahrscheinlich weit schlimmere Konsequenzen haben als das Platzen einer einfachen Marktspekulationsblase. Doch noch haben wir alle Möglichkeiten, dies zu verhindern, denn noch haben wir die Chance, aus freiem Willen zu entscheiden, die Blase zu verlassen und in ein neues Paradigma, welches den Gesetzmäßigkeiten der Natur folgt, einzusteigen.

Otto Scharmer (Scharmer 2014) hat in seinem letzten Buch *Von der Zukunft her führen* innerhalb des derzeitigen Wirtschaftssystems acht Blasen beschrieben:

1) *Die Finanzblase:* Diese ist durch die Trennung der Finanzwirtschaft von der Realwirtschaft entstanden. Die von jeglicher Realwirtschaft mittlerweile entkoppelten Finanzspekulationsgeschäfte unterschiedlichster Art haben im Vergleich zur Ersteren um weit über ein Hundertfaches zugenommen, weshalb ihnen mittlerweile jegliche reelle Grundlage fehlt.

2) *Die Unendliche-Wachstumsblase:* Auch die unendliche Wachstumslogik, welche von sämtlichen Wirtschaften und Politiken der Welt nach wie vor als höchstes Ziel und zur Lösung sämtlicher Probleme verfolgt wird, ist von der Realität eines Planeten mit endlichen und begrenzten Ressourcen entkoppelt. Auch diese Blase wird unweigerlich platzen. Die meisten Unternehmen und Unternehmer weltweit sind fest in dieser Blase gefangen und machen weiter wie bisher, so als ob die Ressourcen unendlich wären.

3) *Die Verteilungs- und Besitzblase:* Den international verankerten gleichen Rechten aller Menschen steht ein real immer größer werdendes Ungleichgewicht zwischen Arm und Reich entgegen.

4) *Die Führungsblase:* Aufgrund einer mangelnden Verbindung zwischen den Menschen in Organisationen bzw. Führungskräften und Mitarbeitenden untereinander werden allerorts in Organisationen Führungsdefizite und Steuerungslosigkeit wahrgenommen.

5) *Die Konsumblase:* Im Gegensatz zur weitläufig verbreiteten Annahme haben Studien schon längst belegt, dass zwischen Konsum und Wohlbefinden kein unmittelbarer Zusammenhang besteht. Die Blase besteht also darin, weiter glauben zu lassen, dass ein höheres Bruttoinlandsprodukt bzw. ein immer mehr gesteigerter Konsum automatisch zu höherem Wohlstand bzw. Wohlbefinden führen.

6) *Die Demokratieblase:* Die Regierungen und institutionalisierten Entscheidungsträger sind heute so weit von der Bevölkerung und dem System, in dem auch sie selbst leben, entfernt, dass der überwiegende Teil der Menschen ohne jegliche Einflussmöglichkeiten ist.

7) *Die Eigentumsblase:* Nachdem die aktuellen privaten sowie auch staatlichen Eigentumsmodelle in (fast) keinerlei Verbindung zu der möglichst besten und sinnvollsten Nutzung der Güter für die Gesellschaft stehen, ist auch hier eine Blase entstanden. Diese erlaubt unter anderem eine Übernutzung begrenzter Ressourcen und eine Misswirtschaft ökologischer und sozialer Gemeingüter.

8) *Die Technologieblase:* Die Technologie ist heute zunehmend von den realen und sozialen Bedürfnissen entkoppelt. Diese Trennung hat eine Technologieblase entstehen lassen, die in erster Linie jenes begrenzte Marktsegment bedient, das ohnehin schon intensiv ausgestattet ist. So forscht zum Beispiel die pharmazeutische Industrie in Bezug auf die Bedürfnisse der schmalen, obersten globalen Bevölkerungsschicht am meisten, wohingegen die Schwierigkeiten der Armen kaum Beachtung finden.

Diese Trennungen von den Gesetzmäßigkeiten und den Bedürfnissen des realen Bezugssystems, die in Blasen mit krankhaften Symptomen münden, führen dazu, dass die Feedbackschleifen stark verzögert oder sogar unterbrochen sind. Dieses fehlende Feedback bewirkt, dass die Entscheider die Wirkung und die Folgen, die ihre Entscheidungen mit sich bringen, nicht mehr verstehen und fühlen können. Innerhalb einer Blase ist es kaum möglich, zu verstehen oder zu merken, dass das eigene Verhalten andere, ausgeblendete Kontexte möglicherweise ernsthaft in Gefahr bringt. Es ist so, als ob man eine Brille trägt, die nicht die Wirklichkeit wiedergibt.

Eine typische Erscheinung von Blasen ist, dass in der Phase der Expansion einer Blase zwei parallele Realitäten entstehen. Umso größer die scheinbare Welt innerhalb der Blase wird, umso weiter entfernt sie sich von der »wirklichen« Wirklichkeit. Immer mehr Menschen und Institutionen leben innerhalb der Blase nach vollkommen eigenen Gesetzmäßigkeiten. Die Welt »draußen« schrumpft und erscheint fremd und unwirklich. Je älter eine Blase wird, desto schwieriger wird es, die Welt außerhalb der Blase überhaupt noch zu erkennen und sich ein Leben darin vorzustellen.

Eine Blase besteht aus ungeprüften Annahmen, also aus etwas, das wir für wahr halten, was es aber nicht unbedingt ist. Die Krise, in der wir uns heute befinden, könnte man demnach auch als unbeabsichtigtes Ergebnis von ungeprüften Annahmen betrachten, die dem Denken der modernen Industriegesellschaft zugrunde liegen. Da Menschen die Grundannahmen ihres Handelns selten bis nie hinterfragen, formen sie die kollektive Wahrnehmung der Wirklichkeit.

Einige Beispiele weitverbreiteter und ungeprüfter Annahmen dürften das Konzept ihrer Wirkung greifbarer machen. Peter M. Senge (siehe oben) erklärt die Verhaltensweisen der Menschen durch folgende zugrunde liegende »falsche« ungeprüfte Annahmen bzw. Denkweisen.

- Energie ist unbegrenzt vorhanden und billig.
- Es wird immer genügend Platz geben, um unseren gesamten Müll zu entsorgen.
- Der Mensch kann die globale Umwelt unmöglich verändern. So werden etwa Wettermuster relativ stabil bleiben, ganz gleich, wie wir uns verhalten.
- Der Mensch ist die wichtigste Spezies auf diesem Planeten; andere Arten sind weniger wichtig, und viele sind irrelevant.
- Grundstoffe wie Wasser und Mutterboden sind unbegrenzt vorhanden. Wenn man dennoch auf Grenzen oder Probleme stößt, werden Märkte und Techniken für eine Neuverteilung finanzieller Ressourcen sorgen, sodass wir unsere derzeitige Lebens- und Arbeitsweise fortsetzen können.
- Wachstum, Produktivität und Standardisierung sind entscheidend für den wirtschaftlichen Fortschritt.

Wenn wir diese Liste betrachten, ist es leicht zu erkennen, welche gefährliche Folgen diese falschen, und damit meinen wir von dem realen Bezugssystem abgekoppelte, Annahmen haben können. Wenn unsere Entscheidungen auf Fehleinschätzungen der Wirklichkeit beruhen, dann führen diese oft trotz bester Absichten zu unerwünschten Ergebnissen. Indem wir uns mit ungeprüften Annahmen auseinandersetzen, können wir uns die eigentlichen Beweggründe für ein Verhalten bewusst machen. Wir können sehen, dass wir nicht den Verstand verloren haben, sondern dass unser Verhalten vielmehr auf Fehleinschätzungen der Wirklichkeit basiert. Wir erkennen: Im Kontext unserer ungeprüften Annahmen ist unser Verhalten völlig rational und sinnvoll! Und das ist zudem gar nicht unsere Schuld, denn das meiste von dem, was wir heute »wissen und denken«, haben wir unbewusst von unserem Umfeld und in der Erziehung übernommen. Dies bedeutet auch, dass wir uns großteils für dieses persönliche und kollektive Denken, das uns jetzt so große Probleme bereitet, nicht einmal selbst entschieden haben.

Umso größer ist die Herausforderung, sich diesem Erbe zu stellen und die Anatomie der industriellen Blasen Stück für Stück zu durchleuchten. Das ist mitunter ein schwieriger Prozess, der mit dem Versuch vergleichbar ist, die eigene Netzhaut zu betrachten. Wie der Fisch das Wasser zuletzt entdeckt, sind wir in einer unsichtbaren Blase unserer persönlichen und kollektiven Annahmen verstrickt, ohne es zu bemerken. Doch es lohnt sich, setzen wir doch hierdurch die Basis, um unsere beschränkende kulturelle Brille abzunehmen und einen neuen Blick auf die Welt jenseits unserer Blase zu werfen. Diese Form von Weitsicht, die über das bestehende Paradigma hinaus in die Zukunft blickt, war schon immer die wichtigste Fähigkeit visionärer Entrepreneurs und innovativer Unternehmer.

Lassen Sie uns noch einmal zwei der zentralen ungeprüften Annahmen genauer unter die Lupe nehmen:

- Eine in der Wirtschaft besonders vorherrschende Annahme ist, dass *Wettbewerb ein Naturgesetz* sei. Dr. Vandana Shiva, indische Physikerin, Umweltschützerin und Aktivistin, widerspricht: »Es wird mit viel Pseudowissenschaft versucht zu zeigen, dass sich die Welt im Wettbewerb befindet: Überleben der Fähigsten und all das. Ich denke, dass die Menschen eher auf Zusammenarbeit und Mitgefühl ausgerichtet sind. Wenn man sich die aktuellen Forschungsergebnisse ansieht, geht es schwerpunktmäßig immer um Zusammenarbeit: Zellen müssen zusammenarbeiten; Spezies müssen kooperieren. Die Natur funktioniert eher durch Zusammenarbeit als durch Wettbewerb.«

- Eine weitere beliebte Annahme unserer Zeit lautet: *Eine gesunde Wirtschaft muss wachsen.* Oder Abwandlungen dieser Annahme: Ein gesundes Unternehmen muss wachsen. Das Bruttoinlandsprodukt eines Landes muss wachsen. Von einem Quartal zum nächsten, von einem Jahr zum nächsten. Das Wort *Wachstum* ist in der Ökonomie so fest verankert wie in der Entwicklung unserer Kinder. Warum eigentlich? Es gilt die weitverbreitete Annahme, dass Wirtschaftswachstum Wohlstand bringen soll: Steigt das Einkommen, erhöht sich auch die Lebensqualität, was für weite Teile der Welt auch tatsächlich dringend notwendig erscheint. Wirtschaftswachstum soll also den Welthunger und die Armut besiegen. So die Theorie. Fragt man Manager oder Führungskräfte, warum sie wachsen müssen, bekommt man häufig pauschal die Antwort: »damit wir unsere Arbeitsplätze sichern können«, »damit wir uns gegenüber dem Wettbewerber behaupten können«, »um den Fortbestand des Unternehmens zu sichern« etc. Diese Aussagen bergen eine gewisse Wahrheit in sich. Aber braucht es für die genannten Gründe wirklich immer ein quantitatives Wachstum?

Unsere mentalen Modelle, unsere nicht hinterfragten Paradigmen und ungeprüften Annahmen machen uns blind. Wir sind in diesen Denkmustern gefangen wie in einer Blase, unsere Sicht auf die Wirklichkeit ist eingeschränkt. Damit ist auch unsere Fähigkeit begrenzt, neue Lösungen für unser Zusammenleben in dieser Welt zu entwickeln. In den nächsten Abschnitten werden wir einen Blick über die Grenzen unserer mentalen Blase hinweg wagen.

6.2
Exkurs: Wohlstand ohne Wachstum

Wer glaubt, dass die Wirtschaft endlos weiterwachsen kann,
ist entweder verrückt oder Wirtschaftswissenschaftler.

Kenneth Boulding, Wirtschaftswissenschaftler

In den meisten Staaten wird heute wirtschaftliches Wachstum als das Allheilmittel angesehen, um marode Haushalte zu sanieren und Staatsschulden zu tilgen. Eine Zunahme des Wohlstands der in den Staaten lebenden Menschen ergibt sich daraus aber meistens nicht.

Professor Tim Jackson, bekannter Wissenschaftler der Post-Wachstums-Community, stellt in seinem Buch *Wohlstand ohne Wachstum* Wachstum als Lösungsstrategie der vorherrschenden Probleme infrage und zeigt anhand von Beispielen aus aller Welt auf, wie im Laufe der letzten Jahrzehnte wichtige stabilisierende Feedback- und Kontrollmechanismen ausgesetzt wurden (Jackson 2013).

Die Wahrheit ist laut Jackson die, dass heute kein glaubwürdiges, sozial gerechtes und ökologisch nachhaltiges Szenario existiert, das ein kontinuierlich wachsendes Einkommen für eine Welt mit neun Milliarden Menschen vorsieht. Fairness allein reicht, so Jackson, um die heutigen Wirtschaftsmechanismen infrage zu stellen. Und so entwickelte er für die britische Regierung alternative Wohlstandsmesskriterien wie Arbeitsplatzsicherheit, Freizeit oder den Erhalt natürlicher Ressourcen.

Er meint weiter, dass ein kompletter Umsturz des Systems vielleicht sogar noch schneller ins Verderben führt. Änderungen in kleinen Schritten reichen aber mit Sicherheit auch nicht aus – so Tim Jackson. Angesichts dieser scheinbar unlösbaren Aufgabe ist man versucht, einen Rückzieher zu machen, noch fester an bestehenden Dogmen festzuhalten oder sich in eine Art Fatalismus zu flüchten, das heißt: hinzunehmen, dass der Klimawandel unausweichlich, die Welt ungleich ist, sich vielleicht sogar mit dem kommenden gesellschaftlichen Zusammenbruch abfindet. Was bliebe, das wäre, sich um die eigene Sicherheit zu kümmern.

Jackson gibt drei Empfehlungen ab, die seiner Meinung nach mögliche Wege sind, um Wohlstand ohne Wachstum herzustellen bzw. beizubehalten:

- **Die Grenzen festsetzen:** Darunter versteht er, dass es zwingende Obergrenzen für die Nutzung von Ressourcen braucht, für Emissionen sowie insgesamte Reduktionsziele. Weiter empfiehlt er eine Steuerreform für Nachhaltigkeit nach dem Motto »taxing bads not goods« und die zwingende Unterstützung des ökologischen Wandels in Entwicklungsländern.

- **Das Wirtschaftsmodell reparieren:** Hier geht es Jackson darum, die jetzige Volkswirtschaft, die sich einem schuldenfinanzierten materialistischen Konsum verschrieben hat, auf neue Prinzipien umzubauen. Das heißt, es geht darum, eine ökologisch orientierte Marktökonomie zu entwickeln, in ökologisch orientierte Arbeitsplätze, Vermögenswerte und Infrastruktur zu investieren (zum Beispiel Gebäudesanierung, erneuerbare Energien, öffentliche Transportmittel etc.). Sowie darum, eine Finanzmarktreform, die darauf abzielt, skrupellose und destabilisierende Praktiken zu verbieten, exzessive Vergütungen für Manager zu beschneiden und Schutz gegen die Überschuldung der Verbraucher zu schaffen. Anreize für das Sparen im Inland sind zu entwickeln. Schließlich sei es notwendig, die volkswirtschaftliche Gesamtrechnung zu revidieren und nicht mehr das Bruttoinlandsprodukt als Maß für die Geschäftigkeit der Wirtschaft zu verwenden.

- **Die gesellschaftliche Logik verändern:** Die Regulierung der Arbeitszeit ist für Tim Jackson aus mehrfachen Gründen zentral. Einmal, um die Arbeitszeit und damit die Arbeitsproduktivität als Basis der wirtschaftlichen Produktion insgesamt zu senken, und weiter, um die verfügbare Arbeit gerecht zu verteilen und im Sinne einer persönlichen wie sozialen Prävention das Gleichgewicht zwischen Leben und Arbeit zu verbessern. Weil sich ungleiche Gesellschaften negativ auf die Gesundheit der Menschen und ihr soziales Miteinander auswirken, ist es für Jackson wichtig, die Ungleichheit zu bekämpfen. Hier muss die liberalisierte Marktwirtschaft eingegrenzt werden, die Einkommenssteuer muss neu bemessen und Gesetze gegen Diskriminierung und Benachteiligung geschaffen werden. Insgesamt sei es wichtig, das Sozialkapital zu stärken, indem grüne und lokale Arbeitsplätze gefördert werden. Bessere Zugänge zu lebenslangem Lernen sollten ermöglicht werden und die Kultur des Konsumismus zum Beispiel durch werbefreie Zonen und Initiativen wie den fairen Handel abgebaut werden. Für eine neue gesellschaftliche Logik ist es außerdem wichtig, dass Wohlstand nicht mehr allein mit Maßstäben für Wirtschaftsleistung oder Konsum erfasst wird, sondern zudem an einem adäquaten Maß für die Verwirklichungschancen der Menschen bemessen wird.

Jacksons Zugang ist vorwiegend makroökonomisch. Seine Lösungen erfordern vorrangig eine Neuausrichtung der Politik und Sozialpartnerschaften. In Ergänzung möchten wir im weiteren Verlauf des Buches vorrangig mikroökonomische Ansätze anbieten, die eine Neuausrichtung der einzelnen Menschen selbst, der Unternehmer und der Unternehmen ermöglichen und erfordern.

Zahlreiche weitere Experten forschen über die Grenzen des wirtschaftlichen Wachstums und einen konstruktiven Umgang damit: Im Juni 2008, über 30 Jahre nach dem Erscheinen des aufrüttelnden Berichts des Club of Rome, *Die Grenzen des Wachstums* von Meadows, Randers, Meadows und Behrens III, veröffentlicht Graham Turner *A Comparison of the Limits to Growth with Thirty Years of Reality*. Er kommt zu dem Schluss, dass sich das globale System nicht auf einer nachhaltigen Bahn befindet und dass wir nicht nur unser Konsum- und Produktionsverhalten drastisch ändern, sondern auch intelligenter werden müssen. Und genau hier liegt unsere Chance, so Turner: Indem wir die Grenzen und limitierenden Faktoren kennenlernen und verstehen, können wir heute schon beginnen, eine widerstands- und zukunftsfähige Strategie für unsere Unternehmen, Industrien und damit auch für die Weltökonomie zu entwickeln.

Weitere namhafte Wissenschaftler und gesellschaftliche Meinungsbildner, die sich mit Wohlstandsmodellen jenseits von Wachstum beschäftigt haben, sind Herman Dalys Werke zu einer gleichbleibenden Steady State Economy, E. F. Schumachers und Leopold Kohrs *Small is Beautiful*, die Postwachstumökonomie von Niko Paech, das De-growth von Serge Latouche, die *Decrescita felice* von Maurizio Pallante und das Modell der Gemeinwohlökonomie von Christian Felber. Alle geben Hinweise auf eine neue Art des Wirtschaftens und liefern interessante Anregungen und Impulse für eine Wirtschaft, die auf neuen Werten aufgebaut ist.

6.3
Leben jenseits der Blase: Eine neue Wirtschaft entsteht

(…) neun von zehn Befragten (plädieren) für eine neue Wirtschaftsordnung mit stärkerer Berücksichtigung des Umweltschutzes, eines sorgsameren Umgangs mit Ressourcen und des sozialen Ausgleichs in der Gesellschaft, (…)

Umfrage der Bertelsmannstiftung, Juli 2010

Wie gestaltet sich der Übergang zu einem Leben jenseits der Blase? Kann unser Wirtschaftssystem das Platzen der Blase des industriellen Zeitalters überhaupt überleben? Und wenn ja, wie müsste es dafür umgebaut werden? Einige visionäre Unternehmer und Vordenker haben sich schon vor Jahrzehnten auf den Weg gemacht, um die Grundlagen einer zukunftsfähigen Wirtschaft zu erforschen. Zu ihnen zählen die Pioniere der grünen Wirtschaft, die mit ökologischen Produkten und neuen Werten eine ganz neue Branche erfunden haben, genau wie die Rebellen der sogenannten blauen Wirtschaft, die auch das grüne Modell hinterfragten und diesem letztlich den Rücken kehrten.

Nicht jeder der Versuche, eine neue, zukunftsfähigere Wirtschaft entstehen zu lassen, hat sich als fruchtbar erwiesen, und so manche vermeintlich nachhaltige Innovation – wie Biosprit oder quecksilberhaltige Energiesparlampen – hat sich schon nach kurzer Zeit als ökologisch zweifelhaft entpuppt. Doch über Versuch und Irrtum passiert Lernen. Im Folgenden werden wir die in den vergangenen Jahrzehnten erfolgte Evolution von Wirtschaftsansätzen und ihrer dahinterliegenden ungeprüften Annahmen bzw. Denkweisen beschreiben, um letztlich vielleicht bei einem wirklich zukunftsweisenden Ansatz zu »landen«.

Wir beginnen mit dem heute noch dominanten Wirtschaftsansatz, den Gunter Pauli, belgischer Entrepreneur und Autor des Buches *Blue Economy*, als die *Rote Wirtschaft* bezeichnet. Danach beleuchten wir die Grundzüge der sogenannten *Grünen Wirtschaft*, die man auch als Gegenbewegung zum roten Modell begreifen kann. Zuletzt befassen wir uns mit den Grundzügen einer systemischen Wirtschaft, die Gunter Pauli mit der Farbe Blau assoziiert.

6.4
Die rote Wirtschaft

Rot steht hier für Geschwindigkeit, Leidenschaft, Intensität, Aggressivität und den Kampf ums Überleben. Das rote Wirtschaftssystem ist ein System von »Fressen oder Gefressenwerden«. Profitabilität und hohe Kapitalrendite sind Kernziele der roten Wirtschaft. Der Konkurrenzkampf ist unerbittlich und hart. Profitmaximierung wird mit Kostensenkung gleichgesetzt. »Es geht billiger«, »genug gibt's nicht« und »billig ist gut« sind drei Grundannahmen, die sich im roten Wirtschaftsalltag etabliert haben. In Tabelle 1 sind die Kernannahmen der roten Wirtschaft zusammengefasst:

Tabelle 1: Kernannahmen der roten Wirtschaft.

1. Mehr ist besser.
2. Geld = Erfolg.
3. Sich um das Gemeinwohl zu kümmern ist Aufgabe der Politik, nicht der Wirtschaft.
4. Geiz ist geil.
5. Der Markt regelt sich von selbst.
6. Konsum macht glücklich.
7. Mein Wert bemisst sich an meinem Erfolg.
8. Konkurrenz ist ein Naturgesetz.
9. Menschen brauchen Konkurrenz als Motivator.
10. Mit sozialen Projekten kann/darf man kein Geld verdienen.
11. Fressen oder gefressen werden.
12. Alles und jeder ist käuflich.

Kostensenkungsmaßnahmen und immer weitere Effizienzsteigerungen sind treibende Kräfte. Zu nennen sind: das Auslagern ganzer operativer Bereiche in Billiglohnländer, das Umstellen auf billigere Produktionsmethoden mit billigeren Materialien sowie Gehalts- und Arbeitsplatzkürzungen. Groß angelegte Werbekampagnen wie »Geiz ist geil« definieren das heutige, rote Konsumverhalten und machen für die »wirkliche« Wirklichkeit blind. Hinzu kommen die immer weiter steigenden Umsatzvorgaben der Vorstände und leitenden Angestellten – wie weit geht das noch? Wie billig können Kleidung und Spielzeug noch werden? Und wer bezahlt den Preis wirklich, wenn nicht wir alle – mit dem Verlust unserer natürlichen Rohstoffbasis und sauberen Luft, mit steigenden Asthma- und Krebsraten und mit sinkenden Arbeits- und Sicherheitsbedingungen?

Im Weltbild der roten Ökonomie werden der Natur biologische Materialien entnommen, mit Energie und Rohstoffen aus endlichen Quellen zu Produkten verarbeitet und nach ihrem Gebrauch als nicht abbaubarer Abfall in der Natur deponiert. Wir sprechen von einem Take-Make-Waste-Ansatz: entnehmen – herstellen – wegwerfen.

Die Schatten des roten Wirtschaftsmodells liegen auf der Hand. Man braucht kein Kulturpessimist oder eingefleischter Systemkritiker zu sein, um zu erkennen, dass diese Form des Wirtschaftens große Schäden verursacht, für die Menschen, für die Natur, für alles, was lebt. Daher ist es kaum verwunderlich, dass eine Gegenbewegung inzwischen bereits fast 50 Jahre alt ist und heute zumindest aus den wohlhabenden Nationen nicht mehr wegzudenken ist.

6.5
Die grüne Wirtschaft

Eine Welle neuer, faszinierender technologischer Innovationen
könnte zur größten Hoffnung für einen neuen Aufschwung werden.
Doch angesichts der ökologischen Grenzen
kann und darf es keinen neuen Wachstumszyklus geben,
der erneut auf zusätzlichem Verbrauch von Energie, Wasser und Mineralien basiert.
Der neue Zyklus muss »grün« sein – oder er wird nicht stattfinden.

Ernst Ulrich von Weizsäcker, Einleitung zu *Faktor Fünf*

Grün ist die Farbe des Wirtschaftsansatzes, der heute in aller Munde ist und der Hoffnung auf eine bessere Welt macht. Warum diese Hoffnungen nicht zur Gänze erfüllt werden können und welches die Grenzen dieses Ansatzes sind, wird deutlich, wenn wir die dahinterliegenden Annahmen durchleuchten. In Tabelle 2 sind die Kernannahmen der grünen Wirtschaft zusammengefasst:

Tabelle 2: Kernannahmen der grünen Wirtschaft.

1. Nachwachsend = nachhaltig.
2. Ressourcen sind begrenzt und müssen geschont werden.
3. Grün ist gut, rot ist schlecht.
4. Gutes Gewissen darf Geld kosten.
5. Produkte, die für mich und die Umwelt gut sind, sind besser und dürfen deshalb auch mehr kosten.
6. Weniger ist mehr, anders ist besser.
7. Bio = bio, und bio ist gut.

Die Gründe für Unternehmer, auf nachhaltigere Produkte, Dienstleistungen, Designprinzipien und Energieressourcen umzusteigen, sind so vielfältig wie die Natur selbst. Hier nun einige Beispiele:

- Umweltzerstörung: Kenianische Bauern suchten nach einer Überlebensstrategie nach der Zerstörung ihrer Böden und Gewässer durch industrielle Rosenplantagen (The Economist 2012);
- Ressourcenknappheit: Das Unternehmen Coca-Cola suchte die Lösung zu seinem Problem mit der Wasserknappheit (Senge 2011);
- viele andere Unternehmen, wie zum Beispiel General Electric (Senge 2011), wollten ihre Reputation mit grünen Produkten aufbessern und hier einen Beitrag leisten.

Weitere Motivationen, grüne Wirtschaftsansätze im Unternehmen zu implementieren, sind auch noch das Bemühen um mehr Sinnstiftung und Ethik, biologische Vielfalt und Artenschutz sowie soziale Gerechtigkeit und Gesundheit. Die Grundprinzipien der grünen Wirtschaft sind dabei:

Tabelle 3: Grundprinzipien der grünen Wirtschaft.

1. Schrumpfen.
2. Wiederverwenden.
3. Recyceln.
4. Gesundheit und Natur.
5. Erneuerbare Energien.
6. Subventionen.
7. Geringere Gewinne.

Die grüne Wirtschaft ist ein Anfang, ein Schritt der guten Absicht hin zu einer besseren Wirtschaft, die vielleicht für alle funktioniert. Doch wie erfolgreich ist sie wirklich im Hinblick auf eine ökologische Nachhaltigkeit, eine soziale Gerechtigkeit und eine sinnerfüllte Präsenz hier auf dieser Erde? Sehen wir uns einige Kernannahmen mit den daraus resultierenden Grundprinzipien der heutigen grünen Wirtschaft kritisch an.

Die westlichen Gesellschaften haben in Saus und Braus gelebt, daran gibt es keinen Zweifel mehr. Sie haben zukünftige Generationen dabei außer Acht gelassen und an Peak Oil und Atomreaktorunfällen wenig Gedanken verschwendet. Heute beginnt sich das zu ändern.

In der europäischen Strategie 2020 fällt das Wort *effizient* gleich zweimal: Die EU fordert zum einen kohlenstoff- und emissionsarme Technologien und zum anderen ressourcenschonende Produktionsverfahren. Die Faktor-X-Konzepte von Ernst Ulrich von Weizsäcker und Friedrich Schmidt-Bleek sind hierfür genau richtig. Sie verlangen eine Reduktion des Ressourcen- oder Materialverbrauchs unserer Wirtschaft um einen Faktor vier bis zehn, um auf ein nachhaltiges Niveau zu kommen.

Doch genauso wie nichts unendlich wachsen kann, können wir auch nicht unendlich effizienter werden. Auch wenn unser Auto weniger Benzin benötigt, so braucht er trotzdem welches. Hinzu kommt eine interessante Beobachtung: Die Energiewirtschaft hat zwischen Energieverfügbarkeit und Sparverhalten einen deutlichen *Reboundeffekt* (vom englischen »Abprall«) beobachtet. Hierbei geht es um Verhaltensveränderungen, die bei der Einführung neuer Technologien auftreten. Bleiben wir beim Beispiel Benzinverbrauch: Studien belegen, auch wenn unser Auto fünf Prozent weniger Benzin verbraucht, es lediglich zu einer zweiprozentigen Energieeinsparung kommt. Die auf der einen Seite durch die technologische Innovation eingesparte Energie wird aufgrund von Mehrkonsum zum Teil wieder ausgeglichen, das heißt: Mit dem Wissen um die Einsparung beginnen wir, weitere Strecken zurückzulegen oder häufiger zu fahren. Dies bedeutet einen 60-prozentigen Reboundeffekt.

Aber sind Effizienzsteigerungen allein überhaupt die passende Lösung unserer Krise? Energieeffiziente Autos, Heizungen, Glühbirnen: Wir meinen, Effizienzsteigerungen können nur der Übergang zu einer intelligenteren und damit nachhaltigeren Wirtschaft sein, die es verstehen wird, endlos vorhandene Energiequellen wie Sonne und Wind anstatt umweltvergiftende und endliche Ressourcen wie Öl, Kohle und Mutterboden für sich arbeiten zu lassen. Es geht um Effektivität, gedacht in einem ganzheitlichen Sinne – aber dazu mehr im Kapitel zur blauen Wirtschaft.

Einige Experten der grünen Wirtschaft verstehen unter Effizienzsteigerung eine Verbesserung der Wiederverwertbarkeit, und sie fordern 100-prozentiges Recycling von nicht biologisch abbaubaren Materialien. Würde dies unser Abfallproblem ein für alle Mal beseitigen?

Es ist ein Mythos zu glauben, dass Recycling – also die Wiederverwertung von Abfallprodukten als Sekundärrohstoffe – die optimale Lösung sei, wie es insbesondere die grüne Wirtschaft proklamiert. Hier sind viele von uns seit Langem falsch informiert, sodass sich die nicht hinterfragte Annahme »Recycling ist gut« in unseren Köpfen verankert hat und damit unser heutiges Verhalten stark konditioniert. Recycling ist aber tatsächlich nur die zweitschlechteste Lösung, wohingegen Verhaltensänderungen im Konsum und Neues Design – beides Punkte, die in der grünen Wirtschaft noch keinen Schwerpunkt haben – sehr viel bessere Alternativen sind.

Recyceln ist die Müllreduzierungsmethode, die unsere Konsumgewohnheiten am wenigsten einschränkt. In einer intelligent-nachhaltigen Wirtschaft müssen wir aber nicht nur wiederverwenden und reduzieren, sondern komplett umdenken und neu designen. Dass der Output einer Produktionskette als Nährstoff einer anderen dient, ist ein Schritt in die richtige Richtung, dauerhaft muss *Abfall als Konzept* vollständig aus jeder Wertschöpfungskette eliminiert werden.

Grüne Produkte sind nicht automatisch auch sozial gerecht, und die grüne Wirtschaft bleibt auch weiter auf Wachstum angewiesen. Grüne Produkte sind aber dennoch wichtig: Sie finanzieren in dieser Übergangszeit die Forschung und Entwicklung neuer Materialien, Technologien und Verfahren. Sie ermöglichen das Entstehen neuer Unternehmen und Kooperationen, die an der Wirtschaft von morgen arbeiten, und sie geben Zuversicht und Optimismus, dass viele Unternehmen diesbezüglich heute auf dem richtigen Weg sind.

Naomi Klein, eine Ikone der Antiglobalisierungsbewegung, beschreibt klar und deutlich, dass es für die Minderung des Klimawandels und der damit zusammenhängenden globalen Zerstörung weit mehr als nur effizientere Kraftwerke, erneuerbare Energien oder höhere Preise für CO_2-Zertifikate braucht (Klein 2015). Daneben, so Klein, ist ein grundsätzlicher Wandel der westlichen Lebensweise nötig. Die seit Jahrhunderten nicht hinterfragte Denkweise, die Wirtschaft und Wachstum auf die Basis einer immer weiter fortschreitenden Entnahme von Rohstoffen und Deponierung von Abfällen stellt, kommt an ihr Ende. *In einer begrenzten materiellen Welt ist kein unbegrenztes materielles Wachstum möglich.* Das leuchtet jedem denkenden Wesen ein. Doch mit dieser Einsicht wird gleichsam auch die Grundlage der kapitalistischen, auf unbegrenzten Wachstum beruhenden Wirtschaftsweise generell infrage gestellt. Naomi Klein meint, dass dies die insbesondere in den USA beheimateten radikalen Gegner von Klimaschutzmaßnahmen intuitiv erkannt haben. Nur so kann sie sich deren irrational erscheinenden verbissenen Kampf gegen alle Maßnahmen der Emissionsminderung erklären (zum Beispiel Sarah Palin, Anführerin der rechtskonservativen Tea-Party-Bewegung: »Ich liebe den Geruch von Abgasen« [zitiert in Klein, 2015]).

»Was unser Klima braucht, um nicht zu kollabieren, ist ein Rückgang des Ressourcenverbrauches durch den Menschen; was unser Wirtschaftsmodell fordert, um nicht zu kollabieren, ist ungehinderte Expansion. Nur eines dieser Regelsysteme lässt sich verändern, und das sind nicht die Naturgesetze.« (Klein 2015) Und weiter: »Der globale Kapitalismus hat den Raubbau an den Ressourcen so beschleunigt und so bequem und barrierefrei gemacht, dass ›Erde-Mensch-Systeme‹ gefährlich instabil werden.«

Diese Tatsache vor Augen, können die positiven Auswirkungen der Maßnahmen gegen den Klimawandel deutlicher in den Vordergrund gestellt werden: die Wiederbelebung der regionalen Wirtschaft, die Stärkung der Demokratien gegenüber den übermächtigen Konzernen, die Entscheidung zu einer *gesünderen* Landwirtschaft, die Förderung von Investitionen in lokale Infrastrukturen und vieles andere mehr.

6.6
Die blaue Wirtschaft

Business is the only mechanism on the planet today powerful
enough to produce the changes necessary
to reverse global environmental and social degradation.
Paul Hawken

Eine neue Wirtschaft entsteht: die blaue Wirtschaft, wie Gunther Pauli sie nennt und in der englischen Bezeichnung »blue economy©« heißt (Pauli 2012). Dahinter steckt das uralte Konzept der Kreislaufwirtschaft. Der zentrale Gedanke einer Kreislaufwirtschaft ist »kein Abfall«, mit der Konsequenz, dass alle eingesetzten Rohstoffe über den Lebenszyklus einer Ware hinaus wieder vollständig in den Produktionsprozess zurückgelangen. Somit bildet die Kreislaufwirtschaft das schlichte Gegenteil zur linearen *Wegwerfwirtschaft*, welches derzeit das vorherrschende Prinzip der industriellen Produktion ist und bei deren Produktionsprozess ein Großteil der eingesetzten Rohstoffe nach der jeweiligen Nutzungsdauer der Produkte, wie bereits beschrieben, deponiert oder verbrannt wird.

Tabelle 4: Kernannahmen der Blue Economy.

1. Der Müll des einen ist der Rohstoff des anderen.
2. Kooperation ist der Schlüssel zum Erfolg.
3. Die Arbeitsweise und die Grundsätze der Natur sind auf die Wirtschaft übertragbar.
4. Alles verändert sich ständig.
5. Diversifikation erhöht die Stabilität.
6. Mit den Kräften der Natur arbeitet es sich günstiger, da das effizienter ist.

Unter verschiedensten Namen – blue economy, circular economy, zero emissions, cradle to cradle, eco design und vieles andere mehr – entstehen heute weltweit immer mehr Wirtschaftsmodelle, die die Vorteile des uralten Kreislaufwirtschaftens mit den heute verfügbaren Technologien verbinden. Zur Vereinfachung fassen wir all diese Ansätze unter dem Begriff *blaue Wirtschaft* zusammen.

Was macht nun genau ein Unternehmen in einer blauen Wirtschaft anders als in einer roten und grünen Wirtschaft? Was unterscheidet soziale und ökologisch nachhaltige Unternehmer von *Greenwashern*? Ganz grundsätzlich: Sie schauen durch eine andere Brille, und wie durch ein Weitwinkelobjektiv sehen sie damit nicht nur anders, sondern auch mehr. Sie sehen durch die Wände ihrer Blase hindurch und erkennen, wie es »draußen« aussieht.

In einer Blue Economy geht es um Ideen und Leitlinien für eine weltweit blühende, auf neuen Grundsätzen basierende Wirtschaft. Ziele sind dabei ganz konkret die Schaffung von Millionen neuer Arbeitsplätze bei gleichzeitiger Verbesserung der wirtschaftlichen Rentabilität sowie die völlige Beseitigung von Umweltverschmutzung durch Null-Emissionen und Null-Abfall.

Die Blue Economy basiert auf von der Natur inspirierten Grundannahmen, Designprinzipien und Grundsätzen. In Tabelle 4 sind die Kernannahmen der Blue Economy zusammengefasst.

Indem dieses Wirtschaftsmodell auf Naturgesetzen aufbaut, bereitet es auf ein Leben außerhalb der Blase vor. Mit der Sicherstellung, dass sich das unternehmeri-

Tabelle 5: Überblick über klassische und nachhaltige Unternehmen und über Unternehmen der Zukunft.

	Klassische Unternehmen (rot)	Nachhaltige Unternehmen (grün)	Unternehmen der Zukunft (blau)
Erreichen/ Ergebnisse	Fokus auf Gewinn und Selbstverwirklichung	Triple bottom line: ökonomisch – ökologisch – sozial; Versuch, anders zu sein, aber im alten Denksystem	Neue ganzheitliche Zielvorgaben; positiver Impact auf Gesellschaft, Umwelt und Wirtschaft; Leuchtturmunternehmen; Selbsttranszendenz
Handeln/ Aktionen	Produktivität und Effizienz	CSR, Nachhaltigkeit in einigen Bereichen; isolierte Betrachtungen	Sinn, Werte und Nachhaltigkeit in allen Bereichen – ganzheitlich
Denken/ Weltbild	linear, Minimierung von Risiko, rational, Homo oeconomicus	linear, offen für Neues, Gesamtzusammenhänge	Kreisläufe, Systeme, Synchronizität, voll verantwortlich; Gleichwertigkeit
Sein/ Quelle	neoliberal, ich-zentriert	gute Wahrnehmungsfähigkeit, rational/emotional	Transparenz, Diversität, Kooperation, emotional/spirituell

sche Ökosystem mit allen Mitarbeitern, Partnern und Ressourcen in der »wirklichen« Wirklichkeit befindet, ist es nicht nur zukunftsfähiger, sondern auch krisenresistenter und wachstumssicherer. Gemeinsam mit Ingrid Messner, einer australischen Nachhaltigkeitsberaterin, haben wir eine zusammenfassende Beschreibung von Unternehmen unterschiedlicher Entwicklungsstufen entwickelt (siehe Tabelle 5). Sie spiegelt die Unterscheidung in rote, grüne und blaue Unternehmen wider.

Eine weitere, mehr auf kulturellen Besonderheiten gründende Einteilung stellen wir im Kapitel »Strategie, Lernen und Selbsterneuerung« vor.

7

Die Sinnkrise unserer Zeit – eine Herausforderung für Führungskräfte und Unternehmer

Wenn wir die Lücke zwischen der heutigen Situation und der notwendigen Zukunft schließen wollen, müssen wir vorausschauen. Es ist zu wenig, nur den heutigen Impact zu reduzieren und weniger schlecht zu sein. Wirkliche Innovatoren denken heute darüber nach, wie sie einen positiven Impact für die Gesellschaft und die Natur von morgen erreichen können, und stellen ihr Businessmodell darauf um. Es geht um eine neue Betrachtung von Veränderung: vom *business as usual* in Richtung *change as usual.*

Albert Einstein erkannte: »Man kann ein Problem nicht mit dem gleichen Denken lösen, das man hatte, als man das Problem verursacht hat.« Neue Denkmodelle sind gefragt, und sie müssen entscheidend anders sein, damit neue Lösungen gefunden werden können.

Um diesen Innovationsprozess zu starten, ist als Erstes ein Bewusstseinswandel aller Mitarbeitenden, der Führungskräfte und der Unternehmer gefragt: Die Welt ist keine kontrollierbare Maschine, sondern ein lebender Organismus, bei dem alles miteinander verbunden ist. Nichts kann voneinander getrennt betrachtet werden, es gibt eine Verbindung aller Elemente.

Und weiter: Es können nicht alle Prozesse logisch erklärt oder quantitativ bewertet werden. Der Mensch ist ein Teil des Systems *Natur* und nicht der außenstehende Kontrolleur. Natur muss wieder mit allen Sinnen erspürt und geliebt werden. Mit anderen Worten: Es werden Führungskräfte mit neuem Bewusstsein gebraucht.

Führungskräfte in der Wirtschaft lernen sehr schnell, über Ursachen und mögliche Lösungen von Problemen nachzudenken. Neben dem Denken sind die Emotionen und Gefühle die treibende Kraft bei persönlichen und beruflichen Entscheidungen. Am Anfang jeder Veränderung bedarf es demnach auch einer Standortbestimmung des Herzens. Wofür stehst du? Was berührt dein Herz? Erst wenn das Herz bei einer Entscheidung mitgeht, kann ein Mensch eine tief greifende Veränderung bewirken.

Sich wieder berühren zu lassen, um neue Kraft zu schöpfen, das ist es, was als neue Disziplin auf Unternehmer zukommt. Demnach widmen sich heute immer mehr Unternehmer diesen Fragen. Sie nehmen sich Zeit und Freiräume für Meditation, Spiritualität, Selbstreflexion, Muße und Lernen. Dies ist eine gute Basis für ein neues Bewusstsein und eine neue Disziplin unternehmerischer Verantwortung. Unternehmer, die durch Reflexion ihr Herz und ihr Denken in Übereinstimmung bringen, sind der Haupthebel für eine globale Veränderung. Denn dann ist sichergestellt, dass die über genügend Kraft verfügen, eine Verhaltensänderung in ihren Unternehmen zu bewirken – mit bedeutenden Auswirkungen auf Politik, Bildung, Konsum und Werte. Unternehmen selbst werden somit zum Change-Maker und sind Teil einer neuen Gestaltung der Welt. Sie sind im wahrsten Sinne des Wortes nicht mehr Teil des Problems, sondern Teil der Lösung.

Moderne Führung sieht wieder den ganzen Menschen, die Natur als System und das Wohlergehen der gesamten Weltgemeinschaft – und fokussiert dies in allen (!) Unternehmensentscheidungen.

Führungskräfte sammeln heute immer öfter Erfahrungen im systemischen und im Kreislaufdenken und auch in tief gehenden Kommunikationsansätzen, die Emotionen wieder zulassen. Ständige persönliche Weiterentwicklung empfinden sie als immer wichtiger.

Diese Überlegungen haben uns dazu geführt, neue Managementprinzipien für verantwortungsvolle Führungskräfte zukunftsorientierter Unternehmen zu formulieren, welche unabhängig von Größe, Region und Branche als Leitfaden für ein neues Bewusstsein dienen. Jedes Unternehmen kann und muss einen sinnvollen Beitrag für die Welt leisten. Die organisationsinterne Diskussion über die neuen Prinzipien unternehmerischer Führung wird auch dabei unterstützen, motiviert in diesen tief greifenden Wandel einzusteigen, indem bedeutende kreative Potenziale freigesetzt werden. Sieben Kernprinzipien sind aus unserer Sicht hervorzuheben:

1) Prinzip der Verbundenheit
2) Prinzip der Achtsamkeit
3) Prinzip der Individuation und Gemeinschaft
4) Prinzip der Diversität und Resilienz
5) Prinzip der Eco-Effektivität und Eco-Effizienz
6) Prinzip der Kreislaufwirtschaft
7) Prinzip der Suffizienz

1. Prinzip der Verbundenheit: Es gilt, sich zurückzubesinnen, dass alles mit allem in Verbindung steht. Dass ein getrenntes Hinblicken auf Lebewesen, Lebensbereiche oder Dinge zu immer wieder falschen Annahmen und Entscheidungen führt. Alles hängt mit allem zusammen und ist miteinander verbunden, denn kein einziger Mensch würde existieren ohne Wasser, Bäume, Sauerstoff, Nahrung, Sonne, das Zusammenspiel der Ökosysteme, der Evolution und des Universums. Diesen Zusammenhang sollten Führungskräfte nicht als Problem, sondern vielmehr als Chance sehen und dementsprechend ihr Handeln ausrichten. In diesem Zusammenhang bedeutet Leadership das Arbeiten *am* Unternehmen als Gesamtsystem im Wissen um seine Einbindung im Netz des Lebendigen und nicht allein das Arbeiten im System, oftmals als *Management* bezeichnet. Ist die Bereitschaft da anzuerkennen, dass alle Teil einer globalen Gemeinschaft sind und ökologisch, ökonomisch, sozial und spirituell miteinander verbunden sind? Wenn ja, dann ist es nur folgerichtig, das persönliche und unternehmerische Handeln darauf auszurichten.

2. Prinzip der Achtsamkeit: Menschen sind es gewohnt, ihre Umwelt aufgrund vergangener Erfahrungen zu beurteilen und zu bewerten. Achtsamkeit meint dagegen das sich öffnende, geistesgegenwärtige, nicht wertende, sondern sich immer neue Einlassen auf den gegenwärtigen Moment. Achtsame Menschen begegnen einander wertschätzend und in dem Bewusstsein, dass keiner allwissend ist und dass sich jeder Augenblick das erste und einzige Mal ereignet. In Bezug auf Achtsamkeit sind Führungskräfte als ganze Menschen gefordert: mit all ihrem Verstand, ihrer Emotion und in dem Bewusstsein, verbunden zu sein. Achtsamkeit ist das Prinzip, das von vorgefertigten Konzepten in die Präsenz führt und für ein neues Potenzial in der Zukunft öffnet.

3. Prinzip der Individuation und Gemeinschaft: Individuation bedeutet, dass ein Individuum seine eigenen Fähigkeiten, Talente und Potenziale erkannt hat, diesen einen Wert gibt und in die Gesellschaft einbringt. Zur Individuation herangereifte Individuen, die ihr Licht nicht unter den Scheffel stellen, sind Voraussetzung, um eine authentische, reife, intelligente und starke Gemeinschaft zu bilden, wie die Unternehmen sie in Zukunft brauchen. Das ist für die allermeisten eine neue Erfahrung – kennen sie doch nur Gemeinschaften, die eine Aufgabe des Ichs einfordern, bzw. kennen sie häufig nur einen überhöhten Individualismus/Egoismus. Das hat wenig mit Individuation zu tun, die Beziehungen der Gleichwertigkeit und Begegnungen auf Augenhöhe impliziert.

4. Prinzip der Diversität und Resilienz: Je vielfältiger ein System, umso mehr Wechselwirkungen gibt es, umso größer ist die Fähigkeit zum Umgang mit Störungen. Wenn im Unternehmen Diversität auf allen Ebenen gelebt wird, kann maximale Synergie zwischen den Akteuren genutzt werden. Dies ist Quelle für Inspiration und Innovation. Das Prinzip spricht die Diversität im Produktportfolio und im Team der Beschäftigten ebenso an wie jene in der Kundenstruktur. Diversität ist eine Voraussetzung für Resilienz. Hier diskutieren Unternehmen über ihre Widerstandsfähigkeit in Bezug auf sich verändernde Rahmenbedingungen (zum Beispiel Umsatzrückgang, Kostendruck, Wettbewerb, Fachkräftemangel, gesamtwirtschaftliche Krise) und überprüfen, inwieweit sie darauf kreativ und situativ reagieren und gleichzeitig innovativ bleiben können. Dieses Prinzip steht in einem engen Zusammenhang zum Risikomanagement des Unternehmens, der Grundfinanzierung, der Flexibilität, der (Un)Abhängigkeit von Ressourcen, der Mitarbeiterentwicklung in Richtung selbstlernender und sich selbst steuernder Organisation, der Transparenz und Mitbestimmung sowie der Kooperationsfähigkeit des Unternehmens mit Mitunternehmern.

5. Prinzip der Eco-Effektivität und Eco-Effizienz: Dieses Prinzip sorgt dafür, dass Unternehmen unter ökologischen (und implizit auch sozialen) Gesichtspunkten »die richtigen Dinge tun« und dafür sorgen, dass nichts verloren geht, also »die Dinge richtig tun«. So wird die Funktionsfähigkeit der ökologischen Systeme auch für nachfolgende Generationen gesichert. Die Qualität von Produkten wird neu definiert: Es geht darum, »gute« Produkte zu designen und zu erzeugen, die bedenkenloser genutzt werden können als andere. Gute Produkte sind im Sinne der Eco-Effektivität solche, die sich in Herstellung, Verwendung und Entsorgung in einen natürlichen Kreislauf einfügen lassen und so zu keinem wie auch immer gearteten »negativen« Impact führen. Anschließend geht es darum, die einzelnen Prozesse ökologisch so effizient wie möglich zu gestalten: Themen wie Energie-, Flächen-, Material-, Wasserverbrauch bzw. deren effiziente Nutzung und Erhaltung werden hier besonders hervorgehoben und angesprochen.

6. Prinzip der Kreislaufwirtschaft: In der Kreislaufwirtschaft liegt der Fokus nicht mehr darauf, ein Produkt herzustellen und es zu verkaufen, den Kunden zufriedenzustellen und diesen ans Unternehmen zu binden. Vielmehr geht es darum, den gesamten Prozess der Wertschöpfung als Kreislauf, sozusagen von der Wiege wieder zur Wiege anstatt zur Mülltonne, zu gestalten. Nichts soll verloren gehen. Die Aufgabe des Unternehmens besteht darin, in Gesamtkreisläufen zu denken und sein Businessmodell darauf auszurichten.

7. Prinzip der Suffizienz: Die Suffizienz kommt einer Umorientierung der heute vorherrschenden Werte und Wirtschaftsbetrachtung gleich, indem sie die Frage nach dem rechten Maß und einer damit verbundenen Selbstbegrenzung in den Raum stellt. Das Paradigma unserer vorherrschenden Ökonomie lautet nämlich unisono: je mehr, desto besser, Wachstum um jeden Preis. Angesichts der begrenzten Ressourcen – immer mehr Wachstum auf einem begrenzten Planeten ist nicht möglich – fragt die Suffizienz nach dem »Wann ist es genug?«. Dieses Umdenken ist auch die Basis für eine gerechte

Verteilung der immer knapper werdenden Güter. Es geht um die aktive Auseinandersetzung mit unternehmerischem Wachstum versus gesellschaftlicher »Gerechtigkeit«. Das Prinzip drückt auch aus, dass wir in Bezug auf Konsum und Verbrauch ein Wachstum von Grenzen brauchen.

Diese Managementprinzipien sollen inspirierte Führungskräfte dabei unterstützen, die vielen Spannungsfelder der Zeit in Balance zu halten und auf einem nachhaltigen Kurs zu bleiben.

Noch immer steht die Ökonomie heute in einer sehr egoistischen Bewusstseinsebene. Nur wenige Vertreter der Wirtschaft haben bisher anerkannt, dass es so nicht weitergehen wird und dass neue Erfolgskriterien definiert werden müssen. In diesen wird es um eine neue Wir-Betrachtung gehen, um eine Erweiterung des Ich-Radius hin zu einem gemeinwohlorientierten Wir-Radius. Es braucht neue Perspektiven, mit der wir auf die Wirtschaft schauen und daraus neue Strukturen bauen. Die Manager und Führungskräfte haben dabei eine besondere Verantwortung.

Auch Berater werden sich neue Fragen stellen müssen: Wann ist eine Firma wirklich zukunftsfähig, was unterstütze ich als Berater in welcher Form? Welche Verantwortung haben wir zu tragen?

Verantwortungsvolle Berater müssen wahrhaftig sprechen können und nicht nur für Geld einen Auftrag abarbeiten – egal, ob die Unternehmensleitung es hören will oder nicht. Auch Unternehmen sind sich ständig entwickelnde, lebendige Systeme mit evolutionärer Intelligenz, bestehend aus wissenden Menschen. Der Berater, die Unternehmen in eine zukunftsfähige Richtung begleiten können, müssen dies erkennen. Sie müssen an einer ehrlichen Entwicklung interessiert sein und offenlegen, wo eine Entwicklung in Richtung einer neuen Effektivität möglich ist und wo nicht. Berater sind mit ihrer Wahrhaftigkeit jene, die den Entwicklungsimpuls geben – mit Mut auf laufende und konstante Veränderung und in offener Lebendigkeit.

Die Erde gehört nicht dem Menschen – der Mensch gehört zur Erde. Die Wirtschaft ist für die Menschen da und nicht die Menschen für die Wirtschaft. Das herkömmliche Weltbild sieht das allerdings noch ganz anders. Hier wird »die Wirtschaft« als das alles tragende, umfassende Prinzip gesehen, in das sich Umwelt und Gesellschaft einordnen. Mit dem Slogan »It's the economy, stupid« – übersetzt »Es kommt nur auf die Wirtschaft an, du Dummkopf!« – gewann Bill Clinton die US-Präsidentschaftswahlen 1992. Aus unserer Sicht ist es genau umgekehrt: »It's the environment, stupid.«

Der Planet Erde kann auch ohne menschliche Gesellschaft leben, der Mensch jedoch nicht ohne die Leistungen, welche er bereitstellt. Daher spielt er eine übergeordnete Rolle. Die Wirtschaft muss den Menschen und der Erde dienen, sich ihnen unterordnen. Peter M. Senge hat das in einem einprägsamen Bild dargestellt:

Abbildung 2: Wirtschaft, Gesellschaft und Umwelt in altem und neuem Denken.

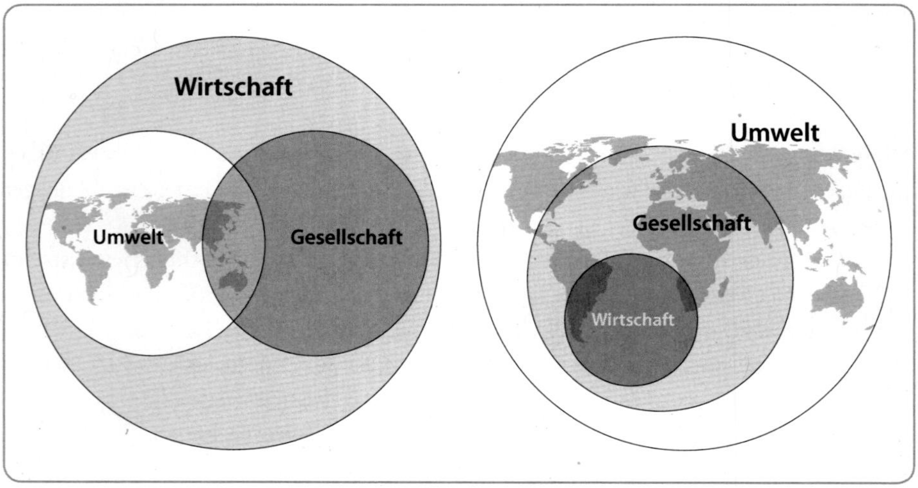

Quelle: nach Senge 2011.

Das ändert radikal sowohl den Blick, den ein Wirtschaftsunternehmen auf die Welt einnimmt, als auch, wie wir auf ein Unternehmen schauen. Nach dem alten Bild nimmt das Unternehmen Umwelt und Gesellschaft am Rande seines Agierens als Ressource wahr, ob als Rohstofflieferant, Abfallentsorgungsplatz oder Arbeitskraft und Konsument. Dem neuen Bild folgend, stellen Umwelt und Gesellschaft die Basis für die Existenz eines Unternehmens – Entwicklungen in den beiden Systemen beeinflussen maßgeblich das Unternehmen selbst. Dies verbindet sich mit der Frage: Welchem übergeordneten System dient das Unternehmen? Damit beschäftigen wir uns ausführlich im Kapitel »Mission, Vision und Advocacy« in Teil 2 des Buches. Anschließend gehen wir Schritt für Schritt durch die verschiedenen Bereiche eines Unternehmens und teilen mit Ihnen einige Ideen und Erfahrungen, wie sie mit diesem neuen Bild in Einklang gebracht werden können.

8

»Wir brauchen Lösungen für zehn Milliarden Menschen«

Interview mit Christof Bosch

Christof Bosch ist Sprecher der Familie Bosch in wichtigen Gremien der Robert Bosch GmbH, des weltweit tätigen Autozulieferers mit circa 380.000 Mitarbeitern. Im Sommer 2015 hatten wir die Gelegenheit, ein Gespräch mit ihm zum Thema Nachhaltigkeit zu führen.

Hans-Ulrich Streit: *Welche Aspekte sind Ihnen in der aktuellen Nachhaltigkeitsdebatte besonders wichtig?*
Christoph Bosch: Die Naturwissenschaften bekommen im Verhältnis zu anderen Themen nur wenig Aufmerksamkeit. Es wird zwar viel diskutiert, was man tun soll, aber relativ wenig, wie das unter den ganz konkreten naturwissenschaftlich-technischen Voraussetzungen geschehen kann. Das bezieht sich sowohl auf die Ökosphäre, wie sie von Natur aus aussieht, als auch auf die Technosphäre, wie wir sie gestalten. Ohne großen Technikeinsatz ist das Überleben von zehn Milliarden Menschen überhaupt nicht vorstellbar. Andere Wege gäbe es in meinen Augen tatsächlich nur, wenn sich die Weltbevölkerung stark vermindern würde.

Hätten wir nur 500 Millionen Menschen auf der Welt wie vor 300 Jahren, dann hätten wir gar nicht diese Themen des Klimawandels, Klimakatastrophen, des ökologischen Fußabdrucks …
Ja, und wir hätten eine ganz andere Bandbreite von Konzepten, wie Nachhaltigkeit aussehen könnte. Aber wenn wir Lösungen finden müssen, die für zehn Milliarden Menschen funktionieren, dann bedeutet das einen ganz enormen Technikeinsatz als Teil dieser Lösung. Die Naturwissenschaft beschreibt da ebenso die Technik wie die Ökologie, die miteinander in eine nachhaltige Interaktion kommen müssen.

Naomi Klein ist in ihrem aktuellen Buch Die Entscheidung: Kapitalismus vs. Klima *außerordentlich pessimistisch, dass technische Lösungen, auf die wir auch in Deutschland setzen, uns noch weiterhelfen könnten. Sie meint, dass der aus unserer europäischen Sicht zum Teil irrational erscheinende Widerstand in den USA gegen eine Änderung der Klimapolitik – zum Beispiel der Satz der ehemaligen Gouverneurin von Alaska und Tea-Party-Führerin Sarah Palin »Ich liebe den Geruch von Abgasen!« – ganz im Gegenteil ein Zeichen ist, dass diese Rechtskonservativen im Grunde wirklich verstanden haben, worum es eigentlich geht, nämlich um einen grundlegenden Systemwechsel, und dagegen wehren sich diese Leute. Wie sehen Sie diesen Aspekt?*
Ich halte es für ein Ausblenden der Tatsache, dass wir für zehn Milliarden Menschen auf diesem Planeten Lösungen finden müssen. Ich halte es für eine Ideologisierung, die natürlich auch wichtige Themen anspricht. Aber dieser Polarisierung: »Dies ist der Kapitalismus, jenes ist eine ökologisch nachhaltige Zivilisation, und die beiden passen nicht zusammen«, das ist einfach eine polarisierende Denkweise. Für mich ist das genau das, was uns nicht hilft, Lösungen zu finden.

Gleichzeitig ist der Satz wahr: In einem begrenzten System wie der Erde kann es kein unbegrenztes Wachstum geben, zumindest nicht an materiellen Gütern.
Das ist deswegen so ein schwieriges Thema, weil wir meinen, wir wüssten, was Wachstum ist. Wenn wir eine bestimmte Vorstellung von Wachstum haben und mit Parametern wie dem Bruttoinlandsprodukt und dem Einsatz fossiler Ressourcen versehen und dann sagen: »O. k., das wächst«, und fragen: »Kann das immer wachsen?«, dann ist es klar: Nein, das kann nicht immer wachsen. Wenn wir dagegen unter Wachstum das evolutionäre Prinzip verstehen, nämlich dass sich immer neue Formen entfalten, dass jeder Entfaltungsprozess etwas Expansives hat, dabei etwas Neues zur Erscheinung kommt und diese Bewegung auch etwas sich Ausdehnendes hat, es aber noch völlig offen ist, in welche Dimension diese Ausdehnung geschieht – wenn man Wachstum so versteht, wird es, glaube ich, nie ein Ende von Wachstum geben. Die Wachstumsdiskussion, wie wir sie im Moment typischerweise führen, leidet darunter, dass wir uns viel zu wenig fragen, was wir tatsächlich unter Wachstum verstehen. So wie ich persönlich Wachstum verstehe, ist Wachstum das dynamische Lebensprinzip, und das kann man nicht abschalten.

Sie halten deshalb auch den Diskurs zur Postwachstumsgesellschaft eigentlich für unangemessen, weil sie noch an der alten Definition des BIP hängt?
Genau, das halte ich für eine ungünstige Konzeptbildung. Sie nimmt eine bestimmte Vorstellung von Wachstum ein und sagt: »Nein, das geht nicht«, und sie hat gute Argumente zu sagen: »Nein, das geht nicht.« Bloß kann sie dem in Wirklichkeit keine attraktive Alternative entgegensetzen, wenn ich es global anschaue. Wir in unseren

saturierten Gesellschaften sind viel mehr auf die Verwaltung unseres relativen Gutgehens orientiert. Deswegen ist es für uns recht naheliegend zu sagen, wir müssen eigentlich nicht mehr wachsen, lass uns lieber aufpassen, dass wir das behalten, was wir haben. In dieses Modell passt genau dieses Bild von der Postwachstumsgesellschaft. Dagegen ist das für einen Großteil der Welt völlig unattraktiv, sodass ich nicht sehe, dass ein solcher Paradigmenwechsel irgendwelche realistischen Chancen in der globalisierten Welt hätte. Dagegen müssen wir uns fragen: Wie kann sich eigentlich Wachstum weiterentwickeln? Das Modell des Wachstums, das wir in den letzten 150 oder 200 Jahren gelebt haben, schaut ja tatsächlich auf Parameter wie den Zuwachs des Energieverbrauchs. Da ist ja in den industrialisierten Ländern sogar schon eine Entkopplung passiert. Lange Zeit war es so, dass Wachstum und Energieverbrauch linear oder sogar überlinear korrelierten. Solange man diese beiden Dinge als eins nimmt, kann das nur in einem Kollaps enden, wenn man das beliebig weit treibt. Aber ist das wirklich das, was eigentlich Wachstum ist?

Wo sehen Sie Ansätze für das andere, das evolutionäre Wachstum in unserer westlichen Industriegesellschaft?

Man kann ja schon beobachten, dass diese Korrelation zwischen Energieverbrauch und technologischer Entwicklung sich stark gewandelt hat in den letzten Jahrzehnten. Das kann ein Anzeichen davon sein. Es gibt heute zum Beispiel in der Mikroelektronik Entwicklungsprozesse, in denen der Materialeinsatz pro Leistung sehr stark zurückgeht. Das wird im Moment überkompensiert von dem Zuwachs an elektronischer Leistung, die wir abfragen. Aber der Zusammenhang zwischen Ressourcenverbrauch und Bereitstellung von Leistung in der Mikroelektronik ist völlig anders als im alten Wachstumsmodell. Führend ist der, der besonders wenig Material braucht, um die Leistung zu erzielen. Je miniaturisierter, desto fortschrittlicher ist die Mikroelektronik. Wenn wir ins rein Technologische schauen, können wir heute schon viele Prozesse beobachten, in denen eine Entkopplung stattfindet. Wachstum in der Mikroelektronik heißt etwas plakativ gesagt: Verminderung des Ressourceneinsatz. Man kann leicht dagegen argumentieren, dass insgesamt natürlich mehr verwendet wird …

… vor acht Jahren gab es keine Smartphones, und jetzt gibt es zwei Milliarden auf der Welt …

… ja, klar. Ich will gar nicht sagen, dass diese Prozesse gegenwärtig die Oberhand hätten, das haben sie eindeutig nicht. Ich will nur sagen, dass man auch diese Prozesse beobachten kann und dass es meines Erachtens sinnvoll ist, sich auf sie zu fokussieren. Wenn ich mich frage, wo zeigen sich in der technisch-industriellen Welt Lösungsansätze, dann sind das genau die Prozesse, bei denen mit fortschreitender Entwicklung der Einsatz von Ressourcen und Energie sinkt. Bisher sind diese Prozesse noch überkompensiert durch andere Prozesse, deswegen kann man nicht sagen, wir sind in einer Entwicklung, die uns in die Nachhaltigkeit führt.

Sie meinen, es gibt schon einige gute Zeichen, aber die sind nicht so eindeutig zu beschreiben?
Ich sage, sie gehen unter, wenn ich einer Schwarz-Weiß-Betrachtungsweise folge. Wenn ich zum Beispiel Autos anschaue: Insgesamt nehmen Rohölverbrauch und CO_2-Ausstoß aus Autos auf der Welt stark zu, gar keine Frage. Der Ausstoß pro Automobil sinkt heute, der Ausstoß pro Kilowatt Leistung sinkt sehr stark. Wir haben verschiedene Prozesse, die gleichzeitig ablaufen. Im Moment ist die Zunahme an Autos so stark, dass sie diese anderen Prozesse überkompensiert, und es gibt eine Betrachtungsweise, die sagt: Das ist gesetzmäßig so, wir fressen immer die Fortschritte in der Technologie dadurch auf, dass wir so viel mehr produzieren. Dagegen helfe nur Askese, denn die technologische Entwicklung nütze nichts, sie wird immer überkompensiert, das sei eine Gesetzmäßigkeit. Das kann so sein, aber das wissen wir im Grunde nicht.

Das ist keine naturwissenschaftliche Gesetzmäßigkeit, sondern ich denke eher eine Frage, wie hier die Anreize gesetzt werden. In der Textilindustrie haben die großen Modeketten vor 20 Jahren ja auch noch keine Wegwerfkleidung produziert, so wie sie es heute zunehmend machen. Die Vergünstigung in der Produktion und in den Kosten führt dazu, dass einige junge Menschen ihre Kleidung gar nicht mehr waschen, sondern sie einfach wegwerfen. Da ist der sogenannte Reboundeffekt deutlich zu sehen.
Dem stimme ich zu. Aber das liegt auf einer anderen Ebene. Deswegen sind die Entwicklungen, die zu einer Ressourceneinsparung führen, nicht sinnlos, sondern sie werden gegenwärtig aufgefressen, überkompensiert durch andere Prozesse, und um die muss man sich natürlich kümmern. Deswegen ist die politische Dimension ganz wichtig. Aber dadurch wird die Entwicklung, die zur technologischen Verbesserung führt, keineswegs unwichtiger, denn wir müssen schauen, was das Gesamtziel ist. Wenn das Gesamtziel ist, zehn Milliarden Menschen auf dem Planeten Lebensbedingungen zu bieten, die so akzeptabel sind, dass eine gesellschaftliche Stabilität möglich ist, dann brauchen wir enorme Entwicklungen in unserer Technologie. Diese zu entwerten, weil sie durch Reboundeffekte aufgefressen werden, ist langfristig äußerst schädlich.

Das ist also ein ganz deutliches Plädoyer für eine weitere sehr intensive Forschung und Entwicklung von material- und ressourcenschonender Technik.
Und gleichzeitig für eine Beschäftigung mit den Reboundeffekten auf den Ebenen, die beeinflusst werden können.

Wo sehen Sie da Ansätze? Das ist ja letztlich eine Haltung des Wertesystems in unserer Gesellschaft.
Ich glaube nicht, dass es da einen Einzelfaktor gibt, der als einzelner wirklich effektiv gegensteuern kann. Und deswegen ist das so enorm schwierig. Ich persönlich glaube, dass eine sinnvollere Besteuerung, die gesellschaftlich notwendige Verhaltensweisen und Leistungen fördert, sehr sinnvoll wäre, zum Beispiel die ökologische Steuerreform, wie Ernst Ulrich von Weizsäcker sie vorgeschlagen hat. Solange sie nur von einem Staat angegangen wird, sind die Schwierigkeiten dabei aber so groß, dass ich sie nicht für realistisch halte. Solche Veränderungen im Steuersystem werden nur gehen, wenn wir eine wesentlich stärkere internationale Zusammenarbeit erreichen, das kann nur miteinander wachsen, und das ist – wie wir sehen – extrem schwierig.

Sind Sie da eher optimistisch oder pessimistisch? Oder ist das die falsche Frage?
Ich enthalte mich sowohl des Optimismus wie auch des Pessimismus, denn wir kennen die Zukunft nicht. In der Zeit, die ich selber beobachten kann, sind die Dinge sehr anders gelaufen, als es auch die noch so klugen Leute prognostiziert haben. In ganz vieler Hinsicht habe ich nicht den Eindruck, ich könnte realistisch abschätzen, was möglich ist und was nicht. Ich kann nur ein Stück weit sehen, welche Entwicklungsrichtungen gebraucht werden, welche Elemente gebraucht werden für eine globale Gesellschaft, die friedlich – und ohne die globalen Ressourcen der Biosphäre zu überfordern – existieren kann. Aber wie die Gesellschaft sich im Einzelnen gestalten wird und wie und ob das erreichbar ist, das ist jenseits dessen, was ich absehen kann.

Aber ich meine sehen zu können, dass es zum Beispiel Steuersysteme braucht, die das unterstützen, was der Nachhaltigkeit dient, und belasten, was der Nachhaltigkeit nicht dient. Das ist deutlich zu sehen, und es wäre wichtig, wenn Staaten versuchen, darin Vorreiter zu werden. Und gleichzeitig können sie sich nicht abkoppeln, sondern müssen, so gut sie können, mitwirken, dass sich ein internationaler Konsens dazu bildet. Ich fürchte, dass das nur gelingen kann, wenn auch viel Leiden entsteht, vieles geschieht, was der Menschheit vor Augen führt, dass die Notwendigkeit von solchen Änderungen wirklich gegeben ist. Im Moment ist das für die tonangebenden Nationen einfach noch nicht hinreichend deutlich.

Und für die sogenannten Entwicklungsländer ist das schon mal gar keine Priorität …

Jetzt haben wir einen großen Rahmen abgesteckt. Ich würde gerne mit Ihnen noch untersuchen, was kann ein Unternehmen in Mitteleuropa, das vielleicht im Moment einen hohen Ressourcenverbrauch hat, das unserem Gewinnstreben unterliegt, weil es vielleicht am Kapitalmarkt platziert ist oder weil die Eigentümer noch das Bewusstsein haben, dass es vor allem um Rendite geht … wo können nachhaltige Ansätze im Unternehmen handfest gemacht werden?

Zuerst mal zum Thema Rendite. Es ist klar, dass ein Unternehmen Rendite braucht, weil Rendite Handlungsfähigkeit bedeutet. Aber die entscheidende Frage sind in meinen Augen der Zeitrahmen und die Orientierung an einem langfristig klugen Renditeziel, nicht an einer Maximalrendite. Eine kurzfristige Renditeoptimierung sieht vollkommen anders aus als eine langfristige. Wenn ich innerhalb eines Jahres die Rendite steigern will, ergreife ich völlig andere Maßnahmen, als wenn ich auf Jahrzehnte stabile Renditen erwirtschaften will. Das heißt, ein Unternehmen braucht eine langfristige Orientierung, um ernsthaft nachhaltigkeitsfördernde Prozesse zu verfolgen und sich im Hinblick auf höhere Nachhaltigkeit zu strukturieren. Das ist die entscheidende Frage. Gerade auch ein renditeorientierter konservativer Unternehmer müsste eigentlich sagen: Die Langfristigkeit ist für mich entscheidend. Konservativ heißt ja eigentlich auf Bewahren ausgerichtet sein. Da ist zuerst mal dieses Thema Langfristigkeit bei der Betrachtung der Rendite ganz entscheidend.

Das in Familienunternehmen leichter verstanden wird als in am Aktienmarkt platzierten Unternehmen?

Ja, da haben Unternehmen am Aktienmarkt ein großes Problem. Man kann wirklich sagen, die Kurzfristorientierung am Aktienmarkt ist ein Element, das man dem Kapitalismus zuordnen kann und das kontra Nachhaltigkeit wirkt.

Auf der technologischen Ebene bedeutet nachhaltige Orientierung ganz grundsätzlich, bei den Prozessen anzusetzen und jeden Prozess im Unternehmen auf seine Möglichkeiten der Optimierung zu untersuchen. Es geht um Ressourceneffizienz, natürlich einschließlich geringerer Emissionen. Normalerweise sind ressourceneffiziente Prozesse erst mal teuer, weil sie Investitionen brauchen, aber langfristig sind sie eher renditefördernd.

Solange die CO_2-Abgabe so niedrig ist, stellt das nur wenig Anreiz dar.

Die Wahrscheinlichkeit ist sehr hoch, dass die derzeit niedrigen Fossilenergiepreise nur kurzfristig sind. Ich bin durchaus für eine höhere CO_2-Abgabe als gegenwärtig, ich glaube aber, dass sie nur in Ausnahmefällen entscheidend ist für ein Unternehmen, das einen 20-Jahre-Horizont anschaut und prüft, wie es seine Produktionsprozesse optimieren kann. Dazu sind die zu erwartenden Preiseffekte bei den fossilen Rohstoffen viel zu stark.

Ein Unternehmen, das sich in Richtung Nachhaltigkeit orientieren will, hat im Moment häufig noch Renditeprobleme damit, außer auf einer sehr langfristigen Sicht, weil die alten Rahmenbedingungen noch vorhanden sind. Es gibt heute keine ökologische Steuerreform, es gibt noch einen sehr niedrigen Preis für Kohlendioxid. Was können Unternehmen tun, um auch aktiv die Rahmenbedingungen zu verändern?

Unternehmen sind über ihre Verbände am politischen Prozess beteiligt. Die Forderungen, die sie einbringen, spielen eine Rolle im Entscheidungsfindungsprozess der Politik, und bisher wird von Unternehmen in der Breite ganz wenig Gewicht auf diese Elemente gelegt. Sie werden weitestgehend unter dem Aspekt der erschwerten Produktion angesehen. Aber eine klug gestaltete ökologische Steuerreform würde tatsächlich Unternehmen entlasten, die Schritte hin zu einer nachhaltigen Gestaltung ihrer Produkte und ihrer Produktion machen. Und dann wird ein wirtschaftlicher Vorteil für diese Unternehmen entstehen. Aber diese Seite wird bisher kaum eingefordert.

Dann müssten sich die Unternehmen noch stärker in der Lobbyarbeit engagieren?
Die Verbände vertreten letztendlich das, was die Mitglieder wollen. Die Mitglieder sind weitgehend noch so orientiert, dass sie im Grund an genau dieselbe polare Wirklichkeit glauben, wie Naomi Klein sie darstellt, nur dass sie sich mit der anderen Seite identifizieren. Aus meiner Perspektive ist das dieselbe Sicht. Wir machen uns die Wirklichkeit begreifbar, indem wir Konzepte bilden, und wie wir die Konzepte bilden, hat eine starke Wirkung darauf, wie wir die Analyse durchführen und wie wir zu Ergebnissen kommen. Dieses polare Bild von der Industrie auf der einen Seite und der Natur und den Schwachen auf der anderen Seite, das ist ein Konzept, das nach wie vor ungeheuer stark in unserer Zivilisation verankert ist. Es ist für die gemeinsame Lösungsfindung wenig hilfreich. Aber sowohl die eine wie die andere Seite hält sich an dieses Bild, um sich zu orientieren in dieser sehr verwirrenden Wirklichkeit.

Sie plädieren damit für eine Bewusstseinsöffnung, weg von der dualen Sichtweise, hin zu einer eher evolutionären Sichtweise, wo an verschiedenen Stellen, Orten, Haltungen Neues entstehen kann?
Ja, wir sollten uns enthalten von einer fundamentalen Bewertung von Gut und Böse oder dem Richtigen und dem Falschen als zwei Blöcken, zwischen denen nichts ist. Ich stehe auf der richtigen Seite und kämpfe gegen die falsche. Um uns dort herauszuentwickeln, können wir uns fragen: Was sind die Herausforderungen, und wo finde ich Lösungen dazu?

Die Frage, wenn man jetzt von dem dualistischen Blickwinkel wegkommt, kann man auch so stellen: Wie können Unternehmen Teil der Lösung werden?
Ja, genau! Es gibt gar keine Lösung, wenn nicht die Unternehmen Teil der Lösung sind. Es ist wichtig, das zuerst einmal zu sehen. Die Verdammung der Unternehmen führt uns der Lösung nicht näher. Die Unternehmen – und das Zusammenspiel der Groß- und der Kleinunternehmen ist heute ein ungeheuer verwobenes Netzwerk – versorgen in dieser heutigen Zivilisation die Menschen mit Lebensnotwendigem.

Wenn das nicht funktioniert, wird das sofort zur ersten Priorität in der Gesellschaft. Wenn man an die maslowsche Pyramide denkt, wird es deutlich, dass wir unsere Primärbedürfnisse nicht befriedigen könnten ohne ein Funktionieren dieses Systems.

Ich bedanke mich ganz herzlich für das Gespräch.

TEIL 2

RE:STRUCTURE

9

Evolutionäre Unternehmen im Detail

In diesem Abschnitt zeigen wir, was Unternehmer konkret tun können, um einen sinnvollen und nachhaltigen Beitrag zu leisten und dabei gleichzeitig ihr Unternehmen zukunftsorientiert und veränderungsfähig auszurichten. Die vorgestellten Modelle, Prinzipien und Beispiele sind Früchte reicher Erfahrungen in der Begleitung von Unternehmen in Veränderungsprozessen.

Sieben Themenbereiche werden wir genauer untersuchen. Wir haben sie in Form einer Blume angeordnet, angelehnt an das Vorbild der Permakultur:

Abbildung 3: Die Terra-Blume.

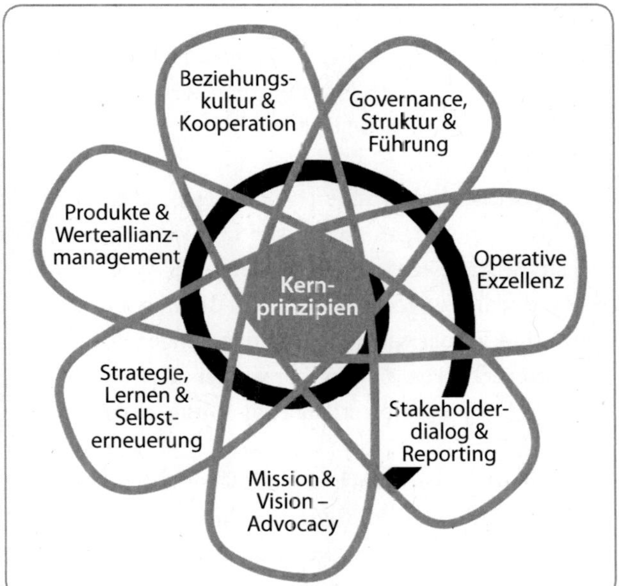

Quelle: Terra Institute.

Die sich überlappenden Verbindungen symbolisieren die systemischen Verbindungen zwischen den Blättern. Nichts steht für sich alleine da, alles hat Auswirkungen auf die anderen Themen und wird von ihnen beeinflusst. Die Blütenblätter gruppieren sich um die Kernprinzipien im Mittelpunkt der Blume: das Prinzip der Verbundenheit, der Suffizienz, der Eco-Effektivität und Eco-Effizienz, der Diversität und Resilienz, der Kreislaufwirtschaft, der Achtsamkeit sowie das Prinzip der Individuation und Gemeinschaft. So sind die Kernprinzipien die Basis jedes einzelnen Blattes.

Die sieben Blütenblätter sind eine Richtschnur zur Unternehmensentwicklung. Dabei ist es grundsätzlich unwichtig, bei welchem Blatt der Veränderungsprozess beginnt. An einer Stelle begonnen, wirkt das hier Erreichte in die anderen Bereiche und wird dort Impuls für weitere Veränderungen.

Bei Veränderungen kann es allerdings zu Zielkonflikten kommen. Orientierung gibt dann ein lebendiges Leitbild mit Mission & Vision. Die Diskussion kann damit auf eine andere Ebene gehoben und leichter geklärt werden. So gibt die Orientierung an Mission & Vision eine starke Energie für die Ausgestaltung der Blütenblätter. Deshalb beginnen wir die Gliederung des zweiten Teil des Buches mit diesem Blatt:

Vision & Mission – Advocacy: Hier geht es darum, ein systemisches Leitbild auszuarbeiten. Fokus ist dabei nicht der Markt mit der Frage: Was kann ich produzieren oder leisten?, sondern das übergeordnete System und dessen Bedarf mit der Frage: Was braucht dieses System? Schritt für Schritt leiten wir durch die Entwicklung von Vision und Mission für ein Unternehmen. Anschließend prüfen wir, wie über die erzeugten Produkte und Dienstleistungen hinaus mit einer gezielten Advocacy Fürsorge für das übergeordnete System übernommen werden kann und das Unternehmen eine aktive gesellschaftspolitische Rolle einnimmt.

Strategie, Lernen & Selbsterneuerung: Eine Strategie ist die Antwort auf die Frage: Mit welchem Plan will eine Organisation ihre in Vision und Mission vereinbarten Ziele in den nächsten Jahren erreichen? Die konkrete Ausgestaltung einer Strategie ist sehr von den Randbedingungen abhängig. Da diese sich in unserer schnelllebigen Welt häufig ändern, sind immer wieder neue Anpassungen erforderlich. Das erfordert die Fähigkeit des Unternehmens, sich immer wieder zu erneuern, zu lernen. Deshalb gehören Strategie und Lernen / Selbsterneuerung unmittelbar zusammen.

Produkte & Werteallianzmanagement: In einer Kreislaufwirtschaft, in welcher es keinen »Abfall« mehr gibt, arbeiten Produktentwicklung, Beschaffung, Marketing und Vertrieb als auch Wettbewerber, öffentliche Institutionen und Zivilgesellschaft auf neue Art und Weise zusammen, sodass wir sie nicht mehr als getrennte Akteure betrachten, sondern als Bausteine eines einzigen zusammenhängenden Prozesses. Damit dies funktionieren kann, braucht es als Basis ein Bekenntnis zur Kooperation sämtlicher Stakeholder und eine klare Absicht, gemeinsam zu entwickeln und zu wirken.

Beziehungskultur & Kooperation: Eine gute Beziehungskultur ist die Grundlage für all das, was sich an kreativem Potenzial entwickeln kann, für die Entwicklung von individuellen Fähigkeiten, Anlagen und Möglichkeiten. Je größer die Möglichkeit ist, Vielfalt und Kooperation zu leben, desto größer ist die Innovationskraft und desto größer ist die Bandbreite an Lösungsmöglichkeiten für das Unternehmen und die Welt insgesamt.

Governance, Struktur & Führung: In der Governance wird geklärt, *wie* in einem Unternehmen zusammengearbeitet wird und wem es verpflichtet ist. Wichtige Aspekte sind dabei die Organisationsstruktur und die Art der Führung. Die klassische hierarchische Führungspyramide zeigt immer mehr Schwächen. Wir untersuchen neue Wege, mit denen auch die soziale Seite der Nachhaltigkeit gestärkt wird.

Operative Exzellenz: Der beste Ansatz zur Nachhaltigkeit kann misslingen, wenn wir in unserer Arbeit zu viele Störfaktoren haben. Wie können wir miteinander exzellente Ergebnisse erzielen? Wir schauen gezielt dorthin, wo die größten Reibungsverluste entstehen und oft die Ursache großer Frustration liegt: endlose Besprechungen, langwierige Entscheidungsprozesse, schwierige Kommunikation zwischen Kollegen, aufgeblähtes und/oder nicht effizientes Projektmanagement.

Stakeholderdialog & Reporting: Der Dialog mit den Anspruchsgruppen ist ein Kernelement gelebter Nachhaltigkeit. Wie gelingt das am besten? Und welche Form der Nachhaltigkeitsberichterstattung passt zu meinem Unternehmen? Abschließend berichten wir von konkreten Beispielen, wie die politischen Rahmenbedingungen für unternehmerisches Handeln in Richtung Nachhaltigkeit gesetzt werden können.

In den folgenden Kapiteln stellen wir Ihnen die einzelnen Blätter genauer vor und geben Ihnen Ideen und Kurzanleitungen, wie Sie diese Initiativen in Ihrem Unternehmen starten und am Leben erhalten können. Die Reihenfolge der in den Kapiteln gelisteten Unternehmensbereiche ist ein Vorschlag. Steigen Sie mit ersten Aktionen dort ein, wo Sie am meisten Bedarf sehen. Nehmen Sie Ihr Produktsortiment unter die Lupe, überprüfen Sie Ihre Führungsstrukturen, oder beginnen Sie mit der Entwicklung gemeinsam mit Ihren Mitarbeitenden. Es ist Zeit, aus den Träumen eine Wirklichkeit zu schöpfen und das neue Unternehmertum zu leben.

10

Mission, Vision & Advocacy

Anbindung an das übergeordnete System

Wir wollen, dass Organisationen anpassungsfähig, flexibel, selbststeuernd, widerstandsfähig, lernend, intelligent sind – Merkmale, die nur in lebendigen Systemen zu finden sind.

Die Spannung unserer Zeit ist es, dass wir Organisationen wollen, die sich wie lebendige Systeme verhalten, wir sie jedoch nur als Maschinen zu behandeln wissen.

Margaret Wheatley, *Finding Our Way*

Bei der Entwicklung von Unternehmen in lebendige, offene Systeme hat sich ein Schritt als besonders richtungsweisend und kraftvoll erwiesen: die Anbindung der Organisation an ein übergeordnetes System durch eine systemische Vision und Mission.

In diesem Kapitel beschreiben wir Schritt für Schritt, wie ein Unternehmen sich mittels Vision und Mission an ein übergeordnetes System anbinden kann. Vorab schon eine erste Beschreibung unseres Verständnisses dieser oft recht unscharf verwendeten Begriffe: Eine *Mission* beschreibt den Auftrag, den sich ein Unternehmen gibt. Die *Vision* ist das Bild der Zukunft, das entsteht, nachdem dieser Auftrag ausgeführt wurde. Und das übergeordnete System ist der Bereich, in dem Mission und Vision wirksam werden. Wir werden auf den nächsten Seiten ausführlich auf diese immens wichtigen Begriffe eingehen.

Die Frage, worum es in Unternehmen geht, lässt sich auch anders stellen: Was hält einen Kreis zusammen? Die ersten Kreise bildeten sich um das Feuer, wo die Menschen lernten zu teilen, zu kommunizieren und zu kooperieren. In der modernen Welt steht das Feuer für eine gemeinsame Mitte, für etwas, wofür wir »brennen«, etwas, das uns bewegt und interessiert und mit dem wir uns identifizieren können und das gegenseitiges Vertrauen und Verbundenheit stiftet.

Im herkömmlichen Wirtschaftsansatz ist finanzieller Gewinn das vorrangige Ziel und mitunter sogar der alleinige Zweck eines Unternehmens. Die Vision und die Mission orientieren sich dementsprechend am Ziel der Gewinnmaximierung. Die Vision ist in diesem Fall markt- und outputorientiert, zumeist ganz nach dem Motto: »Wir sind die Marktführer in Europa.« Zwar versuchen Unternehmen auch über derartige ergebnisorientierte Visionen ihren Mitarbeitern einen bedeutungsvollen Sinn zu vermitteln, den sie darin finden sollen, immer mehr Produkte zu verkaufen und immer mehr Kunden zufriedenzustellen. Das gelingt aber nur selten dauerhaft.

In unserem Verständnis orientiert sich die Formulierung von Mission und Vision am übergeordneten System. Dies erfordert ein Umdenken, die alte Logik wird auf den Kopf gestellt. Eine mit dem übergeordneten System verbundene Vision, also eine *systemische Vision*, für die alle Beteiligten beharrlich »brennen« können, ist nicht mehr outputorientiert, sondern orientiert sich am Bedarf des übergeordneten Systems. Die Vision »Wir sind Marktführer in Europa« weicht zum Beispiel folgendem Auftrag: «Wir leisten einen bedeutenden Beitrag für die Zukunftsperspektiven und die Lebenssicherheit der Menschen in der Region.« Die Mission wird so zur Energiequelle für das tägliche Tun, indem sie Sinn stiftet, eben weil das Unternehmen einen als echt empfundenen, sinnvollen Beitrag leistet.

Auf den kommenden Seiten werden wir Ihnen einen detaillierten Fahrplan mit acht Schritten anbieten, mit dem Sie Ihre systemische Unternehmensmission und -vision erstellen und diese dann all Ihren Stakeholdern, allen voran den Mitarbeitenden, als dauerhafte Quelle der Sinnstiftung zur Verfügung stellen können.

Doch zuvor noch einige methodische Hinweise: Um ein möglichst kreatives Resultat zu erarbeiten, hat es sich bewährt, die acht Schritte in der beschriebenen Reihenfolge zu durchlaufen und sich gedanklich so weit wie möglich frei zu machen von all dem, was momentan in Ihrem Unternehmen schon an Produkten und Dienstleistungen da ist und was Sie heute über Ihren Unternehmenszweck zu wissen glauben. Auch ist es hilfreich, andere Definitionen von *Vision* und *Mission* vorübergehend zu vergessen.

Tabelle 6: Leitfaden in acht Schritten zur Erstellung von Mission und Vision.

Definieren Sie Ihr übergeordnetes System.
Leiten Sie den Bedarf des übergeordneten Systems ab.
Verbinden Sie sich mit dem Bedarf, und formulieren Sie im Bewusstsein Ihrer Interessen und Kernkompetenzen Ihre Mission.
Visionieren Sie die Zukunft.
Definieren Sie Ihre Rolle.
Individualisieren Sie Ihre Werte.
Kreieren und definieren Sie Ihre Produkte und Dienstleistungen.
Advocacy.

Vorteilhaft ist es, wenn dieser Prozess außerhalb Ihres gewohnten Arbeitsumfelds stattfindet. Vielleicht arbeiten Sie die Schritte vorerst einmal allein oder mit einer Vertrauensperson durch und steigern erst dann sukzessiv die Beteiligung anderer Mitarbeitenden und Führungskräfte. Eine partizipative Vorgehensweise ist für traditionelle Führungskräfte ungewohnt, und es ist wichtig, dass Sie sich nicht überfordern. Partizipation ist sehr sinnvoll und förderlich, wenn das Unternehmen zu einem dynamischen, inspirierten und inspirierenden und damit widerstandsfähigem System heranwachsen soll. Wenn die Zukunft einer Organisation von vielen Teilnehmern getragen wird, kann sie sich zudem leichter unabhängig von einzelnen führenden Menschen und Positionen entwickeln.

Der Weg ist hier das Ziel. Seien Sie sich bewusst, dass dieses nun stattfindende Gedankenspiel der Anfang einer längeren Entwicklung sein kann. Der ganze Prozess hin zu einer lebendigen, lernenden Organisation ist oftmals nur in vielen Schritten zu machen und kann mitunter Jahre dauern. Einige Erkenntnisse aus dieser Arbeit können tief greifende Veränderungen in Ihrem Unternehmen herbeiführen. Und Sie tun gut daran, diese Veränderungen wie eine junge Pflanze behutsam und liebevoll aufzuziehen. Wichtig ist es, den ersten Schritt zu machen und am Ball zu bleiben, immer wieder aufs Neue zu den Fragen zurückzukehren. Ein lebendes System verändert sich laufend und passt sich neuen Gegebenheiten immer wieder an. Deshalb können auch Sie es sich erlauben, immer wieder neu – mit freiem und unvoreingenommenem Blick – auf die verschiedenen Punkte zu blicken. So bleiben Sie lebendig und verbunden.

10.1 Das übergeordnete System

Wir haben im ersten Teil *(Re:connect)* Natur und Gesellschaft als übergeordnete Systeme der Wirtschaft beschrieben. Was ist das größere System, das Ihr Unternehmen bedienen möchte? Wo möchten Sie einen Beitrag leisten? Wo ist Ihr Unternehmen im Netz allen Lebendigen eingebunden? Welchem größeren Ganzen dient es? Die Antwort auf diese Fragen grenzt das übergeordnete System Ihres Unternehmens etwas ein, damit Sie sich später auf eine klar umrissene Aufgabe fokussieren können. Wird der Kontext des übergeordneten Systems zu groß gewählt, können Sie daraus vielleicht wenig relevante Handlungsanweisungen ableiten. Ist er zu klein gewählt, fehlt Ihnen hingegen der kreative Spielraum.

Wählen Sie so zum Beispiel das Universum, dann sehen Sie Millionen Sterne. Dieses Bild gibt Ihnen vielleicht zu viele Informationen, sodass es schwierig ist, Ihren ganz konkreten Auftrag daraus abzuleiten. Andersherum ist es genauso: Wenn Sie nur die Einwohner Ihrer Straße wählen, werden Sie als Unternehmen möglicherweise schnell unterfordert sein.

Definieren Sie das System, zu dem Ihr Unternehmen gehört, in das es eingebettet ist, das System, das für Ihr Unternehmen relevant ist. Schränken Sie sich nicht selbst ein, indem Sie allein die Branche in den Vordergrund stellen, zu der Ihr Unternehmen gehört, oder indem Sie sich auf die Produkte konzentrieren, die Sie herstellen. Ob Sie ein Konferenzzentrum sind, ein Fitnessstudio oder ein Finanzunternehmen – orientieren Sie sich breiter in Richtung Natur und Gesellschaft. Es könnte eine bestimmte gesellschaftliche Struktur sein wie eine Stadt oder eine bestimmte Gemeinschaft von Menschen. Aus welcher systemischen Zugehörigkeit (Makrosystem) schöpfen Sie Ihre Mission? Vielleicht schaffen Sie es auch, darauf zu achten, keine *Zielgruppe* zu wählen: *Kinder* zum Beispiel sind nicht wirklich ein übergeordnetes System. Alles, was Kindern dient, dient ebenfalls den Eltern und den älteren Geschwistern. Alles, was Müttern nützt, nützt ebenfalls den Kindern. Auch leben Kinder nicht alleine. Hier sind sie eingeladen, breit zu diskutieren, um die für Sie stimmigste Überordnung zu individualisieren.

Die Definition des relevanten übergeordneten Systems erfolgt häufig auch über die geografische Relevanz des Unternehmenszwecks: Möchten Sie eine bestimmte Region oder ein Land bedienen?

Tabelle 7: Beispiele für ein übergeordnetes System.

Die Natur und Bevölkerung des Alpenraums
Alle Einwohner Schwedens
Großstadtbewohner in China
Menschen in ländlichen Gegenden in Bangladesch
Unmittelbar am Rheinufer lebende Haushalte
Menschen in Dörfern unter 50 Einwohner in den Dolomiten
Umweltbewusste Haushalte weltweit

10.2
Bedarf im übergeordneten System

Welche »wahren« Bedürfnisse, welchen Mangel erkennen Sie im übergeordneten System? Was wird gebraucht, heute und in Zukunft? Je klarer Sie das übergeordnete System im ersten Schritt beschreiben konnten, desto einfacher ist es, einen zunächst mal ganz generell wahrgenommenen Bedarf zu ermitteln. Lassen Sie sich auch hier beim Beantworten nicht von den Produkten und Dienstleistungen beeinflussen, die Ihr Unternehmen heute anbietet. Ermitteln Sie die tiefer liegenden Bedürfnisse. Was brauchen die Menschen in Chinas Großstädten am dringendsten? Welche gemeinsamen Probleme haben die Haushalte am Rheinufer? Welche Themen bewegen die Menschen in Schweden wirklich? Was ist der Bedarf in dem übergeordneten System, dem Sie sich zuordnen wollen?

Hier wird nach Nöten des täglichen Lebens, nach tiefen Wünschen gesucht, wie es zum Beispiel der Wunsch nach frischer Luft ist, nach sauberem Wasser, zuverlässiger Kinderbetreuung, giftstofffreier Kleidung, pestizidfreien Lebensmitteln, der Wunsch nach einer ethisch korrekten Bank oder einer spezialisierten medizinischen Versorgung. Recherchieren Sie, und lauschen Sie auch in sich hinein: Welche Erfordernisse oder Mängel Ihrer Gemeinschaft liegen Ihnen am Herzen? Welche gehen Ihnen besonders nahe?

Denken Sie dabei an die Kraft von starken Emotionen als Treiber für Veränderung. Es ist möglich und wichtig, sich mit den emotionalen Kräften zu verbinden, auch wenn es teilweise vielleicht unbequem und ungewohnt ist (Dittmar 2015). Joanna Macy, die Begründerin der Tiefenökologie, erinnert uns in einfachen Worten daran, dass wir keine Angst vor dem Schmerz der Welt haben müssen (Macy 2011). Denn wenn wir Angst davor haben, übersehen wir den Ursprung dieser schmerzhaften Gefühle, die ihre Wurzeln allesamt in unserer Liebe für diese Welt haben. Und genau diese Liebe birgt die Kraft wirklicher Veränderung in sich. Deshalb ist es bei dieser Fragestellung durchaus sinnvoll, sich nicht nur allgemein zu fragen, welche Mängel wir in unserem übergeordneten System wahrnehmen, sondern auch zuzulassen, dass diese Mängel unser Herz bewegen. Denn genau dadurch entsteht die Anbindung, die wir suchen, die unserem Wirken einen Sinn gibt und die das System unseres Unternehmens zu einem lebendigen, offenen System wandeln kann.

10.3
Die Mission

Die Unternehmensmission stellt den Auftrag dar, der dem Unternehmen sowohl einen bestimmten Handlungsrahmen als auch eine Handlungsrichtung vorgibt. Ihre Mission ist das, *wofür* sich Ihr Unternehmen engagieren möchte, wofür es Produkte und Dienstleistungen erstellt. Die Mission entsteht, sobald Sie aufgrund Ihrer emotionalen Bewegung sowie Ihrer Kernkompetenzen ein oder mehrere Bedürfnisse Ihres übergeordneten Systems auswählen und für dessen Erfüllung verbindlich Verantwortung übernehmen wollen und können. So definieren Sie Ihre Mission – als Synonyme verwenden wir hier gerne auch die Worte *Unternehmensauftrag* und *Seinszweck* – im Einklang mit dem, was tatsächlich gebraucht wird. Lassen Sie sich für diesen Schritt viel Zeit. Es werden an dieser Stelle möglicherweise einige Ideen entstehen, die vielleicht auf den ersten Blick nicht ganz in Ihr jetziges Geschäftsfeld passen. Das ist gut.

Solange die Ideen wirkliche Bedürfnisse (Ihrer Zielgruppe) im übergeordneten System bedienen und gleichzeitig auch auf Ihren Kernkompetenzen basieren, sind alle erlaubt.

Hier ein konkretes Beispiel: Ein Zeitungsverlag ging – von uns begleitet – durch diesen Prozess der Erstellung einer systemischen Unternehmensausrichtung. Im ersten Schritt definierten sie die *Menschen in der Region xy* als ihr übergeordnetes System und fanden dabei heraus, dass diese neben vielen anderen Bedürfnissen auch ein tiefer Wunsch nach Hoffnung, positiven Zukunftsperspektiven und Sicherheit verbindet. Und hier wollte der Zeitungsverlag wirksam werden. Dieser Prozess hat bei den im Verlag arbeitenden Menschen eine sprudelnde Kreativität freigesetzt, und bei der Umsetzung ihres Unternehmensauftrags hatten sie viele Ideen, wie sie den Menschen Sicherheit, Hoffnung und positive Zukunftsperspektiven vermitteln können. Heute bietet das vom *Verlag* zum *Kommunikationshaus* gewandelte Unternehmen einen modernen Internetauftritt mit einer innovativen Inhaltspolitik sowie eine Plattform für Netzwerke, Veranstaltungen und Vorträge in der Region. Allesamt Projekte, die über den früheren Begriffsrahmen der *Zeitung* hinausgehen.

Wenn Sie jetzt Ihren Wirkungskreis definiert und die Bedürfnisse der darin lebenden Menschen ermittelt haben, dann erst fragen Sie nach Ihrer Zielgruppe: der speziellen Gruppe von Menschen, auf die Sie Ihre unternehmerische Aufgabe – Ihre Mission – fokussieren wollen. Wem möchten Sie in diesem System im Speziellen dienen? Um wen sorgen Sie sich? Welche Gruppe von Menschen liegt Ihnen besonders am Herzen? Dies sind andere Fragen als »Wer könnte meine Produkte kaufen?«, und genau deshalb ist der Prozess für manche von Ihnen vielleicht ziemlich ungewöhnlich. Auf diese Art und Weise können Sie aber darauf vertrauen, eine nachhaltige Grundlage für eine wahrlich sinnhafte Mission und Vision aufzubauen. Mit der Zielgruppe wählen Sie demnach die Gruppe, deren Bedürfnisse Ihnen im Besonderen ein wirkliches Herzensanliegen sind.

Tabelle 8: Beispiele für Unternehmensmissionen.

Ein Möbelproduzent: »Unser gemeinsamer Auftrag als Einrichtungsmarke ist es, immer mehr Menschen weltweit für nachhaltige Lebensqualität zu begeistern. Das leben wir konsequent und mit Freude über unsere gesamte Wertschöpfungskette.«
Ein Zeitungsverlag: »Der Sinn unseres Handelns besteht im Schaffen von Zukunftsperspektiven und Lebenssicherheiten in der Region.«
Terra Institute: »Unseren Auftrag sehen wir darin, Menschen und Systeme an das Netz des Lebendigen rückzuverbinden und neue Geschichten über die Rolle der Wirtschaft zu schreiben und zu verbreiten. Wir wollen eine Systemveränderung vorantreiben und Unternehmen darin befähigen, Teil der Lösung zu sein und nicht mehr Teil des Problems.«

10.4
Vision und das Visionieren

Im klassischen Wirtschaftsverständnis einer Unternehmensvision entwickelt meistens die Führungsebene eine Vorstellung davon, wo das Unternehmen in der Zukunft stehen soll. Und das Bild, das sie zeichnet, zeigt das Unternehmen in der Zukunft zumeist so: marktführend, unendlich wachsend, glänzend und stark. In der Praxis wird eine solche Vision häufig nur von wenigen geteilt und kaum als motivierend und sinnstiftend erlebt. Im systemischen Verständnis zeichnet die Unternehmensvision das *Bild des übergeordneten Systems*, wenn das Unternehmen seinen Auftrag – die Mission – erfüllt hat. Es geht also um das Zukunftsbild des Makrosystems und nicht des Unternehmens. Eine so formulierte Vision übt zumeist eine sehr starke Anziehung aus, im Gegensatz zu einer Vision, die allein das Unternehmen in den Mittelpunkt stellt.

Stellen Sie sich vor, Ihre Mission ist wirksam. Von welchem Visionsbild lassen Sie sich inspirieren? Wie sieht Ihre Region oder Ihre Gemeinde aus, nachdem Sie die Nöte der Menschen dort lindern konnten? Wie leben dort die Menschen, die Familien, die Kinder? Was beschäftigt sie, wie sehen sie aus? Wie müsste es aussehen, damit Sie sagen können: »Mission erfüllt«? Malen Sie ein buntes und lebendiges Bild davon. Dieses Bild wird Sie leiten und inspirieren. Wenn Sie müde sind oder nicht mehr wissen, warum Sie das tun, was Sie tun, sehen Sie sich das Bild an, und erinnern Sie sich. Eine solche Vision bewegt Menschen, weil sie darüber mit ihren Mitmenschen und mit sich selbst in Kontakt kommen. Die unternehmenszentrischen Visionen wie »die Nummer eins in Schweden werden« oder »Marktführer in Industrie X werden« sind häufig leer und sinnlos und schränken ein, anstatt zu befähigen.

Wie bei der Missionserstellung braucht auch dieser Prozess Raum. Nehmen Sie sich wieder viel Zeit, und erlauben Sie den am Prozess beteiligten Menschen, kreativ zu sein. Ihre Vision muss nicht zwingend in Worte gefasst werden, sie kann auch ein Bild oder ein Musikstück beinhalten. Begrüßen Sie Vielfalt, Farbe und schrille Töne, und staunen Sie, welche lebendige Kraft daraus entspringt! Formulieren Sie eine Vision, die viele bejahen, die Menschen verbindet, einander näherbringt und inspiriert.

Unternehmen mit einer lebendigen Vision sind oft gesund, glücklich und stark und in Krisen wesentlich widerstandsfähiger. Sie ziehen Kunden und Mitarbeitende an, wirken »magnetisch«, weil sie sich einander verpflichtet und verbunden fühlen. Es geht hier oft um mehr, als nur etwas zu kaufen oder zu verkaufen.

Formulieren Sie die Vision Ihres Unternehmens aus dem Herzen heraus – in klaren Worten und Bildern und so kurz wie möglich, in einem Satz, maximal in zwei.

Einmal formuliert, muss die Vision nicht in Stein gemeißelt werden. Vielmehr ist es gut, in regelmäßigen, vielleicht ein- bis zweijährigen Abständen aufgrund der Mission einen erneuten kreativen Prozess zu starten. Diese Herangehensweise nennen wir den Prozess des Visionierens.

Auch kann es hilfreich sein, immer wieder im Unternehmensalltag die folgenden Fragen zu beantworten und eine kleine Zwischenbilanz zu erstellen.

Tabelle 9: Zwischenbilanz – Fragen zu Mission und Vision.

Wird die Vision mit Beteiligung der Mitarbeiter weiterentwickelt?
Geht die Vision über die Unternehmensgrenzen hinaus, und beschreibt sie ein angestrebtes Zukunftsbild der Region / Gesellschaft / Welt?
Beschreibt Ihre Mission den Seinszweck Ihres Unternehmens, das heißt den Beitrag, den das Unternehmen und seine Mitarbeiter für die Visionserfüllung leisten?
Werden Ihre Vision und Mission nach innen und nach außen getragen?

Abschließend sei erwähnt, dass oftmals schon die Mission eines Unternehmens so stark auf die Motivation und Sinnstiftung sämtlicher Stakeholder wirkt, dass systemisch ausgerichtete Unternehmen auf die Formulierung einer Vision verzichten. Es wurde uns auch schon häufiger berichtet, dass die Festlegung auf ein Zukunftsbild als Einschränkung der Kreativität empfunden würde und als Limitierung der lernenden Schöpferkraft.

10.5
Die Rolle des Unternehmens

Unter Rolle verstehen viele Unternehmen die Corporate Identity, und als diese wiederum wird in der Wirtschaft oft nur die äußere Hülle bezeichnet: Der Auftritt des Unternehmens wird mit Slogans, Farben und Schrifttypen definiert, um den Wiedererkennungswert zu erhöhen. Im systemischen Verständnis ist die Corporate Identity mehr als eine Hülle, sie beschreibt, wer Sie sind und welche Wirkung Sie als Unternehmen hinterlassen möchten. Bleiben Sie dazu zunächst bei den Bedürfnissen Ihres Makrosystems, bei Ihrer Zielgruppe, Mission und Vision. Stellen Sie sich diese Fragen: Wer sind Sie? Wer sind Sie im Kontext dieses Systems? Was ist Ihre Rolle? Wie ist Ihr Selbstverständnis? Als was und wer verstehen Sie sich, und wie können Sie das, was Sie sind, anderen verständlich kommunizieren?

Verwechseln Sie Ihre Rolle nicht mit einem Vehikel, wie es vielleicht die Bezeichnungen *Konferenzzentrum* oder *Zeitung* sein mögen. Bei der Definition ihrer Corporate Identity stellten die Menschen des bereits genannten Zeitungsverlages fest, dass sie nicht allein eine *Zeitung* (das ist lediglich das bzw. ein Produkt) bzw. ein *Zeitungsverlag* sind, sondern dass ihre Rolle die eines *Kommunikationshauses* sei. Die Zeitung war lange Zeit eine wichtige Ausdrucksform ihrer Identität gewesen. Die zentrale Fragestellung wechselte von »Wie und an wen verkaufen wir mehr Zeitungen?« zu »Wer sind wir?« und »Wie werden wir noch wirksamer?«. Formulieren Sie Ihre wahre Identität, Ihre Corporate Identity.

10.6 Werte

Welche Werte und Grundsätze sollen bei Ihrem Wirken nach innen und nach außen zum Ausdruck kommen? Und in welchen Verhaltensweisen sollen sie zum Ausdruck kommen? Unternehmenswerte sind das *Wie*. Bei diesem Schritt angelangt, haben Sie schon viel erreicht: Jetzt gilt es, Werte und Grundsätze als Grundlage dafür zu formulieren, in welcher Qualität Sie im Miteinander nach innen und nach außen in Beziehung treten wollen. Bestenfalls gelten Werte gleichermaßen für Ihre Mitarbeitenden, Kunden und Partner. Denn diese sind normalerweise direkt mit Ihnen verbunden und teilen das gleiche übergeordnete System.

Ein Weg, die Werte einer Gruppe oder eines Unternehmens festzulegen, besteht darin, ganz konkrete Alltagssituationen zu betrachten und das darin gewünschte Verhalten zu bestimmen. Einige Beispiele könnten sein: Wie wünschen Sie, dass Kollegen und Kunden reagieren, wenn ein Mitarbeiter oder eine Mitarbeiterin Teilzeit beantragt, weil sie ein zweites Kind bekommen haben? Respektvoll, verantwortungsvoll, solidarisch oder hilfsbereit? Oder fragen Sie sich, wie Ihr Kundendienst der Kulanzanfrage eines Kunden begegnen soll. Mit verständnisvollem Dialog, lösungsorientierter Offenheit oder klarer Abgrenzung? Fragen Sie sich auch, welche Werte der Umsetzung Ihrer Mission nützen bzw. vielleicht sogar notwendig sind. Die Antworten auf solche Fragen geben wertvolle Hinweise auf die aktuellen, gelebten Werte Ihres Unternehmens und das, was an Qualitäten von der Gesamtbelegschaft zu entwickeln ist.

Verwenden Sie einfache Worte, um die Werte, die hinter den gewünschten Verhaltensweisen stehen, zu benennen, und lassen Sie dabei die Herzen der Menschen im Unternehmen sprechen. Werte bilden das Fundament der Beziehungen Ihres Unternehmens nach innen und nach außen und sind eine Absichtserklärung zu einem gemeinsamen ethischen Lernprozess. Noch ein Hinweis: Menschen tun sich schwer damit, mehr als fünf oder sechs Werte ständig präsent zu halten. Falls Sie eine Fülle von verschiedenen Werten gefunden und niedergeschrieben haben, ist es günstig, eine Auswahl an besonders zentralen Werten zu treffen.

Nach diesem Kristallisationsprozess ist es wichtig, einen Rahmen zu schaffen, in dem die Werte Schritt für Schritt in das Unternehmen integriert werden. Mitarbeitende können in diesem Prozess förmlich aufblühen, zum Beispiel, wenn sie ermutigt werden, kleine Theaterstücke zu schreiben, Lieder zu komponieren oder Bilder zu

Tabelle 10: Beispiele möglicher Werte.

Lebendigkeit	Soziale und ökologische Verantwortung
Gleichwertigkeit	persönliche Sinnstiftung
Verantwortlichkeit	Fairness
Fürsorge	Vertrauen
Demut	Offenheit
Sicherheit	Freiheit
Glaubwürdigkeit	... und vieles andere mehr

malen. Indem auch diese Formen von Kreativität Raum und Zeit bekommen, werden die Werte aus ihrem Gefängnis leerer Worthülsen befreit und zu einer lebendigen, greifbaren Realität im Unternehmen.

Es ist auch hilfreich, das Menschenbild, das Ihrer Haltung und Ihrem Einsatz zugrunde liegt, zu individualisieren und zu beschreiben, weil es eng mit den Werten in Verbindung steht. Von welchen Grundannahmen gehen Sie aus, wenn Sie mit Ihren Mitarbeitern und Kunden sprechen? Das Bild, das wir vom Menschen haben, beeinflusst die Qualität unserer Beziehung enorm. Wenn wir denken, dass alle Menschen selbstsüchtige, gierige und triebgesteuerte Konsumenten sind, werden wir anders handeln, als wenn wir sie als verantwortungsvoll, bewusst, kooperativ und fürsorglich betrachten. Auch hier ist keine Antwort richtig oder falsch – Sie machen lediglich eine Momentaufnahme und erfassen Ihren heutigen Blickwinkel.

Beispiel für die Beschreibung eines Menschenbildes: »Unser Menschenbild basiert auf der Sichtweise, dass wir alle eins sind, und wir gehen davon aus, dass jeder Mensch von Grund auf kooperativ ist und danach strebt, sich zu entwickeln.«

10.7 Produkte und Dienstleistungen

Erst in diesem Schritt geht es um die Produkte und Dienstleistungen. Welche Produkte und Dienstleistungen bringen Ihre Mission authentisch zum Ausdruck? Möglicherweise werden Sie jetzt feststellen, dass manche Ihrer Produkte nicht in Übereinstimmung mit Ihrer Vision sind, und Sie fragen sich, ob es Sinn macht, sie dennoch weiterzuführen, weil Sie den Verlust etablierter Produktlinien oder Geschäftsbereiche fürchten. Falls Sie sich nach reiflicher Überlegung entscheiden, all jene Produkte und Dienstleistungen aufzugeben, die nicht mehr authentisch zu Ihrer Neuausrichtung passen, so betrachten Sie sie wie Kleidungsstücke, die Ihrem Kind nicht mehr passen, weil es aus ihnen herausgewachsen ist. Vielleicht möchte aber auch ein anderes Unternehmen Ihre Produkte weiterführen.

Wenn Ihre Unternehmensaufgabe offen, gemeinschaftlich und von innen heraus entwickelt wurde, können Sie der Kraft der Veränderung trauen: Viele neue Produkte und Dienstleistungen werden als Ausdruck Ihrer neuen Mission entstehen. Geben Sie sich Zeit und Raum für diese Entwicklung! Lassen Sie Ihrer Fantasie freien Lauf, spielen und träumen Sie, denken Sie unkonventionell. Leonardo da Vinci und Walt Disney sollen ihre besten Ideen gehabt haben, indem sie die kreativen und die kritisch-hinterfragenden Phasen strikt voneinander getrennt haben.

Dieser Prozess kann auch wiederum länger dauern. Die Erfahrung zeigt, dass es eher unwahrscheinlich ist, dass Ihre aktuellen Produktlinien allesamt systemisch angebunden sind. Überprüfen Sie Ihre Antworten auf die Schritte eins bis sieben so lange, bis Ihr Produktangebot an das übergeordnete System lückenlos angebunden ist und Ihrer Zielgruppe im Sinne einer nachhaltigen Entwicklung wirklich dient. Begrüßen Sie die unendlich vielen neuen Möglichkeiten und Chancen!

Nun können Sie sämtliche weitere Unternehmensbereiche in Ableitung Ihres systemischen Leitbildes anpassen, integrieren und zum Teil neu aufsetzen. Wie möchten Sie nun Ihre Mission in der Produktentwicklung, in der Mitarbeiterausbildung und im Marketing umsetzen? Durch welche Grundstrategien erzielt Ihr Unternehmen im erweiterten Umfeld magnetische Wirkung, und wie hinterlässt es immer deutlichere *Spuren*? Wie ist die neue Positionierung? Schnell und effektiv vermittel- und sichtbar, sodass neue Chancen genutzt werden können? Wie Sie nun schon erahnen, wird die systemische Mission eine Welle der Kreativität und der Motivation zur Mitgestaltung in Ihrem Unternehmen auslösen. Freuen Sie sich darauf!

10.8 Advocacy

Das Betreiben von Lobbying, also die Interessenvertretung für das eigene Unternehmen oder die eigene Branche in der Politik durch den Versuch, auf Machtträger beeinflussend einzuwirken, ist bislang in der Wirtschaft ein normales und akzeptiertes unternehmerisches Verhalten gewesen. Doch auch hier ist ein erstes Umdenken von Pionierunternehmen und sind erste Schritte einer Verhaltensänderung sichtbar: Was für egozentrische Unternehmen das Lobbying gewesen ist, ist die Advocay für systemisch ausgerichtete Unternehmen. Advocacy bedeutet so viel wie »für etwas eintreten« oder »in Anwaltschaft für jemanden handeln«. Der Begriff tauchte in Bezug auf unternehmerisches Handeln auf, als einzelne Unternehmen und Gruppen von Unternehmen damit begannen, weit über das wirtschaftliche Eigeninteresse hinaus sich gesellschaftspolitisch für die Bedürfnisse der nachfolgenden Generationen starkzumachen und sich lautstark über alle Branchen hinweg für mehr Klimaschutz oder mehr Gemeinwohlorientierung in der Wirtschaft insgesamt einzusetzen.

Für Unternehmen, deren Auftrag sich am Schaffen sichtbarer und spürbarer Werte für ein übergeordnetes, gemeinsames Ganzes orientiert, ist Advocacy ein folgerichtiger nächster Schritt. Sie wollen als mündige, mitgestaltende und gesellschaftspolitische Akteure ihre Verantwortung und Chance wahrnehmen, Teil der Lösung für eine »nachhaltige« Welt zu sein, und nehmen gemeinsam mit anderen Unternehmen gezielt Einfluss auf die Rahmenbedingungen ihres unternehmerischen Handelns. Das passiert bisher häufig noch zu wenig. Jakob von Uexküll geht im Interview darauf ausführlich ein (siehe dort).

Ein weiterer Aspekt von Advocacy ist das direkte Engagement in der Region, in der das Unternehmen beheimatet ist. Das geschieht ganz selbstverständlich, wenn die Region als übergeordnetes System definiert wird, und kann enorme Kräfte freisetzen, beginnend bei den eigenen Mitarbeitenden. Eine von uns begleitete Sparkasse entwickelte ein systemisches Leitbild, in dem nicht mehr nur die mittelständischen Unternehmen und die Privatkunden im Fokus stehen. Stattdessen betrachtet sich das Unternehmen nun als Anwalt der ganzen Region, zusammen mit der Bevölkerung, der Natur, den Bildungseinrichtungen und anderen gesellschaftlichen Institutionen. Das löste enorme Begeisterung und neues Engagement bei den Mitarbeitenden aus, die ja selber alle in der Region leben. »Unser Unternehmen dient der ganzen Region, in der wir und unsere Familien und Freunde leben. Da will ich mit ganzer Energie mitmachen!«

Aber auch wenn sich das Leitbild nicht auf die Region bezieht, ist lokales Engagement ein ganz herausragender Teil der Aktivitäten nachhaltiger Unternehmen. Die Unterstützung von Vereinen oder anderen lokalen Initiativen ist bereits sehr weit verbreitet, bisher allerdings meist aus Marketinggründen. Mit dem Bewusstsein, dass das Unternehmen mit seinen Mitarbeitenden, seinen Lieferanten, Geschäftspartnern und gegebenenfalls auch mit seinen Kunden kein Fremdkörper ist, sondern eingebunden in das regionale Geflecht des Miteinanders, entstehen neue Ansätze zur Regionalentwicklung, zum Beispiel durch einen in diesem Geist gestalteten Stakeholderdialog (siehe das Kapitel »Stakeholderidalog und Reporting«).

11

Strategie, Lernen und Selbsterneuerung

Eine Strategie liefert konkrete Ziele und einen konzentrierten Plan, mit der eine Organisation ihre in Vision & Mission vereinbarten, übergeordneten Ziele in den nächsten Jahren erreichen will. Eine Strategie definiert den Rahmen für operative Entscheidungen und sorgt so für Orientierung und Kohärenz (von lateinisch *cohaerere*, »zusammenhängen«), das heißt, sie stellt systematisch den Zusammenhang zwischen den Aktivitäten im Unternehmen her. Eine gute Strategie befriedigt den Bedarf nach Stabilität. Bei Zielkonflikten hilft sie bei der Priorisierung und Entscheidung.

Gleichzeitig muss sich kaum ein unternehmerischer Aspekt so schnell an Entwicklungen im Umfeld wie Globalisierung, neue Technologien oder Veränderung der politischen Rahmenbedingungen anpassen wie die Strategie. Sie wird damit zum Ausgangspunkt ständiger Veränderung und fordert die Entwicklung zu einer lernfähigen Organisation. Damit entsteht ein Spannungsfeld zwischen Stabilität und ständiger Neuorientierung: Strategie und Selbsterneuerung gehören untrennbar zusammen.

Und kaum ein Bereich in der klassischen Betriebswirtschaft wurde so oft beschrieben wie die Strategie. Wichtige Vordenker wie Porter, Mintzberg, Ansoff und viele andere haben hier vieles geleistet. Es gibt ganz unterschiedliche Herangehensweisen, wie Unternehmen eine Strategie formulieren und was auch unter einer Strategie verstanden wird.

Strategie zielt darauf, »die richtigen Dinge zu tun«, während es im Tagesgeschäft darauf ankommt, »die Dinge richtig zu tun«. Strategien fußen auf einem Satz von impliziten oder expliziten Regeln, deren Beachtung die Wahrscheinlichkeit für das Auftreten eines gewünschten Ereignisses erhöhen soll. Das ist in den vergangenen Jahren immer schwieriger geworden, da durch die schnellen Veränderungen der Rahmenbedingungen die herkömmlichen Regeln nicht mehr zu den gewünschten Ereignissen führen. Angesichts dieser neuen Komplexität und Herausforderungen wundert es nicht, wenn die Planungen von Organisationen immer größere Abweichungen zu der beobachteten Realität aufzeigen.

Ein Blick in die Vergangenheit hilft, die Veränderung der Bedeutung von Unternehmensstrategie zu verstehen (siehe zum Beispiel Stöger 2007). Der bis zur Mitte des 20. Jahrhunderts militärisch geprägte Begriff gewann erst in den 1950er-Jahren Einzug in Wirtschaftskreise, besonders in große Organisationen wie General Electric, Daimler, Siemens oder Toyota. Die Professionalisierung einer strategischen Ausrichtung begann vor allem in der Produktion und in der Kostenrechnung, später erfasste sie die gesamte Betriebswirtschaft. In den 1960er-Jahren führten der Bedarf an Rationalisierung und die damit einhergehende Systematisierung einer strategischen Entwicklung zur Entstehung erster Werkzeuge, wie zum Beispiel dem Ansatz der strategischen Geschäftsfelder oder Profit Centers. Strategie hatte als Aufgabe, Vorhersagbarkeit und Planbarkeit zu gewährleisten sowie die Identifizierung von Erfolgsfaktoren und -rezepten zu ermöglichen, und wurde zu einer sehr analytischen Disziplin mit einem Anspruch auf *harte Fakten*.

Die Zukunftsunsicherheit, die mit der Ölkrise und den langsam immer sichtbarer werdenden Grenzen des Wachstums in den 1970er-Jahren aufkam, gab der Strategielehre eine neue Ausrichtung: Steigende Komplexität erforderte eine systemische Betrachtungsweise, und Führungskompetenz – »Management by« – spielte eine Schlüsselrolle in unternehmerischen Erfolgsfaktoren. In den 1980er-Jahren gewannen Ethik und Vision sowie Qualitätsmanagement und Shareholder-Value an Bedeutung, und die 1990er integrierten die großen Wirtschaftsthemen wie Globalisierung, New Economy und eManagement in Strategieansätze wie Business Process Reengineering und Supply Chain Management. Zu dieser Zeit bezog Strategie zunehmend sowohl Markt- als auch Produktivitätsgegebenheiten ein, und es wurde immer mehr von werteorientiertem Leadership als von Management gesprochen.

11.1 Methoden der Strategieentwicklung

Zur Entwicklung der Unternehmensstrategie gibt es viele Ansätze. Einige sind in Tabelle 11 aufgeführt.

Die Erfahrungen der letzten Jahre zeigen: Strategien brauchen heute mehr denn je ein dynamisches Element der laufenden Überprüfung und Anpassung. Die Unternehmensstrategie wird vom statischen Grundsatzpapier mehr und mehr zum laufenden Prozess. Das erfordert eine neue dynamische Lernkultur.

Die zweite Schlüsselerkenntnis der Strategiearbeit der vergangenen Jahre ist die Notwendigkeit des Miteinbezugs von ökologischen und sozialen Faktoren. Bislang hatten viele Organisationen neben der Gesamtstrategie – vor allem aus finanziellen Zielsetzungen bestehend – noch eine Nachhaltigkeitsstrategie, die sich mit weiteren ökonomischen, sozialen und ökologischen Fragen auseinandersetzt. Diese Situation

Tabelle 11: Wichtige Ansätze zur Strategieentwicklung – ein Überblick.

Markt- und Wettbewerberanalyse mit Best Demonstrated Practice und Benchmarking
Interne Potenzialanalyse (SWOT)
Kunden- und Kundenbeziehungsanalyse
Spiegelung der Marketing- und Vertriebsausrichtung
Innovationsprozesse- und Wissensvermittlung
Analyse der Lieferantenkette
Identifizierung von Stakeholder-Interessen
Auseinandersetzung mit Entwicklungen und Standards in Bezug auf Nachhaltigkeitsthemen (Ökonomie, Ökologie und Soziales)
Informationen aus dem Finanz- und Controlling-Bereich, über nicht finanzielle Leistungsindikatoren hinaus
Organisationsentwicklung und Unternehmenskultur

führte in der Praxis häufig zu einer Konkurrenzsituation in der strategischen Ausrichtung. Im Hinblick auf das neue Bild der Wirtschaft, eingebettet in Gesellschaft und Umwelt, und die sich daraus ergebenden Abhängigkeiten ergibt sich die Notwendigkeit die ursprüngliche Nachhaltigkeitsstrategie in eine gemeinsame Gesamtunternehmensstrategie zu integrieren.

Strategiearbeit auf der »Chefetage« reicht nicht mehr aus. Die heutige Komplexität erfordert eine frühzeitige und effektive Einbindung der gesamten Organisation und des dort vorhandenen Wissens sowie der Stakeholder. Umfangreiche Mitarbeitermobilisierung und Bottom-up-Bewegungen sowie eine Dialog- anstelle einer Informationskultur sind wichtige Hebel. Geeignete Formate sind gruppendynamische Konferenz- und Workshoptechniken, über die viele Menschen aus allen Ebenen einer Organisation in die Strategieentwicklung eingebunden werden können – zum Beispiel über Open Space, Zukunftskonferenzen, Appreciative Inquiry, Dynamic Facilitation, World Café und vieles mehr. Die Mitarbeitermobilisierung unterstützt nicht nur die Verfolgung langfristiger finanzieller, sondern auch personeller und kultureller Ziele. Je früher und gezielter breite Teile einer Organisation in wichtige Belange der Strategiearbeit eingebunden werden, desto einfacher ist es für die Organisation, diese Strategien später auch umzusetzen, und umso höher ist die Akzeptanz.

Unternehmen setzen sich oft unter Wachstumsdruck, und der entstehende Stress verhindert, dass sie sorgfältig ihre eigenen Stärken, Schwächen, Chancen und Risiken ermitteln und bewerten. Eine Fokussierung auf die Kernkompetenzen und eine stärker regionale Ausrichtung des Unternehmens auf der Kundenseite sowie im Supply Chain Management können das Unternehmen nachdrücklich stärken. Kooperationen mit Mitbewerbern und Lieferanten/Partnern entlang der gesamten Wertschöpfungskette ermöglichen es, die Komplexität deutlich zu reduzieren.

Und immer wieder werden an die Strategie selbst zu hohe Erwartungen gesetzt. Eine gute Strategie löst weder Probleme, noch kann eine Strategie die Zukunft vorhersehen. Es geht vielmehr um den dahinterliegenden Prozess, wie man zu einer Strategie kommt und wie man im Anschluss die Umsetzung gestaltet: Wie erkenne ich, dass strategische Veränderungen möglich oder nötig sind? Wie reduziere ich die Komplexität des schier unendlichen Informationsangebotes, ohne Wichtiges zu übersehen? Wie und mit wem im Unternehmen gestalte ich die neue Strategie? Und wie setze ich sie um und beobachte ihre Auswirkungen? Grundsätzlich lassen sich drei Herangehensweisen beobachten:

Ressource-based-View: Hier geht es primär darum, die internen Kernkompetenzen klar zu identifizieren: Wo bin ich im Vergleich zum Wettbewerb einzigartig, nicht kopierbar, biete einen Nutzen und habe Zugang zu den Märkten? Darauf aufbauend, werden attraktive Märkte ausgewählt und die Unternehmensstrategie anhand dieser Variablen entwickelt.

Market-based-View: Hier geht es weniger um die Kernkompetenzen, sondern primär um die Attraktivität der Branche, die auf einer klaren und umfassenden Markt-, Umfeld- und Branchenanalyse basiert. Methoden wie das Kano-Modell, SWOT-Analyse oder die Boston-Consulting-Matrix werden hierfür häufig eingesetzt.

Systemic-based View: Wirtschaftlicher Erfolg wird durch sinnstiftende, kooperative, soziale und ökologisch nachhaltige Geschäftsmodelle erzielt. Menschentwicklung (People) und Ressourceneffektivität (Planet) rücken in den Mittelpunkt und werden zu wesentlichen strategischen Handlungsgrößen. Das Thema Nachhaltigkeit und die zuvor beschriebenen Kernprinzipien sind Teile der Unternehmensstrategie und werden dort explizit festgehalten. Strategieentwicklung wird als ein Prozess verstanden und führt zu keinem Endresultat. Ein Strategiekreis (Abbildung 4) ist für die Fortschreibung der einzelnen Strategien verantwortlich. Teilweise sind wichtige (externe) Stakeholder in die Strategiearbeit integriert und fester Bestandteil des Kernteams. Dies ist aus Sicht einer nachhaltigen Unternehmensentwicklung der stimmigste Ansatz zur Strategieentwicklung.

Die Tabelle 12 und die Abbildung 4 zeigen einen methodischen Ansatz zum systemischen Prozess der Strategieentwicklung (in Anlehnung an Stöger 2007).

Tabelle 12: Strategieentwicklungsprozess im Detail.

Baustein	Strategie bedeutet …
1. Das Ganze und die Teile	◆ Bestimmung des »Ganzen« und das Zusammenfügen von Teilen zu einem sinnvollen Resultat. ◆ Klärung des Beitrages für das Ganze. Für das System, für die Mitglieder im System, für die Kunden; für eine Leistung und für ein Resultat.
2. Vernetztheit	◆ Vernetzung von Markt und Unternehmen, Gegenwart und Zukunft, Mensch und Organisation, unterjährig und mehrjährig, Planen und Umsetzen, operativ und strategisch. ◆ Kreislauf über die Beurteilung der Ausgangslage, die Optionen, die Strategie und die Umsetzung.
3. Das System und seine Umwelt	◆ Herstellung der langfristigen Lebensfähigkeit einer Organisation im Austausch und Stoffwechsel mit seiner Umwelt. ◆ Festlegung der prinzipiell offenen Systemgrenzen: Geschäfte, Leistungen, Kunden, Wertschöpfungsniveau, Erfolgspotenziale. ◆ Betrachtung des Wettbewerbs nicht als »Survival of the Fittest«, sondern als »Survival of the Fitting«.
4. Komplexität	◆ Steuerung von und Umgang mit Komplexität: Komplexität von außen (Märkte, Geschäftssysteme und Technologien) und von innen (Varianten, unterschiedliche Prozesse). ◆ Verstehen, Zulassen und Nutzen von laufenden, nicht planbaren Veränderungen.
5. Ordnung	◆ Herstellung von Ordnung und dadurch: Orientierung, Zusammenhang, Kommunikation, Sinn, gemeinsames Verständnis und zielorientiertes Handeln. ◆ Klarheit im Vorgehen, bei Prozessphasen, in der Verwendung von Werkzeugen und der professionellen Prozesssteuerung. ◆ Ordnung auf normativer, strategischer und operativer Ebene.
6. Lenkung	◆ Direkte Lenkung über: normative Vorgaben des Leitbildes, Segmentierung, Beurteilung der Ausgangslage, Erarbeitung von Optionen, Entwicklung der Strategie, Umsetzung und Weiterentwicklung. ◆ Indirekte Lenkung über: Orientierung an Resultaten, das Etablieren von Feedback, Regeln, die Vermittlung von Sinn und die Selbstorganisation in den Geschäften. ◆ Steuerung des Systemverhaltens.
7. Entwicklung	◆ Permanentes Hinterfragen des Bestehenden, Erkennen von neuen Entwicklungsmustern, Orientierung an den künftigen Herausforderungen, Weiterentwicklung der Strategie (zum Beispiel Strategiecontrolling). ◆ Transformation: von heute in die Zukunft, vom Planen in die Umsetzung, von Ressourcen in Nutzen für Kunden. ◆ Ausrichtung und Beantwortung der Kernfrage: »Was müssen wir heute entscheiden und beginnen, damit wir langfristig im Geschäft bleiben?«

Quelle: nach Stöger 2007.

Abbildung 4: Strategieentwicklungsprozess.

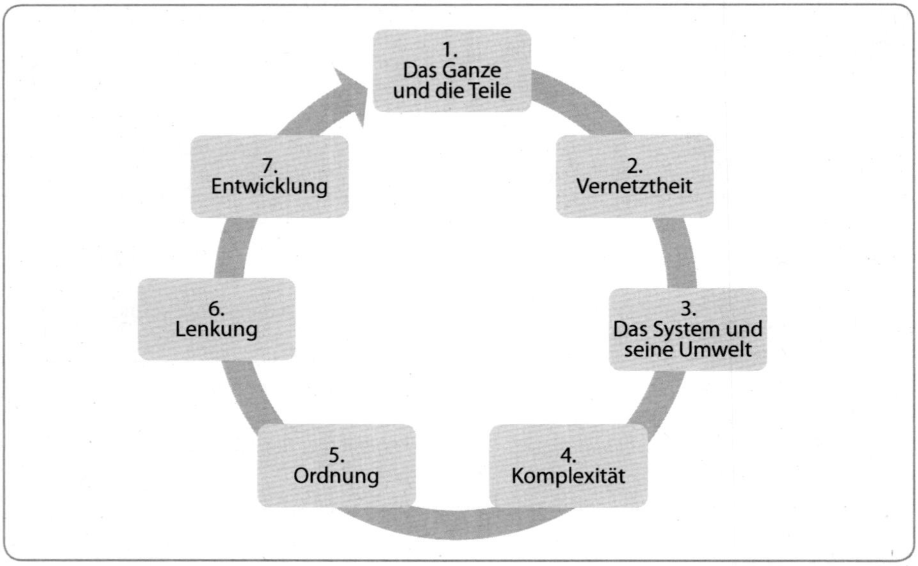

Quelle: nach Stöger 2007.

11.2 Eine nachhaltige Strategie entwickeln

Die neueren Zukunftsstudien weisen ziemlich übereinstimmend darauf hin, dass die Haupttreiber der wirtschaftlichen Entwicklung der nächsten Jahrzehnte mit erwarteten ökologischen (und in der Folge sozialen) Veränderungen zusammenhängen werden. Eine Studie des Wirtschaftsprüfungs- und Beratungsunternehmens KPMG (KPMG 2012) nennt zum Beispiel zehn Megakräfte der Veränderung: Klimawandel, Energieversorgung, Rohstoffverknappung, Wasserversorgung, Bevölkerungswachstum, Verstädterung, Wohlstand, Lebensmittelsicherheit, Schädigung der Ökoysteme und insbesondere die Abholzung der Wälder. Es ist offensichtlich, dass jede zukunftsorientiere Strategie ökologische und soziale Aspekte zentral berücksichtigen muss. Nachhaltigkeit ist nicht mehr einfach als eine weitere Schlüsselgröße im Jahresbericht darzustellen, sondern vielmehr in alle Bereiche des Kerngeschäfts zu integrieren.

Inmitten dieser Komplexität und zunehmenden Dynamik benötigt die Strategiearbeit einen Anker, ein Zentrum. Und der beste Anker ist eine gut verinnerlichte Mission und Vision. Von hier geht jedes unternehmerische Handeln aus und prägt die Organisation als Ganzes. Aus ihnen leitet sich die Gesamtstrategie direkt ab und daraus die funktionalen Teilstrategien. So entsteht dann zum Beispiel eine *Produktstrate-*

gie, die wichtige Inputs für die Produktentwicklung (zum Beispiel Kreislaufwirtschaft, Cradle to Cradle) liefert, eine *Einkaufsstrategie,* die ins »ethische Beschaffungswesen« mündet, eine *Finanzstrategie,* die zu einer »ethischen Finanzierung« führt, eine *HR-Strategie*, die Mitarbeiterentwicklungsprogramme beschreibt, oder eine *Marktstrategie*, die die bevorzugten Märkte im Sinne von Mission und Vision definiert. Jede funktionale Strategie erfordert eigenständige Prozesse und Organisationsstrukturen sowie passende Controllingtools. So durchdringen Mission und Vision direkt und fließend das ganze Unternehmen bis hin zum operativen Tagesgeschäft. Eine Ebene speist von innen heraus jeweils die nächste Ebene und gibt entsprechende Inputs, die zu einem stimmigen Gesamtbild führen. Und darüber hinaus: Durch die Einbeziehung der wichtigsten Stakeholder umfasst eine nachhaltig ausgerichtete Strategie die gesamte Wertschöpfungskette inklusive der Supply Chain. Jedes Unternehmen ist hier eingeladen, aufgrund dieser Kohärenzprinzipien sein eigenes Modell zu entwickeln und mit entsprechenden Tools auszustatten. Mit Mission und Vision als Anker kann die Strategie leichter an veränderte Rahmenbedingungen angepasst werden, ohne dass bei Mitarbeitenden und Kunden das Gefühl der Beliebigkeit und Orientierungslosigkeit entsteht.

Mit der Gesamtstrategie und den funktionalen Strategien soll der Erfolg des ganzen Unternehmens erreicht werden. Aber was verstehen wir unter Erfolg in einem nachhaltigen Unternehmen? Sicherlich nicht wie in herkömmlichen Unternehmen die alleinige Orientierung an der Rendite der Shareholder oder kurzfristiger Profite. Stattdessen sind drei Ebenen zu berücksichtigen:

1) Unterstützt die Strategie die Vision und die Mission? Das ist der Fall, solange die Gesamtstrategie und die funktionalen Strategien aus diesen abgeleitet werden. Dennoch braucht es immer wieder einen Abgleich mit der Mission/Vision, weil sich über Zielableitungsprozesse gerne über die Zeit Abweichungen ergeben.

2) Stärkt die Strategie die drei Seiten im Nachhaltigkeitsdreieck von Ökonomie, Ökologie und Sozialem, und hält sie diese ausgewogen in Balance?

3) Entspricht die Strategie den Kernprinzipien eines nachhaltigen Unternehmens (siehe Teil 1, *Re:connect*)? Auf einer tieferen Ebene können wir deshalb zum Beispiel prüfen:
   - Stärkt die Strategie die Diversität und Resilienz im Unternehmen?
   - Folgt sie den Prinzipien der Eco-Effektivität und Eco-Effizienz?
   - Fördert sie die Entstehung von Kreisläufen?
   - Unterstützt sie den Entwicklungsprozess der Mitarbeitenden bei Individuation und Gemeinschaft?
   - Stärkt sie Verbundenheit, Achtsamkeit und Suffizienz?

So entsteht aus Vision & Mission, der Gesamtstrategie und den funktionalen Strategien heruntergebrochen bis zu Prozessen, Strukturen und Controlling ein Masterplan für das ganze Unternehmen. Die Impulse gehen ursächlich von Vision & Mission aus, und gleichzeitig stehen die Ebenen in Wechselwirkungen miteinander: Erkenntnisse auf einer Ebene wirken bei der ersten Erstellung des Masterplans unmittelbar und direkt auf die darunterliegende Ebene, und ebenso sind neue Erfahrungen auf einer *unteren* Ebene über die Mitwirkung der dort Arbeitenden Impulse für die Anpassung der darüberliegenden Ebenen.

Für die Erstellung einer nachhaltigen Unternehmensstrategie gibt es mehrere praktische Vorgehensweisen. Drei Methodologien, welche alle Ausdruck der systemischen Herangehensweise sind und damit einer grundsätzlichen Ableitung aus Vision/Mission entsprechen, stellen wir hier vor.

Eine gute Orientierung bietet das **Fünf-Stufen-Model**l von Prahalad (Prahalad et al. 2009) (Abbildung 5).

Abbildung 5: Fünf-Stufen-Modell der Strategieentwicklung.

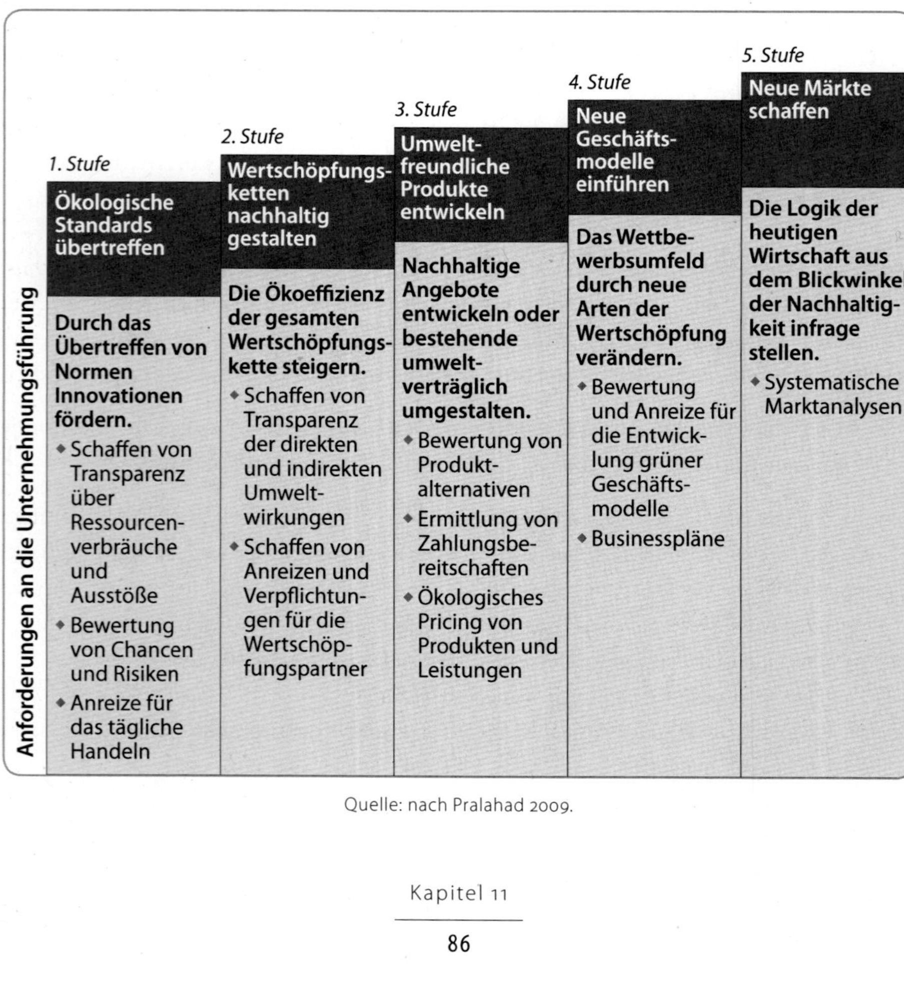

Quelle: nach Pralahad 2009.

Das Modell betrachtet die Stufe »ökologische Standards übertreffen« als Basis und geht so schon über ein herkömmliches Strategieverständnis hinaus. Danach sind Unternehmen gefordert über »Wertschöpfungsketten nachhaltig gestalten« (2. Stufe), »Umweltfreundliche Produkte entwickeln« (3. Stufe) und »Neue Geschäftsmodelle einführen« (4. Stufe) bis zu »Neue Märkte schaffen« (5. Stufe). Auf diese Art und Weise wird sichergestellt, dass sich das Unternehmen proaktiv und schrittweise zukunftsfähig weiterentwickelt. Das Prahalad-Modell ist in der Vorgehensweise einfach und bietet deshalb einen guten methodischen Einstieg in die Entwicklung eines nachhaltigen Strategieprozesses.

Einen weiteren Ansatz zur Entwicklung einer nachhaltigen Strategie zeigt Senge (2011). In einem Vier-Felder-Diagramm werden interne und externe Einflussfaktoren in einer kurzfristigen und in einer langfristigen Sicht geprüft. Ein Unternehmen muss notwendigerweise in der Gegenwart Geschäfte machen, aber auch für die Zukunft vorsorgen und neue Technologien, Dienstleistungen oder Märkte erschließen. Es muss seine internen Prozesse optimieren und gleichzeitig offen bleiben für Einflüsse von außen. So entstehen vier deutlich voneinander abgegrenzte Bereiche, die vier Nutzenaspekte berücksichtigen: Kostensenkung und Risikoverminderung, Reputationszunahme und Legitimität, Innovation und Neupositionierung sowie Wachstum.

Weil in dieses Diagramm neben der betriebswirtschaftlichen auch die soziale und die ökologische Dimension integriert sind, ist das Ergebnis eine *Strategiekarte für eine nachhaltige Wertschöpfung* (Abbildung 6).

Nachhaltigkeitsgewinne sind hier:

Kostensenkung und Risikominimierung: Treiber sind die Folgen der Industrialisierung: Umweltverschmutzung, Abfälle, Materialverbrauch. Es geht also um Abfallreduktion, Verringerung des Schadstoffaustrages sowie um die Senkung des Energieverbrauchs. Nur wenn dieser Bereich bearbeitet wird, gewinnt das Unternehmen die Glaubwürdigkeit für weitere Bestrebungen. Hier findet sich die Mehrheit der bisherigen Nachhaltigkeitsinitiativen.

Reputation und Legitimität: Treiber ist das sich immer mehr verstärkende Engagement aktiver, mündiger Bürger in der Zivilgesellschaft. NGOs, globale Vernetzung und auch das Internet unterstützen die Dynamik dieser Entwicklung. Stakeholderdialoge und regionale Orientierung sind aus unserer Sicht Kernelemente eines nachhaltigen Unternehmens.

Innovation und Neupositionierung: Treiber sind revolutionäre Veränderungen in der Technik, wie zum Beispiel Gentechnik, Biotechnologie, Nanotechnologie, IT oder erneuerbare Energien. Sie haben alle das Potenzial für bedeutende negative wie posi-

Abbildung 6: Strategiekarte für nachhaltige Wertschöpfung.

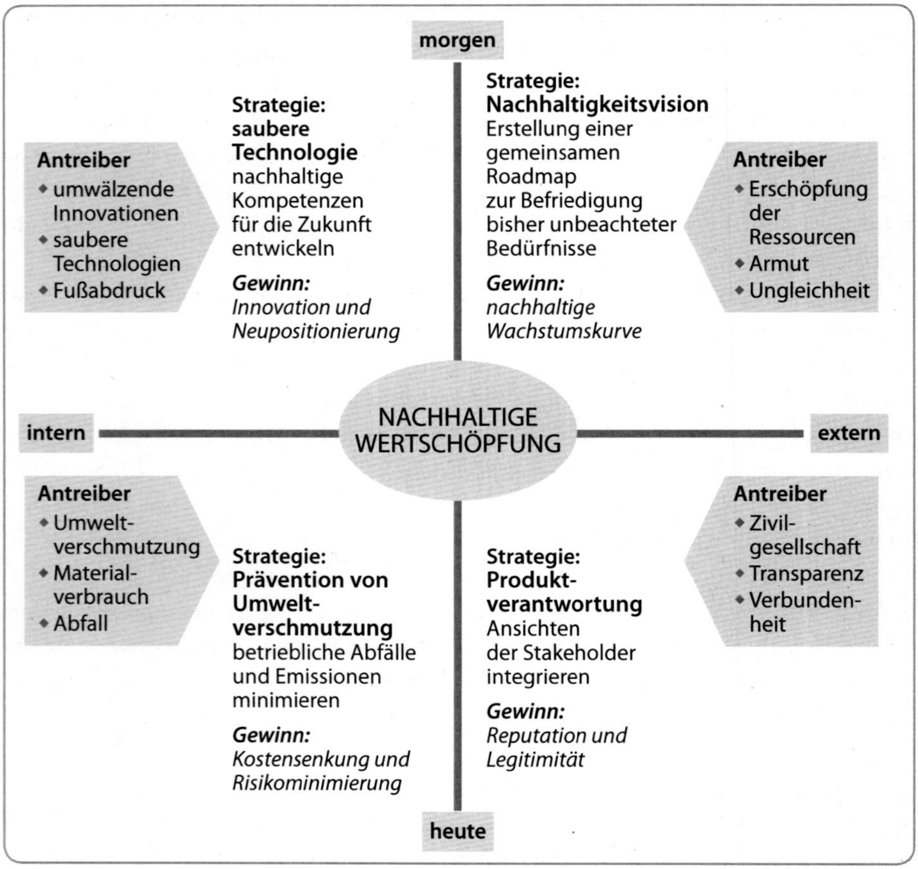

Quelle: nach Senge 2011.

tive Auswirkungen und können die Produktionsprozesse grundlegend verändern. Ein Beispiel ist der Einsatz von 3-D-Druckern, die die gesamte Supply-Chain zunehmend unwälzen.

Nachhaltige Wachstumskurve: Treiber sind globale Themen wie Ressourcenknappheit, Armut/Ungleichheit sowie globale Sicherheitsfragen. Eine Kernfrage ist: »Wie können wir mit – neuen – Produkten Menschen erreichen, die ihre Lebensqualität verbessern?« In den anderen drei Quadranten des Diagramms geht es vornehmlich darum, die Produktion nachhaltiger zu gestalten. Hier geht es jetzt um nachhaltige Produkte, denn Produkte haben oft eine viel größere Umweltwirkung als die Werke, in denen sie hergestellt werden.

Neben den Ansätzen von Pralahad und Senge bietet sich als dritte Methode zur Erstellung einer nachhaltigen Unternehmensstrategie das **Strategische Business Canvas** an (Osterwalder 2010), nach englisch »Leinwand«, an. Ein Canvas, ist allgemein gesprochen, eine strukturierte, grafische Darstellungsform eines komplexen Sachverhalts.

Das strategische Business Canvas stellt die wichtigsten Unternehmenselemente in neun Feldern vor. Der Aufbau eines Unternehmens kann so sehr einfach dargestellt werden. Alternative Strukturen, Produkte, Dienstleistungen und Zielgruppen werden schnell erfasst, durchgespielt und verglichen.

Im Mittelpunkt der Betrachtung steht der Wert, den das Unternehmen für die Welt erzeugt. Davon ausgehend, werden alle Strukturen und Aspekte des Unternehmens unter die Lupe genommen. Dieses Konzept fördert eine sehr strukturierte strategische Denkweise.

Vier Grundfragen stehen hinter dem Canvas:

- Was? – Wertangebot (Produkt, Dienstleistung)
- Wer? – Kundensegemente, -beziehungen, -kanäle
- Wie? – Aktivitäten, Ressourcen, Partner
- Wie viel? – Einnahmen und Kosten

Als Beispiel stellen wir Ihnen die Business Canvas des Terra Institute vor (Abbildung 7). Auf der Basis von Mission und Vision wird mit dem Feld »Wertangebote« begonnen (»Welchen Wert tragen wir in der Welt bei?«), um dann der Reihe nach alle anderen Felder durchzugehen. Hier unterstützende Fragen zu den einzelnen Feldern:

- 1. **Wertangebote**
  Welchen Wert tragen wir in der Welt bei?
  Welche Probleme helfen wir zu lösen?

- 2. **Kundensegment**
  Für wen schöpfen wir Wert?
  Wer sind unsere wichtigsten Kunden?
  Welche Kundenbedürfnisse erfüllen wir?
  Welche Produkt- und Dienstleistungspakete bieten wir jedem Kundensegment an?

- 3. **Kanäle**
  Über welche Kanäle wollen unsere Kundensegmente erreicht werden?
  Wie erreichen wir sie jetzt? Wie sind unsere Kanäle integriert?

- 4. **Kundenbeziehungen**
  Welche Art von Beziehung erwartet jedes unserer Kundensegmente von uns?
  Welche haben wir eingerichtet? Wie kostenintensiv sind sie?

Abbildung 7: Business Canvas des Terra Institute.

Schlüssel-aktivitäten
- Beratung und Begleitung von Unternehmen, Organisationen und Gesellschaft
- Seminare, Kongresse und gemeinsames Lernen
- Bewusstseinsentwicklung

Schlüssel-ressourcen
- Mitarbeitende/Kollegen Büro Brixen
- Terra-Berater
- Partnernetzwerk
- TMA, TA, RCE …

Schlüsselpartner
- Partnernetzwerk
- Universitäten & Bildungshäuser
- Kunden (Referenzen)

Wertangebot
- sinnorientierte Ausrichtung der Organisation und Umsetzungsbegleitung mit positiven Auswirkungen auf allen Ebenen: Strategie, Vertrieb, Marketing, Produkt, Kultur, Organisation
- Business Model Innovation und Neues Wirtschaften – neues Entrepreneurship; Leuchtturmunternehmen
- Impulsgeber und Vernetzer zur Entwicklung von Regionen
- Whole System Change

Kunden-beziehung
- sehr offen, ehrlich und transparent, aufbauend auf unserem Beratungsverständnis
- freundschaftlich und tief
- empfehlen uns gern weiter

Kundensegment
- Unternehmen aller Art
- Kommunen und öffentliche Einrichtungen, Regionen
- NGOs

Kanäle
- Kunden-empfehlungen
- direkte Ansprache
- Kongresse und Vorträge
- Newsletter, Social Media, Website
- eigene Publikationen und Presse

Kostenstruktur
- Mitarbeitendes Büro Brixen
- fixe und variable Kosten Büro Brixen
- Honorare Terra-Berater
- Board

Einnahmequellen
- Beratungshonorare

Quelle: Terra Institut.

- 5. **Einnahmequellen**
  Für welche Werte sind unsere Kunden wirklich zu bezahlen bereit? Wofür bezahlen sie jetzt? Wie bezahlen sie jetzt? Wie würden sie gerne bezahlen? Wie viel trägt jede Einnahmequelle zum Gesamtumsatz bei?
- 6. **Schlüsselressourcen**
  Welche sind unsere wichtigsten Wirtschaftsgüter, die für das Funktionieren des Geschäftsmodells notwendig sind?
  Welche Schlüsselressourcen erfordern unsere Wertangebote?
- 7. **Schlüsselaktivitäten**
  Welche Schlüsselaktivitäten erfordern unsere Wertangebote? Unsere Distributionskanäle, Kundenbeziehungen?
- 8. **Schlüsselpartner**
  Wer sind unsere Schlüsselpartner? Wer sind unsere Schlüssellieferanten? Welche Schlüsselressourcen beziehen wir von Partnern? Welche Schlüsselaktivitäten üben Partner aus?
- 9. **Kostenstruktur**
  Welches sind die wichtigsten mit unserem Geschäftsmodell verbundenen Kosten?

Das Business Canvas ist ein einfacher Ansatz, um strukturiert die wichtigsten Themen zu untersuchen und schnell zu einer gemeinsamen Diskussionsgrundlage zu kommen. Die Visualisierung erleichtert die Kommunikation erheblich und hat damit einen Vorteil gegenüber langen und detailliert ausformulierten Strategiepapieren.

Durch die drei hier vorgestellten Modelle zur Strategieentwicklung werden klar definierte Handlungsfelder entwickelt. Im nächsten Schritt werden sie mit konkreten Aktionen, Maßnahmen oder Projekten präzisiert. Darauf gehen wir im Kapitel »Governance, Struktur und Führung« detailliert ein.

So unterschiedlich die Methoden zur Entwicklung von Nachhaltigkeitsstrategien auch erscheinen mögen, eines ist ihnen gemeinsam: Das beste Ergebnis wird erzielt, wenn beim Blick in die Zukunft nicht nur rein kognitive Fähigkeiten eingesetzt werden, sondern auch gezielt der Intuition Raum gegeben wird. Denn die Zukunft ist unbestimmt und lässt sich nicht aus der ausschließlich rationalen Extrapolation der Vergangenheit in die Zukunft erschließen. Hinzu kommt, dass wir unsere rationalkognitiven Fähigkeiten regelmäßig überschätzen. Der Nobelpreisträger Daniel Kahnemann hat nachgewiesen, dass unser rationales Denksystem stark von unserer Intuition beeinflusst ist (Kahnemann 2014). Wir nehmen bevorzugt die Informationen auf, die zum bereits implizit oder explizit Bekannten passen, und erkennen häufig gar nicht, was nicht zu unserer bisherigen Erfahrung passt. Wenn wir uns bei der Gestaltung der

Zukunft also allein auf unsere Ratio verlassen, erzeugen wir eine unrealistische Scheingenauigkeit und blenden systematisch Aspekte aus, die nicht zu unseren Vorstellungen passen. Einen umfassenden Ansatz, der systematisch kognitiv-rationale und emotional-intuitive Aspekte verbindet, bietet Otto Scharmer in seinem *U-Prozess*. Diese Vorgehensweise ist für die Anforderungen von Strategieentwicklungsprozessen bestens geeignet und wird anschließend vorgestellt.

11.3
Wie kommt Neues in die Welt?

Die *Theorie U* von Otto Scharmer beschäftigt sich mit der Frage »Wie kommt Neues in die Welt?« (Scharmer 2009). Es ist ein umfassender Ansatz, der systematisch kognitiv-rationale und emotional-intuitive Aspekte verbindet.

In unserer sich immer stärker vernetzenden und damit auch immer komplexer und unvorhersehbar werdenden Welt verlagert sich der Ausgangspunkt für Innovation immer mehr vom Inneren der Organisationen nach außen: von Eigentümern, Vorständen und Geschäftsführern hin zu Kunden, Lieferanten, Wettbewerbern und zum Gemeinwesen. Umso wichtiger ist es, sich dem Innen wie dem Außen zu öffnen, es zu integrieren und als Quelle der Kraft anstatt als Bedrohung zu sehen. Der U-Prozess von Otto Scharmer liefert hier einen erprobten Ansatz und stellt ein Werkzeug der Umsetzung zur Verfügung. Mit ihm öffnen wir uns bewusst der Komplexität und Vieldeutigkeit der Umwelt und gelangen so zu ganz neuen Handlungsmöglichkeiten.

Dabei kommt es dennoch auch stark auf die innere Haltung an, mit der die Methode genutzt wird, denn: »Der Erfolg einer Intervention hängt von der inneren Verfasstheit des Intervenierenden ab.«

Ein Kernbegriff im U-Prozess ist *Aufmerksamkeit*. Aufmerksamkeit lässt sich in zwei unterschiedlichen Ausprägungen beschreiben: die aktive, fokussierende, zum direkten Handeln führende und die eher rezeptive, sich öffnende, zu tiefem Verständnis führende Aufmerksamkeit. Erstere fragt: Worauf richte ich den Scheinwerfer meiner Aufmerksamkeit? Welchem Teil der Welt widme ich meine ganze Konzentration und Energie? Was blende ich aus, um mich vollkommen einem bestimmten Aspekt zu widmen, ihn zu durchdringen und so zur Aktion zu kommen? Dies ist das Feld der Ziele, der Pläne und des Projektmanagements, das Feld des kognitiven Verstandes. Es ist uns bestens bekannt und Ausgangspunkt für effizientes Handeln.

Der U-Prozess respektiert die Kraft des Verstandes, ergänzt sie jedoch um die zweite Ausprägung der Aufmerksamkeit: die Energie der Intuition. Intuition ist ein zutiefst systemischer Begriff. Aus den vielen Möglichkeiten, Wirklichkeiten zu sehen, wird eine ganz bestimmte herausgehoben, denn das Erkenntnisinteresse ruft auch die Wirklichkeit wach, auf die es sich richtet (Schmid 2008). Wie Intuition eigentlich entsteht, lässt sich nicht exakt beschreiben. Es gibt dazu viele Erklärungmuster, zwei führen wir kurz an. Der Begründer der Transaktionsanalyse Eric Berne beschreibt Intuition als »geronnene Erfahrung« (Schmid 2008), die das blitzschnelle Erscheinen eines bestimmten Eindrucks in einer konkreten Situation beeinflusst. Hier wird Intuition vor allem als Ergebnis der Erfahrungen der Vergangenheit betrachtet, die uns so lenken, dass wir in einer bestimmten Situation, ohne weiter nachzudenken, unmittelbar unsere Schlüsse ziehen. Anders sieht es Carl Gustav Jung, er bezeichnet Intuition als »die Nase für das Mögliche« (Mohr 2015). Mohr weiter: »Darin ist der Aspekt enthalten, dass eine momentane Eindrucksbildung gar nicht auf bisherigen Erfahrungen beruhen muss, sondern im Augenblick irgendwie zustande kommt, vielleicht aus der Zukunft her.« Das ist die Sichtweise, die Otto Scharmer hervorhebt, der seinen Ansatz auch als »von der Zukunft her führen« bezeichnet.

Intuition lässt sich nicht gezielt hervorrufen. Sie scheint einfach da zu sein. Tatsächlich aber können wir Randbedingungen schaffen, die es der Intuition erleichtern, wahrnehmbar zu werden. Hier liegt der Schwerpunkt von Otto Scharmers Untersuchungen. Er hat sich intensiv mit den Strukturen der Aufmerksamkeit beschäftigt und erkannt, wie stark sie durch die Art des Zuhörens und vor allem der dabei eingenommenen inneren Haltung geprägt werden. Er unterscheidet die Haltungen des oberflächlichen Reproduzierens, der harten Debatte, des empathischen Dialogs und des schöpferischen Zuhörens, auch *Presencing* genannt. Dabei handelt es sich um ein Kunstwort aus *presence* (Anwesenheit) und *sensing* (spüren), übersetzbar mit »In-die-Welt-Kommen« oder »Gegenwärtigwerden«.

Beim **Reproduzieren** tauschen wir höfliche Floskeln oder leere Phrasen aus. Wir sagen das, was gehört werden will, und hören das, was wir hören wollen. Das ist die Ebene des Small Talks. Die innere Haltung meint »ja, ich weiß schon, worum es geht«. Unsere Aufmerksamkeit bleibt vor allem bei uns selber, wir nehmen gar nicht so viel von der Umwelt wahr.

In der **Debatte** richten wir unsere ganze Aufmerksamkeit auf einen bestimmten Sachverhalt, wir positionieren uns und sagen, was wir denken. Unsere innere Haltung sagt: »Ich weiß es besser und will dich überzeugen.« Unsere Gefühle spielen scheinbar keine Rolle, denn es geht vordergründig nur um Fakten.

Treten wir in einen echten **Dialog** mit unserem Gegenüber ein, dann erkunden wir empathisch und reflexiv nicht nur, was er sagt, sondern versuchen ihn in seinem ganzen Wesen wahrzunehmen. In unserer inneren Haltung sehen wir uns als Teil des Ganzen und fühlen uns sowohl mit uns selber als auch mit dem anderen verbunden.

Im **Presencing** schließlich kommen wir in einen schöpferischen Fluss, und es entsteht eine Art kollektiver Kreativität. Es sind häufig stille Momente, in denen das Gespräch für eine Weile verstummen kann. Gleichzeitig entsteht ein Gefühl von *Flow,* in dem alles wie von selbst zu geschehen scheint und wir uns für neue Möglichkeiten öffnen. Voraussetzung ist nicht nur das Erkennen der Fakten und Empathie, sondern auch die Fähigkeit, sich mit Zukunftsmöglichkeiten zu verbinden. Dann sind wir im Fluss und in Verbindung mit unserer Intuition.

Nachdem es gelungen ist, sich für die Zukunft zu öffnen, kommt der zweite Teil: Wir müssen aus dieser fast schon meditativen Haltung wieder ins Handeln kommen. Dazu werden die neuen Gedanken zunächst verdichtet und kristallisiert, es entstehen erste konkrete Aktionen. Sie müssen noch nicht perfekt sein, sondern haben den Charakter von **Prototypen**, die wie Landebahnen das Neue einladen, sich niederzulassen und zu etablieren. Schließlich folgt nach dem unmittelbaren Handeln eine integrative Phase, die die praktischen Ergebnisse überprüft und **dann in die Welt** bringt.

Diese Abfolge lässt sich in einem U anordnen, beginnend am linken oberen Schenkel des U mit dem *Reproduzieren*. Dann öffnet man sich schrittweise immer weiter, kommt von der Debatte über den Dialog zur Ebene des tiefen Presencing, um dann, bildlich gesprochen, am rechten Schenkel des U ins Handeln aufzusteigen und schließlich das Neue in die Welt zu bringen.

Abbildung 8: Der U-Prozess.

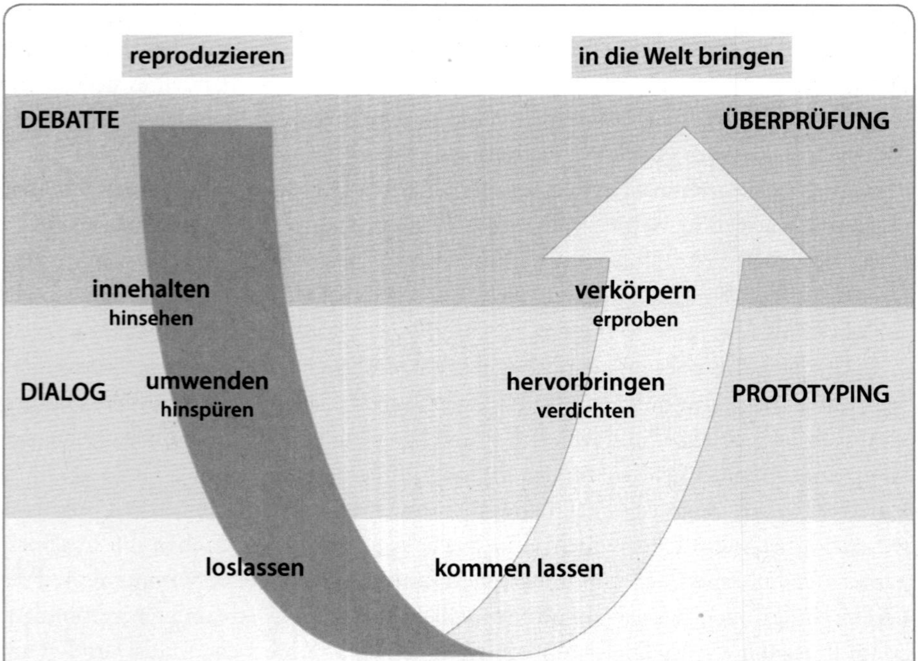

Quelle: in Anlehnung an Scharmer 2009.

Für das Gelingen des U-Prozesses ist vor allem die Art der Beziehung zwischen den Beteiligten wichtig. Bei der Arbeit entlang des U – beginnend links oben beim »reproduzieren« und endend rechts oben beim »in die Welt bringen« – treten verschiedene Beziehungsaspekte in den Vordergrund:

Raumgeben: Mit dem sogenannten Raumgeben kommt man leichter das U hinunter und damit in Richtung Presencing. Darunter versteht man das zunehmend gleichzeitige Hineinhören in die eigene Situation, die Situation des Gegenübers und die gemeinschaftliche Situation. Von der Ebene des Zuhörens betrachtet, kann es beim Raumhalten sehr wohl auch noch um Fakten gehen. Das Gespräch kann demnach auch noch Elemente der Debatte enthalten. Alles hat einen unfertigen, unvollständigen Charakter – und all dem gibt man Raum. Das ist Voraussetzung für den Prozess der zunehmenden, gemeinsamen Einstimmung. Wir brauchen die offenen Lücken, um den anderen mögliche Andockpunkte zu bieten, damit sie als echte Teilhaber in den Prozess einsteigen können.

Innehalten: Voraussetzung ist die Fähigkeit, die innere Stimme des Urteilens vorübergehend abzuschalten. Damit öffnet sich ein neuer Raum für Fragen und Staunen. Mit der Haltung der Debatte, des Urteilens, des Denkens in dualen Kategorien von richtig oder falsch, gut oder böse wären alle Versuche der Annäherung an das Zukunftspotenzial vergeblich.

Erspüren: Zum Denken tritt das Fühlen hinzu. Die Öffnung des Fühlens erlaubt, eine Situation von der Qualität eines Ganzen her zu sehen. Wir treten in einen Dialog mit unserem Gegenüber ein, der uns als ganzes Wesen wahrnimmt.

Presencing: Dieser fast schon meditative und äußerst kreative Zustand kann kaum gezielt hervorgerufen werden. Er kann wie von selbst entstehen, wenn wir die vorherigen Phasen tief integriert haben. An diesem Punkt lassen wir unseren Willen gehen und erlauben uns, aus einer im Entstehen begriffenen Zukunftsmöglichkeit heraus zu sehen und zu handeln.

Verdichten/Kristallisieren: Meist werden Veränderungen von einer kleinen Gruppe vorbereitet, die sich im Kern vollständig mit der Intention des Projektes verbunden hat. Diese Gruppe dient als *Landebahn* für die Umsetzung.

Ausprobieren: Nachdem auf der linken Seite des U in einem Öffnungsprozess die Widerstände auf der Ebene des Gedankens, des Gefühls und des Willens umgangen wurden, geht es auf der rechten Seite des U um die Wiedereingliederung der Intelligenz des Kopfes, des Herzens und der Hände, mit anderen Worten: Gedanken, Gefühle und Willen treten wieder in den Vordergrund, um das Entdeckte in die Welt zu bringen.

Die methodische Anordnung der Elemente in U-Form darf nicht statisch gesehen werden. Oft überlappen sich die Phasen, oder sie sind mehr oder weniger stark ausgeprägt. Viel wichtiger ist die innere Haltung des Sichöffnens, des Verlangsamens, des Schaffens eines gemeinsamen Raumes. Im Presencing wird die Öffnung in die Zukunft eingeladen, sie kann nicht erzwungen werden.

Für unsere ziel- und effizienzorientierten Denkgewohnheiten ist die Haltung des U-Prozesses ungewohnt, und es ist durchaus wahrscheinlich, dass beim einen oder anderen innere Widerstände auftreten. Auf der linken Seite des U zeigt sich dies zum Beispiel durch das Verhaften im Urteilen und im Bewerten, in Zynismus, Abwertung oder in der Angst, sich auf die Öffnung und Unbestimmtheit im Presencing einzulassen. Auf der rechten Seite des U besteht die Gefahr, in traditionelle Formen des Agierens zurückzufallen, zum Beispiel Handeln ohne Improvisation und Achtsamkeit (reaktive Handlungen ohne Lernen) oder endloses Reflektieren ohne Handeln (Paralyse-in-der-Analyse-Syndrom).

Gleichzeitig unterstützt die im U-Prozess geschulte Haltung eine ganz neue Form des Miteinanders: Wenn wir gemeinsam ins Presencing eintreten, verstärkt sich wie von selbst unser Bewusstsein, zusammenzugehören und verbunden zu sein; wir erleben den inspirierenden und manchmal berührenden Prozess vom individuellen Ich zum Wir.

Scharmer beschreibt unterstützend für diesen Weg einige Prinzipien und Praktiken (Scharmer 2014). Für Organisationen besonders wichtig sind:

Nicht predigen, sondern handeln. Dieses Prinzip legt den Fokus auf gelebte Praxis und die damit einhergehenden manchmal überraschenden Erfahrungen, anstelle der Theorie zu viel Gewicht zu geben.

Beobachte, beobachte, beobachte. Das legt einen Schwerpunkt auf die Qualität des Zuhörens, die zugleich Verstand, Herz und Willenskraft unterstützen sollte.

Verbinde dich mit deiner Intention. Erneut ein deutliches Plädoyer für eine *gelebte* Wirklichkeit, nicht für eine nur *gedachte*. Bei Unsicherheiten, nicht perfekten Analysen, unklaren Ursache-Wirkung-Beziehungen, sich schnell verändernden Umfeldern hilft kein analytisch geprägtes Denken mehr weiter, sondern es braucht die Kraft der Intuition und der Intention.

Folge deinem Herzen – tu, was du liebst, liebe, was du tust. Ein Hinweis, in welche Richtung die Intention gehen sollte. Erst wenn wir mit dem Herzen dabei sind, entwickeln wir eine starke und ausdauernde Kraft, um in einer Umgebung der Unsicherheit auch gegen Widerstände handeln zu können.

Wähle die richtige Sprache für verschiedene Beteiligte. Wenn wir nur uns selbst dienen wollen, ohne den Bedarf anderer Beteiligter zu erkennen, werden wir leicht scheitern. Zumindest isolieren wir uns, und das Neue ist nicht dauerhaft. Um andere einzubeziehen, müssen wir uns auf sie einlassen, »ihre Sprache sprechen«, um ihre Bedürfnisse zu erkennen.

Wenn du andere ändern willst, musst du bereit sein, als Erstes dich selber zu ändern. Veränderung ist ein gemeinsames Unterfangen. Der wichtigste Ansatz ist die Qualität der Beziehungen. Ich kann andere nicht zu einer Veränderung zwingen. Ich kann sie jedoch einladen, mit mir zusammen einen gemeinsamen Weg zu gehen. Dieser Weg entwickelt sich in der Begegnung und im Austausch mit anderen. Wenn ich mich darauf einlasse, beginne ich bereits, mich selbst zu ändern.

Der U-Prozess kann im Rahmen von Workshops zur Strategieentwicklung sehr gut eingesetzt werden, da er einen sowohl offenen als auch strukturierten Umgang mit der Unsicherheit der Zukunft ermöglicht. Gleichzeitig kann das Sich-Einlassen auf den U-Prozess tief greifende Entwicklungen in der Organisation in Gang setzen. Das Feld der kollektiven Intelligenz im Presencing verändert auch die Sicht auf das, was wir als wichtig erachten: Es wendet den Blick weg von der individualistischen, egofokussierten Sichtweise und richtet ihn auf die sich öffnenden Räume übergeordneter Systeme, sei es die der ganzen Organisation, die der Menschheit oder sogar darüber hinaus: die der gesamten Umwelt. Damit wird der Weg bereitet für ein zutiefst angebundenes und nachhaltiges Denken und Fühlen.

11.4
Lernen und Verändern bei Strategiewechseln

Veränderungen in der Strategie ziehen Projekte zur Umsetzung nach sich. Meistens sind nicht nur einzelne Abteilungen, sondern mehrere Unternehmensbereiche, Organisationsstrukturen und Prozesse betroffen, und viele Mitarbeitende sind einzubeziehen. Das ist die Domäne des Change Managements. Während die »Lernende Organisation« (siehe unten) ihren Fokus auf die Gestaltung einer lernförderlichen Unternehmenskultur lenkt, konzentriert sich Change Management auf das singuläre Vorhaben. Führungskräfte und Mitarbeitende befinden sich damit in einem Spannungsfeld:

- Zunächst einmal soll das aktuelle Vorhaben erfolgreich abgeschlossen werden. Das ist schwer genug, und die einhellige Meinung der Fachwelt ist: Ein Großteil der Veränderungsvorhaben erreicht nicht die angestrebten Ziele. Die bekannten Rezepte empfehlen deshalb mehr Einsatz, mehr Vision/Motivation, mehr Dringlichkeit/Druck, mehr Unterstützung durch das Topmanagement, noch bessere Kommunikationskonzepte usw.

- Gleichzeitig sollen jedoch alle Beteiligten ihre Bereitschaft und Fähigkeit erhalten und entwickeln, auch die nächste oder übernächste Veränderung zu meistern, anstatt nach Ende des aktuellen Vorhabens erschöpft zurückzusinken und veränderungsmüde oder veränderungsresistent zu werden.

Gerade der zweite genannte Gesichtspunkt wird immer wichtiger und ist Kern der nachhaltigen Veränderungskompetenz eines Unternehmens.

Die Ansätze des klassischen Change Managements beziehen ihre Energie ganz wesentlich aus der Hoffnung aller Beteiligten, sich nach dem Projekt wieder ungestört ihrer »eigentlichen« Arbeit widmen zu können. Die Veränderung wird als Ausnahme betrachtet. Bis sie vorüber ist, hält man irgendwie durch und erträgt die Zusatzbelastungen durch Workshops, Arbeitsgruppen und Großgruppenveranstaltungen sowie die mit jeder Veränderung verbundene Unsicherheit. Allerdings wird für die Beteiligten immer deutlicher, dass dies ein Trugschluss ist, denn: Die nächste Veränderung kommt bestimmt. Unter den Belastungen des gerade aktuellen Change leiden deshalb auch die folgenden Veränderungen. Wenn die Mitarbeitenden und Führungskräfte durch das vorhergehende Veränderungsvorhaben erschöpft und ausgelaugt sind, wird auch ein neues Ziel für alle nur noch halbherzig verfolgt werden können.

Außerdem kann die größere Arbeitsintensität oder die stärkere psychische Belastung durch ein Veränderungsvorhaben zulasten der Gesundheit gehen. Im regelmäßig erstellten *Stressreport* der Bundesanstalt für Arbeitsschutz und Arbeitsmedizin wurden im Jahr 2012 die über 20.000 beteiligten Arbeitnehmer erstmals gefragt, ob es in ihrem Unternehmen im vergangenen Jahr eine Umstrukturierung gegeben hatte (BAUA 2013). Gleichzeitig wurde wie sonst auch danach gefragt, welche Krankheiten oder Beschwerden aufgetreten waren. Das Ergebnis ist besorgniserregend: In Unternehmen mit Umstrukturierungen hatten wesentlich mehr Mitarbeitende mit Müdigkeit, Erschöpfung, Kopfschmerzen, Schlafstörungen oder Niedergeschlagenheit zu kämpfen als in Unternehmen ohne solche Änderungen (Abbildung 9).

Die jeweils oberen Balken repräsentieren Unternehmen mit Umstrukturierung, die unteren Balken Unternehmen ohne Umstrukturierung (Angaben in Prozent). Zum Beispiel fühlten sich in Unternehmen ohne Umstrukturierung 18 Prozent der Mitarbeitenden im vergangenen Jahr zeitweise niedergeschlagen, in Unternehmen mit

Abbildung 9: Krankheitszunahme durch Restrukturierung (in Prozent).

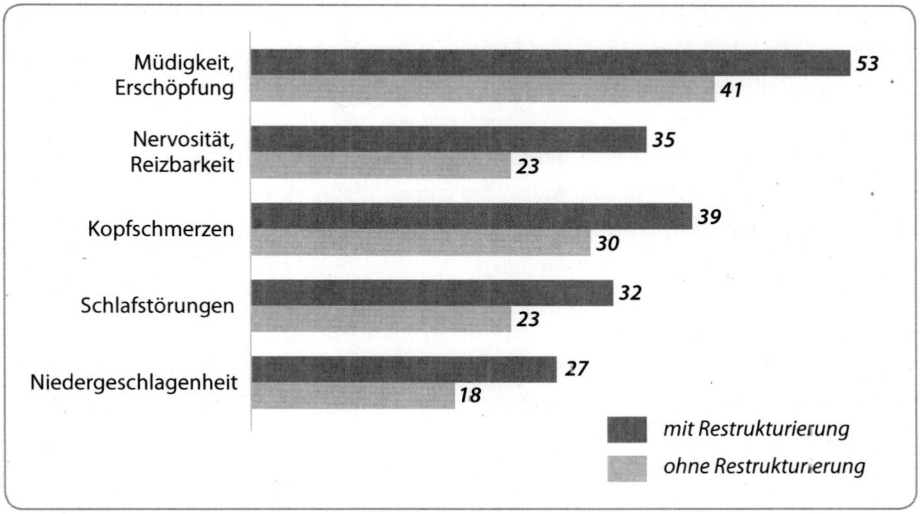

Quelle: nach BAUA 2013.

Umstrukturierung waren es wesentlich mehr, nämlich 27 Prozent. Die genannten Beschwerden lassen sich mühelos den Krankheitsbildern Burn-out oder Depression zuordnen.

Vor dem Hintergrund dieser Befunde muss die Kernfrage deshalb lauten: »Wie können wir das aktuelle Vorhaben zum Erfolg führen und gleichzeitig den Boden für zukünftige Veränderungen bereiten?« Dieser Punkt wird oft zu wenig beachtet. Er stellt jedoch das Wesen der Nachhaltigkeit bei organisationalen Veränderungen dar. Wenn sich alle Energie auf das aktuelle Projekt richtet, ist die Gefahr eines Pyrrhussieges (»Noch so ein Sieg, und wir sind verloren!«) groß. Die Veränderung wird mit großem Aufwand durchgeführt und vielleicht auch zum Erfolg gebracht, hinterlässt indes eine erschöpfte Organisation und erschöpfte oder sogar kranke Mitarbeitende. Veränderungsmüdigkeit breitet sich aus und steht so den zukünftigen Anforderungen im Weg. Eine Veränderung sollte deshalb nicht als singuläres Ereignis betrachtet werden. Erst die Fähigkeit zur Verknüpfung des aktuellen Geschehens mit einer langfristigen Perspektive ist Zeichen für die Veränderungskompetenz einer Organisation.

Veränderungskompetenz ist eine Grundbedingung für den Weg in ein nachhaltiges Unternehmen. Und das ist zugleich eine gute und eine schlechte Nachricht. Die schlechte Seite der Nachricht: Veränderungskompetenz ist nicht leicht zu erlangen. Die gute Seite der Nachricht: Sie ist eine individuelle Fähigkeit eines bestimmten Unternehmens. Die spezifische Ausgestaltung des Umgangs mit Veränderungen ist demnach nicht von anderen Unternehmen kopierbar. Das Unternehmen hat deshalb einen erheblichen Wettbewerbsvorteil und kann zum Leuchtturm werden. Für die Evolution von Lebewesen hatte das schon Darwin erkannt: »Es überlebt weder der Stärkste noch der Intelligenteste, sondern derjenige, der am besten in der Lage ist, sich Veränderungen anzupassen.«

Das führt zu einer weiteren Schlussfolgerung: Es gibt kein *richtiges* Change Management, sondern nur ein *stimmiges*, also eines, das zur aktuellen Situation in einem bestimmten Unternehmen passt. Es gibt keine Kochrezepte, mit denen unter allen Umständen schmackhafte Gerichte der Veränderung zubereitet werden könnten. Dafür sind die Zutaten jedes Mal viel zu unterschiedlich. Wie schnell bei einer Veränderung vorgegangen werden kann und mit welcher Intensität, ist in jedem Unternehmen anders. Jede Veränderung muss auf das jeweilige Unternehmen maßgeschneidert werden. Der wiederkehrende und systemische Blick auf den *Kontext* ist deshalb unabdingbar.

11.4.1
Erfolgsfaktoren: Gibt es die?

Es werden immer wieder die Erfolgsfaktoren für Veränderungsvorhaben untersucht. Die Ergebnisse sind wenig überraschend: Notwendig sind demnach Führungskräfte mit einer sogenannten *starken Persönlichkeit*, eine gute Analyse der Ausgangssituation, Mobilisierung und Commitment (Selbstverpflichtung) der Mitarbeitenden, offene Kommunikation und vieles mehr. Aber: Wie viel davon ist genug? Die Erkenntnis, dass ein bestimmter Faktor wichtig ist, liefert noch keinen Hinweis darauf, ob er im konkreten Vorhaben ausreichend berücksichtigt wurde. Die Abfrage der Erfolgsfaktoren nach einem Ja/Nein-Schema (»Ja, wir haben ein Kommunikationskonzept. Ja, wir analysieren die Ausgangssituation«) ist wenig hilfreich.

Praxisrelevant sind dagegen Fragen wie

- »Berücksichtigt unsere Analyse der Ausgangssituation die wichtigsten Punkte, oder müssen wir noch genauer hinschauen, bevor wir das Veränderungskonzept gestalten? Oder sollten wir lieber jetzt starten und die Details später klären?«
- »Ist unser Kommunikationskonzept stimmig, oder sollten wir lieber doch noch mehr Zeit für das direkte Gespräch mit den Mitarbeitenden einplanen? Und wenn ja: Woher nehmen wir die dafür erforderlichen Ressourcen?«
- »Ist unser Projektmanagement für dieses Vorhaben angemessen, oder sollte es noch weiter verfeinert werden? Oder ist es schon so detailliert und formalisiert, dass es unflexibel zu werden droht?«

Diese Fragen sind nicht einfach zu beantworten. Die Analyse der Ausgangssituation kann nie umfassend und vollständig sein, es bleiben stets Lücken. Der Wunsch, die Analysen noch weiter zu vertiefen, kann auch auf einen Mangel an Handlungsfähigkeit hinweisen, die *Paralyse der Analyse*. Man kann auch nicht mit allen Mitarbeitenden ständig intensive Gespräche über die Veränderung führen, insofern wäre auch ein noch so umfassendes Kommunikationskonzept stets erweiterbar.

Schaut man nur auf die aktuelle Veränderung, so wäre eine naheliegende Aussage: »Noch mehr von diesem oder jenem Aspekt wäre gut, dann sind wir auf der sicheren Seite.« Der fokussierte Blick auf das aktuelle Projekt führt in die Irre. Erst im Kontext der übrigen Veränderungen – der vergangenen, der parallel laufenden und der zukünftig kommenden – werden Antworten möglich, die die Veränderungskompetenz des Unternehmens stärken.

Der Tunnelblick nur auf die gerade anstehende Veränderung kann deshalb sogar zu kontraproduktiven Empfehlungen führen. Ein Beispiel: Konsens vieler Change-Ratgeber ist es, dass sich möglichst viele Mitarbeitende aktiv und engagiert beteiligen sollten, um zu einem nachhaltigen Erfolg zu gelangen. Das Ziel der Veränderung soll dafür als sinnvoll, unausweichlich und dringend wahrgenommen werden, es soll möglichst begeisternd sein, die Mitarbeitenden müssen die Möglichkeit und die Fähigkeit zum Engagement haben, und je mehr sich die oberste Führung einbringt, desto besser. Es geht darum, die Mitarbeitenden da abzuholen, wo sie stehen, um Mobilisierung und Commitment.

Diese Punkte sind zunächst einmal gut nachvollziehbar. Wenn das alles klappt, scheint dem Erfolg nichts im Wege zu stehen. Konsequenterweise sind es dieselben Faktoren, die meist als Ursache für das Scheitern von Veränderungen angenommen werden:

- mangelnde Vision,
- mangelnde Beteiligung,
- mangelnde Kommunikation,
- mangelnde Vermittlung der Dringlichkeit,
- mangelnde Unterstützung durch die Unternehmensleitung.

Aber stimmt das so? Der vermeintliche Erkenntnisgewinn zu den Ursachen ist in Wirklichkeit oft begrenzt. Was hier als Ursache in einem Ursache-Wirkung-Zusammenhang gesetzt wird, hat einen begrenzten Erkenntnisgewinn. Denn so viel ist wahr: Mängel bei den genannten Faktoren lassen sich bei jedem gescheiterten Change finden, und die Ursachenzuschreibung (»zu wenig Vision!«) lässt sich nicht widerlegen. Es wäre stets eine noch mitreißendere Vision denkbar gewesen, die Kommunikation lässt sich immer noch weiter verbessern, die Unternehmensleitung hätte sich noch mehr für das Vorhaben engagieren können (anstatt sich um neue Aufträge zu kümmern?), und auch die Mitarbeiterbeteiligung hätte in jedem Fall noch besser sein können, quantitativ oder qualitativ. Es ist anscheinend nie genug!

Bemerkenswert ist, dass dies alles auch von Veränderungen gesagt werden könnte, die als gelungen gelten. Auch hier wäre stets ein »noch mehr« der Einzelfaktoren möglich gewesen. Nur wird in der Zufriedenheit über den Erfolg nicht mehr danach gefragt.

Faktoren wie Kommunikation, Engagement oder Unterstützung der Leitung lassen sich nicht exakt messen. Aussagen darüber bleiben Bauchgefühle und subjektive Einschätzungen. Doch das mindert nicht die Relevanz dieser Punkte. Konkrete Hinweise auf weiteren Handlungsbedarf in einem laufenden Projekt lassen sich damit jedoch nur schwer gewinnen. Erst im Nachhinein stellt sich heraus, ob genug getan wurde, und auch das bleibt recht vage: Bei einem Erfolg des Vorhabens war es wohl genug, bei einem Misserfolg anscheinend nicht. Dieser Umstand begrenzt sehr deutlich die Aussagekraft einer Beurteilung wie »Die Veränderung ist gescheitert, weil die Kommunikation unzureichend war«.

Außerdem lassen sich die genannten Themen nicht nur als Ursachen, sondern auch als Symptome einer scheiternden Veränderung beschreiben. An ihnen erkennt man den bevorstehenden Misserfolg:

- Die Vision hat keine Kraft (mehr).
- Die Mitarbeitenden haben keine Lust (mehr), sich zu beteiligen.
- Die Kommunikation ist schleppend.
- Ein anderes Vorhaben ist plötzlich viel dringlicher.

Darüber hinaus kann die zu starke Fokussierung auf die sogenannten Erfolgsfaktoren von anderen wichtigen Aspekten ablenken:

- Mitarbeitende und Führungskräfte sind vielleicht ermüdet durch die bereits abgeschlossenen Veränderungsprozesse, oder sie sind durch gleichzeitig laufende andere Projekte stark in Anspruch genommen. Außerdem sollen sie ja ihre »eigentliche« Arbeit machen. Das dritte Großgruppen-Event mit Motivationsabsicht lockt dann nur noch ein müdes Lächeln hervor (Zitat eines Teilnehmers nach einem Workshop mit den obersten 150 Führungskräften eines Konzerns: »Das Beste am Workshop war, dass wir diesmal keine Spielchen machen mussten.«).

- Wer sagt: »Die Veränderung ist gescheitert, weil die Mitarbeitenden sich nicht engagiert genug beteiligt haben«, der macht es sich zu leicht. Warum sollte man ein starkes Commitment ausgerechnet bei einer Veränderung mit jeder Menge Unsicherheit erwarten, wenn dies schon im Arbeitsalltag nicht gelingt? Die jährliche Studie des Gallup-Instituts zum Engagement der Mitarbeitenden in deutschen

Unternehmen liefert seit zehn Jahren ein kaum verändertes Bild: »17 Prozent der Befragten weisen eine hohe emotionale Bindung an ihren Arbeitgeber auf … Die meisten Beschäftigten – nämlich 67 Prozent – sind gering an ihr Unternehmen gebunden und machen Dienst nach Vorschrift. 17 Prozent der Arbeitnehmer hingegen sind emotional nicht gebunden und haben innerlich bereits gekündigt.« (Gallup 2014). Ein über das übliche Maß hinausgehendes Engagement der Mehrheit der Mitarbeitenden in der besonderen Situation *Change* darf deshalb wohl nur in Ausnahmefällen erwartet werden.

- Die Unternehmensleitung hat häufig andere Prioritäten als das aktuelle Veränderungsvorhaben. Zumindest gilt das für die Zeiten, in denen das Unternehmen nicht durch eine radikale Veränderung vor dem Untergang gerettet werden muss. Man könnte natürlich sagen, dass man das Vorhaben gleich ganz lassen sollte, wenn der Vorstand es nicht aktiv unterstützt. Dieses Denken hat seinen Ursprung in einer Zeit, in der interne Veränderungen noch die Ausnahme waren. Da erfüllte die Organisation über viele Jahre hinweg gleichmäßig ihre Aufgabe, bis dann einmalig eine große Änderung nötig wurde. Hier musste die oberste Führung natürlich der Hauptakteur sein und die Veränderung zur absoluten Priorität der eigenen Arbeit machen. Die Situation hat sich aber grundlegend geändert. Heute jagt eine Veränderung die nächste, Veränderungen sind Alltag geworden. Es ist damit für die Unternehmensleitung leichter – und auch notwendiger – geworden, bei Veränderungen die Verantwortung und die konkrete Umsetzung zumindest teilweise zu delegieren.

Die Reflexion der Erfahrungen der vergangenen Jahre mit Veränderungen in Unternehmen erzeugt eine gewisse Ratlosigkeit. Die Erfolgsfaktoren sind unklar, und die Menschen sind erschöpft. Es ist noch nicht einmal klar, was überhaupt unter einem Erfolg verstanden werden könnte.

Der fokussierte Blick auf das gerade anstehende Veränderungsprojekt hat uns in eine Sackgasse geführt. Deshalb hilft es, an dieser Stelle den Blick zu weiten: auf die Einbindung der aktuellen Veränderung in das übrige Geschehen im Unternehmen ebenso wie auf die sinnstiftende Anbindung des Unternehmens an ein übergeordnetes System. Aus dieser Perspektive ergeben sich Handlungsleitlinien, die über den kurzfristigen, hektischen Aktionismus hinausgehen. Weiterhin hilft es, den Blick auch auf die Veränderungs- bzw. Unternehmenskultur ganz allgemein zu erweitern, um ein umfassendes Verständnis von Change Management zu erhalten.

11.4.2
Unternehmenskultur und Ansätze zur Veränderung

Bei anstehenden Veränderungen gibt die Betrachtung der Kultur von Organisationen gute Hilfestellungen. Waren bis zur Mitte des letzten Jahrhunderts Unternehmen zumindest aus heutiger Sicht noch vergleichsweise stabil, so hat seitdem Branche für Branche eine enorme Veränderungsdynamik eingesetzt, in den letzten 15 Jahren noch weiter beschleunigt durch die zunehmende Globalisierung, die Vernetzung durch das Internet und immer neue Kommunikationsmittel. Um die damit einhergehenden Veränderungen in der Kultur von Unternehmen zu beschreiben, benutzt der ehemalige McKinsey-Berater Frederic Laloux (Laloux 2015) ein hilfreiches Stufenmodell. Er unterscheidet unter anderem

- tribale (von englisch *tribe*, »Stamm«) impulsive Organisationen,
- traditionelle konformistische Organisationen,
- moderne leistungsorientierte Organisationen,
- postmoderne pluralistische Organisationen.

Jede Stufe hat historisch wichtige Durchbrüche erzeugt, auf denen die nächste Stufe aufbaut. Gleichzeitig hat jede Stufe auch ihre Schattenseiten. Die meisten (Wirtschafts-)Unternehmen gehören heute zur Stufe der *modernen leistungsorientierten Organisationen.*

Tabelle 13: Evolutionsstufen von Unternehmen nach Laloux, 2015.*

	heutige Beispiele	wichtige Durchbrüche	Schatten
Tribale impulsive Organisationen	Mafia, Stammesmilizen	Arbeitsteilung, Befehlsautorität	Willkür, Machtherrschaft
Traditionelle konformistische Organisationen	Kirche, Militär, Behörden, einige Familienbetriebe	klare Rollen, stabile Hierarchien, langfristige Perspektive	starr, unbeweglich, nicht innovativ
Moderne leistungsorientierte Organisationen	heute dominierend, zum Beispiel multinationale Unternehmen	Innovation, Verlässlichkeit, Leistungsprinzip	Wachstum um des Wachstums willen, Natur ausbeutend, nicht nachhaltig
Postmoderne pluralistische Organisationen	kulturorientierte Unternehmen, gemeinnützige Unternehmen, zum Beispiel einige gemeinwohlorientierte Unternehmen	Empowerment, werteorientierte Kultur, Stakeholderorientierung	erschöpfende Diskussionen, nur scheinbarer Gleichrang der Mitarbeitenden

*Zu gemeinwohlorientierten Unternehmen siehe Kapitel »Stakeholderdialog und Reporting«.

Die heute vorherrschende Stufe sind die *modernen*, leistungsorientierten, effizienz- und gewinnorientierten Unternehmen, wie wir sie alle kennen. Alle großen Aktiengesellschaften gehören dazu und die meisten mittelständischen Unternehmen. Sie sind ein Ausdruck des Paradigmas unserer Zeit: Alles wird nach seinem unmittelbaren ökonomischen Nutzen beurteilt. Ihre außerordentliche Leistungskraft ist Segen und Fluch zugleich: Sie sichert den Unternehmensgewinn und den materiellen Wohlstand unserer Gesellschaft, gleichzeitig ist sie Ursache für die globalen Umweltprobleme und die sozialen Verwerfungen unserer Zivilisation.

Als neue Stufe beschreibt Frederic Laloux die sogenannten evolutionären Unternehmen, die die Schattenseite der postmodernen Organisationen durch neue Formen der Selbstführung, der Ganzheit von rationalen, emotionalen und spirituellen Aspekten und durch die Ausrichtung auf einen Sinn überwinden. Bisher gibt es erst wenige Beispiele solcher Unternehmen, darunter jedoch sehr wohl auch Unternehmen mit über 1.000 Mitarbeitenden.

Laloux nennt zum Beispiel die vielfach ausgezeichneten Kliniken Heiligenfeld in Deutschland, in den Niederlanden den Pflegedienstleister Buutzorg, mit 7.000 Mitarbeitenden inzwischen größter Anbieter von häuslicher Krankenpflege in den Niederlanden, den Metall verarbeitenden Betrieb FAVI mit 500 Mitarbeitenden in Frankreich oder den Hersteller von Funktionsbekleidung Patagonia mit 1.350 Mitarbeitenden in den USA.

Die oben beschriebenen Entwicklungsstufen gibt es nicht in Reinform. In den meisten Unternehmen existieren in verschiedenen Organisationsbereichen durchaus unterschiedliche Stufen und Übergänge. Diese Stufenbildung ist trotz ihrer Vereinfachung sehr hilfreich und bietet auch ein Raster zur Einordnung von Change-Management-Ansätzen. Die heutigen Vorschläge – mit ihrem mentalen Modell des Ausnahmecharakters einer Veränderung – haben ihren Ursprung in den Humanwissenschaften aus der Mitte des letzten Jahrhunderts, als die meisten Unternehmen noch traditionell konformistisch waren, weil sich grundsätzlich sowohl im Umfeld als auch in den Unternehmen selbst nur selten etwas änderte. Diese Organisationen sind heute selten geworden, sogar viele staatliche Behörden haben erheblich an Dynamik gewonnen. Die heutigen modernen Unternehmen befinden sich in einem Strudel ständiger Veränderung. Sie müssen nicht mehr »aufgetaut« werden – eine einst beliebte Metapher im Change Management –, damit Veränderung in einem sonst starren Unternehmen überhaupt erst möglich wird. Und die postmodernen Organisationen entwickeln sich immer mehr zu *lernenden Organisationen* (siehe unten), in denen Veränderung so normal sind, dass dafür die projektorientierten Begriffe des Change Managements nicht mehr passen.

Für die meisten heutigen Unternehmen, welche sich in der modernen, leistungsorientierten Ausprägung befinden, stellt sich hier nun aber die Frage: Die klassischen

Ansätze des Change Managements mit ihrem Fokus auf einmalige Veränderungen passen nicht mehr, und die Kultur der lernenden Organisation ist noch weit entfernt. Was also tun? Einige Möglichkeiten werden nachfolgend untersucht.

11.4.3
Stabilitätsanker

Auch ein noch so sinnvolles Veränderungsvorhaben berührt die Frage: Wer kümmert sich eigentlich um die wertschöpfenden Kernprozesse, wenn Führungskräfte und Mitarbeitende einen großen Teil ihrer Zeit in Workshops zum Design der Veränderung verbringen? Führungsaufgaben sind dadurch charakterisiert, dass sie nicht routiniert zu lösen sind. Das bekannte Bonmot des Künstlers und Picasso-Kollegen Georges Braque über das Wesen der Kunst: »Das Einzige, was in der Kunst zählt, ist der Teil, der nicht erklärt werden kann«, lässt sich auch auf das Wesen der Führung übertragen. Deshalb gibt es so viele unterschiedliche Führungsstile, und deshalb sind gute Führungskräfte so schwer ersetzbar. Die Konsequenz ist: Führungsaufgaben sind kaum delegierbar, und die Zeit, die sie in die bevorstehende Veränderung stecken, geht der Unterstützung der Kernprozesse verloren.

Veränderungskompetenz bedeutet deshalb auch, die zeitlichen Restriktionen zu erkennen und bewusste Entscheidungen zum Einsatz der begrenzt vorhandenen Ressourcen zu treffen. Andernfalls entsteht das Risiko, dass die höchstqualifizierten Führungskräfte und Mitarbeiter die Motivation verlieren, »diesen Zirkus noch länger mitzumachen«, und sich nach einem anderen Job umsehen. Die langfristige Bindung der Mitarbeiter ans Unternehmen ist jedoch einer der wichtigsten Erfolgsfaktoren für den dauerhaften Unternehmenserfolg. Jede Veränderung kann deshalb zulasten der Effizienz der Kernprozesse gehen. Eine mögliche Schlussfolgerung wäre deshalb eine Aussage der Art: »Es gibt zwar gute Gründe für den Start der diskutierten Veränderung, aus Kapazitätsgründen verzichten wir jedoch darauf und konzentrieren uns ganz auf die vorhandenen Wertschöpfungsprozesse.«

Das führt zu einer zunächst paradox anmutenden Aussage: In einem Umfeld der ständigen Veränderung wäre es schon eine Veränderung, bewusst auf weitere Veränderungen zu verzichten. In Zeiten ständigen Wandels ist es eine aktive Leistung, sich bewusst auf den Erhalt und die Stärkung des Bestehenden zu konzentrieren.

Hier ist der Begriff des Stabilitätsankers hilfreich (Becke 2007). Veränderung enthält stets das Risiko des Scheiterns, und aus dem ununterbrochenen Wandel entstehen manchmal nicht nur neue Lösungen, sondern auch neue Probleme. Der fortwährende Wandel sollte deshalb systematisch durch Entscheidungen zur *Stärkung des Bestehenden*, also durch das Setzen von Stabilitätsankern, ergänzt werden. Auf der Ebene des Gesamtunternehmens sind mögliche Anker beispielsweise Themen wie die Marktstrategie (häufiger Strategiewechsel führt zu starker Verunsicherung der Mitarbeiter und der Kunden) oder die Orientierung an den vereinbarten Werten des Unternehmens (zum Beispiel Einhaltung von Umweltstandards, Umgang mit den Mitarbeitern). Auf Ebene der internen Prozesse sind das die wertschöpfenden Kernprozesse, die vereinbarten Programme zur Personalentwicklung oder auch so scheinbar triviale Vereinbarungen wie das wöchentliche Abteilungsmeeting. Der wirksamste Stabilitätsanker ist jedoch eine gut ausgearbeitete Mission und Vision, an der sich das ganze Unternehmen, jeder Mitarbeiter und auch die Kunden immer wieder orientieren können.

11.4.4 Perspektivwechsel

Abbildung 10: Fokussierter Blick auf das aktuelle Projekt.

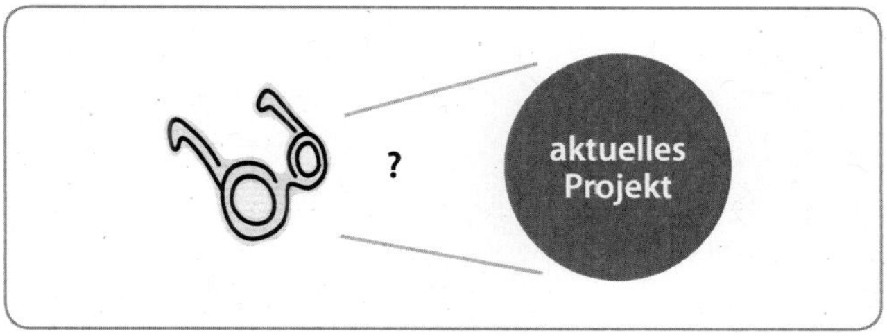

Quelle: Terra Institute.

Der Blickwinkel im Change Management braucht eine Erweiterung: Von der Konzentration auf das aktuelle Projekt hin zur Umgebung (Abbildung 10). Drei Kontexte sind dabei relevant: »Wo kommen wir her?« Das ist eine Frage nach der Unternehmenskultur und den bisherigen Erfahrungen mit Veränderungen. »Was passiert sonst noch gerade?« Das zielt auf die Wechselwirkungen mit anderen Entwicklungen im Unternehmen und berücksichtigt die Unsicherheit, die jeder Veränderung innewohnt. Und: »Wie können wir uns auf die Zukunft vorbereiten?« (Abbildung 11)

Die Frage nach der Zukunft erweitert den Kontext ganz erheblich, indem sie mögliche zukünftige Anforderungen im Unternehmen berücksichtigt und damit den Aspekt der Nachhaltigkeit in das Veränderungsgeschehen einführt. Dies ist die Perspektive der langfristigen Veränderungskompetenz.

Wie bereits beschrieben: Es hilft nur kurzfristig, alle Energien auf das aktuelle Projekt zu konzentrieren. Es gilt, die Fähigkeit der Akteure zur Gestaltung von Veränderungen dauerhaft zu stärken. Die beste Gelegenheit dazu ist das aktuelle Projekt und nicht ein gesondert ablaufendes Schulungsprogramm.

Wie könnte bereits im aktuellen Projekt die Fähigkeit gestärkt werden, zukünftige Veränderungen kompetent zu gestalten? Wichtigster Ansatzpunkt ist dabei eine Frage, die sich durch alle Maßnahmen des aktuellen Projekts ziehen sollte: Welche Auswir-

Abbildung 11: Erweiterter Blick auf das Projekt.

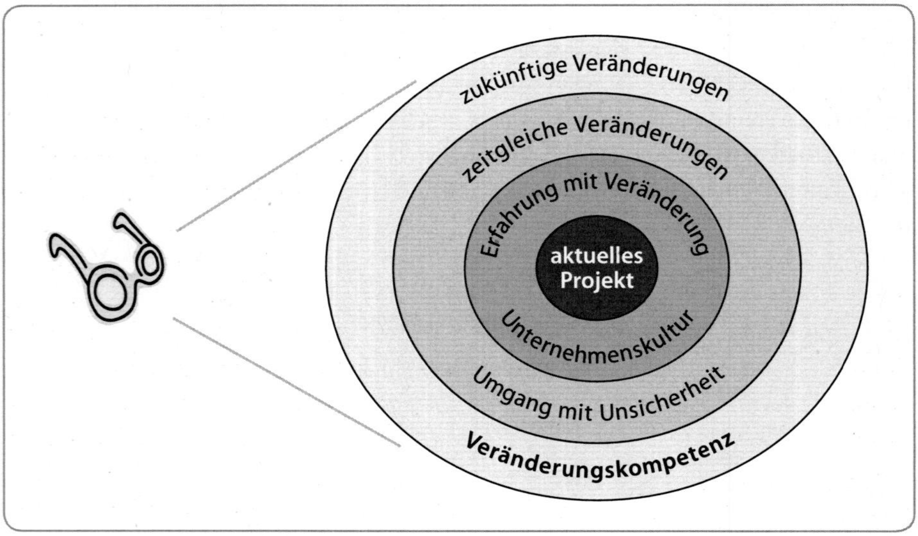

Quelle: Terra Institute.

kungen hat ein für das aktuelle Projekt als sinnvoll erscheinendes Vorgehen auf die Stärkung der Veränderungskompetenz?

Die Frage baut ein Spannungsfeld zwischen vielleicht möglichen kurzfristigen Erfolgen im aktuellen Projekt einerseits und ihren Auswirkungen andererseits auf zukünftige Veränderungsvorhaben. Alle Interventionen im aktuellen Projekt – seien es die Kommunikations- und Beteiligungsstrukturen, die eingesetzten Methoden des Projektmanagements, die Schaffung und Besetzung von Lenkungskreisen, die Unterstützung durch die oberste Führung, die Betonung von Dringlichkeit usw. – gehören auf den Prüfstand mit der Frage: Selbst wenn sie dem aktuellen Vorhaben vielleicht nützen, stärken sie auch die Entwicklung der Veränderungskompetenz im Unternehmen?

Eine vertiefte Auseinandersetzung mit der Frage, was Erfolg in Zusammenhang mit Veränderungsprozessen bedeutet, eine Einordnung der eigenen Unternehmenskultur sowie das Setzen von Stabilitätsankern und das Einnehmen eines Perspektivwechsels sind Möglichkeiten, mit denen moderne leistungsorientierte Unternehmen ihr Veränderungsmanagement verbessern können. Letztlich ist aber eine grundlegende Weiterentwicklung der Unternehmenskultur entscheidend für die Auseinandersetzung mit der Komplexität der zukommenden Herausforderungen und Möglichkeiten. Einen Ansatz liefert die lernende Organisation.

11.5
Die lernende Organisation

Mit dem Begriff *lernende Organisation* werden Organisationen bezeichnet, die innere und äußere Veränderungen schnell erkennen und gut darauf reagieren können. Sie sind besonders anpassungsfähig und kompetent in der ständigen Weiterentwicklung von Strategie, Prozessen und Strukturen. Das Unternehmen ist in der Lage, kreativ und nachhaltig mit Veränderungen umzugehen.

Der Begriff wird häufig verwendet, bleibt aber bisweilen noch recht unscharf. Zunächst ist anzumerken, dass im Grunde nicht *die Organisation* lernt, sondern die Menschen innerhalb der Organisation lernen etwas und prägen so ihre Organisation. Aber was verstehen wir unter Lernen? Die einfachste Definition: Lernen ist alles, was einen Unterschied zum Bisherigen bildet. Ich habe neue Informationen aufgenommen, erlebe sie als stimmig und kann sie einsetzen. Durch Lernen kann also das Wissen insgesamt wachsen, oder etwas bisher Gewusstes wird durch Neues ersetzt. Damit kann auch das bisherige Wissen an Relevanz verlieren oder sogar entwertet werden: Was bisher richtig und wichtig war, gilt nun nicht mehr. Das ist ein wichtiger Aspekt, der zu Widerstand in Veränderungsprozessen führen kann (dieser und weitere Aspekte in diesem Abschnitt beruhen unter anderem auf Schmidt 2015). Wenn aber bisheriges Wissen zukünftig nicht mehr so wichtig ist, ist eine *lernende Organisation* vielleicht nicht für alle Mitarbeitende gleich attraktiv. Sie braucht eigenständige Überzeugungskraft, ein attraktives Ziel.

Eine lernende Organisation kann sich je nach Branche, Unternehmenskultur, Unternehmensgröße etc. sehr unterschiedlich ausprägen. Der Begriff benennt dabei eher eine Entwicklungsrichtung als einen Zustand. Nachfolgend sind wesentliche Kennzeichen von lernenden Organisationen beschrieben. Sie beschreiben wichtige Eigenschaften, geben jedoch keine konkreten Handlungsanleitungen und sind in jedem Unternehmen spezifisch zu definieren. Kennzeichen einer lernenden Organisation sind:

- Lernen bezieht sich stets auf etwas Neues, noch Unbekanntes, Unerfahrenes und Ungeübtes. Fehler lassen sich nicht vermeiden, aber der *gute Umgang mit Fehlern* ist ein Kernelement einer lernenden Organisation. Ein guter Umgang wäre zum Beispiel, Fehler als Lernchance zu kennzeichnen, nicht wie oft üblich zuerst nach dem »Schuldigen« zu suchen, sondern die Aufmerksamkeit ganz gezielt darauf zu lenken, was gegebenenfalls verändert werden muss, damit der Fehler nicht wieder geschieht.

- Lernen kann explizites oder implizites Wissen erzeugen. Explizites Wissen lässt sich in Dokumenten, Beschreibungen, Anleitungen niederlegen. Seine interne Verteilung und Verbreitung im ganzen Unternehmen ist die Domäne des Wissensmanagements. Dagegen beruht das Lernen von implizitem Wissen vor allem auf Erfahrungen: Wie erlebe ich Wertschätzung, Offenheit, Transparenz im Unternehmen? Wie ist die Feedback-Kultur, die Konsequenz bei Entscheidungen, der Umgang mit Fehlern? Was für ein Vorbild geben die Vorgesetzten? Implizites Wissen erlangen wir unabhängig davon, ob wir das wollen oder nicht. Insofern wird in jeder Organisation gelernt, und letzthin ist das implizit Gelernte für das Verhalten viel wichtiger als das explizit Erlernbare. Das hat eine herausragende Bedeutung für lernende Organisationen: Der Umgang miteinander – die *Unternehmenskultur* – ist der entscheidende Faktor für das Gelingen einer lernenden Organisation.

- Lernen geschieht zunächst individuell, aber das explizite Wissen muss der Organisation auch zur Verfügung stehen, zum Beispiel wenn der Mitarbeiter aus dem Unternehmen ausscheidet. Deshalb braucht es gute *Wechselwirkungs- und Austauschprozesse* in der Organisation, um das Wissen eines Einzelnen zu verbreiten und für alle, die es benötigen, nutzbar zu machen. Wissensmanagement auf der expliziten Ebene des Know-hows gehört damit zu jeder lernenden Organisation.

- Wenn jemand etwas lernt und damit neue Kompetenzen erhält, will er häufig auch mehr Gestaltungspielraum haben, um die neuen Kompetenzen einzusetzen. Erst das macht den Reiz des Lernens aus: sich in bisher ungewohnten Situationen kompetent verhalten können. Wird der Kompetenzraum jedoch nicht erweitert oder verändert, entsteht Enttäuschung, und die Motivation, sich auf zukünftige neue Lernerfahrungen einzulassen, wird gemindert. Kennzeichen einer lernenden Organisation sind deshalb häufig die Abkehr von althergebrachten, festen Organisationsstrukturen mit ihren detaillierten Stellenbeschreibungen und die Hinwendung zu *offenen, dezentralen Strukturen*. Die lernende Organisation organisiert sich deshalb am leichtesten in dezentralen, selbstverantwortlichen Entscheidungsstrukturen wie zum Beispiel der Kreiskultur (siehe Kapitel »Governance, Struktur und Führung«). Auch der umgekehrte Fall ist denkbar: Die Gestaltungsspielräume sind bereits strukturell vorhanden, können bisher aber nicht von den Mitarbeitenden ausgefüllt werden, zum Beispiel weil es an Erfahrung mit dezentraler Entscheidungsfindung und Verantwortungsübernahme fehlt. Hier entsteht kein Konflikt durch die Kompetenzerweiterung, denn die Mitarbeitenden werden nunmehr erst in die Lage versetzt, die bereits vorhandenen Räume mit Leben zu füllen.

- Dezentrale, *engagierte Verantwortungsübernahme* ist ein Kernelement von lernenden Organisationen. Die Kompetenzerweiterung durch Lernen kann aber durchaus immer noch zu Konflikten bei den Mitarbeitenden führen, weil sie vielleicht die darin angelegte Verantwortungserweiterung gar nicht anstreben. Sie werden sich sagen: Wozu soll ich meinen Kopf hinhalten für mögliche Fehlentscheidungen, die doch bisher von höheren Hierarchiestufen zu verantworten waren? Und falls ich das doch mache: Wie werde ich dafür bezahlt? Eine klare und offene Auseinandersetzung mit diesen Fragen ist dabei sehr wichtig.

- Widerstand gegen das Lernen aller im Unternehmen kann auch von den Führungskräften ausgehen. Sie können es als bedrohlich erleben, wenn die Belegschaft immer kompetenter wird – sowohl beim expliziten Wissen als auch beim impliziten. Ihre bisherige Rolle, ihre Machtposition im hierarchischen Unternehmen wird infrage gestellt. Deshalb müssen bei der Bewegung in Richtung einer lernenden Organisation auch die Führungskräfte darin unterstützt werden, ihre *Rollen neu zu definieren.*

- Lernen ist nur ohne Angst möglich. Wenn wir unter zu großem Druck stehen, in einer sehr unsicheren Situation sind oder sonstige Angstgefühle entwickeln, ob bewusste oder unbewusste, werden evolutionär sehr alte Prozesse im Hirn aktiviert. Die Sauerstoffversorgung konzentriert sich auf das Stammhirn, und das limbische System und der für das *Denken* zuständige Frontalhirnbereich werden nur noch ungenügend versorgt. Unter Angst können Menschen tatsächlich »dümmer« werden, mit anderen Worten: Ihre sonst vorhandenen intellektuellen Ressourcen stehen nicht mehr uneingeschränkt zur Verfügung. Lernen von etwas Neuem ist dann auch kaum noch möglich. Die lernende Organisation zeichnet sich deshalb durch ein *hohes Maß an Angstfreiheit* aus. Sie unterstützt die Sicherheit der Mitarbeiter und fördert Mut und Engagement.

- Die persönlichen Fähigkeiten können mit den Anforderungen wachsen. Auch hier geschieht *Lernen.* Zu hohe Anforderungen führen jedoch zu einer lähmenden Überforderung, während zu niedrige Anforderungen zu einer ebenfalls lähmenden Langeweile führen. Als kompetent bezeichnen wir eine Person, deren Fähigkeiten gut zu den gestellten Anforderungen passen. Im besten Fall entsteht hier eine hohe, selbstvergessene innere Motivation, der *Flow* (Csíkszentmihályi 2005).

- Und abschließend: Bei einer lernenden Organisation ist stets die Frage zu stellen, was die Menschen in ihr eigentlich lernen sollen und warum. Das ist die Frage nach dem Sinn der Organisation, und hier kommen wir zurück zur *Mission & Vision als Ausrichtung und Seinszweck* der Organisation. Genauso wie sich die Strategie aus Vision & Mission ableitet, sind auch alle Aspekte der lernenden Organisation dadurch geprägt. In nachhaltigen Unternehmen gehen deshalb Strategieentwicklung und lernende Organisation Hand in Hand, die lernende Organisation ist auch zur Implementierung einer bereits beschlossenen Strategie hilfreich.

Im beschleunigten Wandel der Rahmenbedingungen wird die Fähigkeit zur Anpassung an äußere Veränderungen bei gleichzeitiger Verankerung in einer inneren Mitte immer wichtiger. Klassische Seminar- und Fortbildungsprogramme können dieser Anforderung nur noch unvollkommen begegnen. Die lernende Organisation mit ihrer Verbindung von explizitem und implizitem Wissen und der Etablierung dezentral organisierter Lernkulturen wird deshalb in nachhaltig ausgerichteten Unternehmen stark an Bedeutung gewinnen. Nur so kann die Lerngeschwindigkeit innerhalb der Organisation größer werden als die Veränderungsrate außerhalb. Unternehmen, die hier zurückbleiben, sind wirtschaftlich nicht nachhaltig.

Ein detailliert ausgearbeiteter methodischer Ansatz zur Entwicklung einer lernenden Organisation ist das *Action Learning*. Sein Grundgedanke ist, dass man am besten anhand konkreter Herausforderungen lernt und dass außerdem *Lernen* und *Veränderung* einander bedingen. Kleine Teams greifen drängende Probleme oder aktuelle Herausforderungen der Organisation auf und reflektieren begleitend den Lösungsprozess und ihre eigenen Erfahrungen. So setzen sie sowohl organisatorische als auch persönliche Veränderungen in Gang. Das unterscheidet Action Learning wesentlich von anderen erfahrungsgeleiteten Veränderungsprozessen wie zum Beispiel dem Kontinuierlichen Verbesserungsprozess KVP, Kaizen (dem japanischen Original des KVP) oder Qualitätszirkeln. Dort geht es vor allem um die Verbesserung eines bestimmten Sachverhalts, während beim Action Learning bei der Beschäftigung mit dem Problem gleichzeitig die persönliche Kompetenz der Mitglieder der Arbeitsgruppe gefördert wird. Auf diese Weise wird die Unternehmenskultur entscheidend vorangebracht, und zukünftige Herausforderungen können leichter bearbeitet werden (siehe zum Beispiel Hauser 2012).

Action Learning ist gut geeignet für komplexe Herausforderungen mit vielen Beteiligten, das heißt bei Problemen, bei deren Lösung unterschiedlichste Interessengruppen in der Organisation einbezogen werden sollten. Auch wenn die Fragestellung noch nicht vollständig geklärt ist, Unklarheit über die wichtigsten Randbedingungen herrscht oder diese sich dynamisch verändern, bietet sich die Methode an. Action Learning bezeichnet Probleme mit hoher Dynamik, Komplexität und Unsicherheit bei gleichzeitig vielen Beteiligten als *verzwickt*. Dabei kann es zum Beispiel um Lösungen in Bereichen wie Forschung & Entwicklung, Marketing, Produktion, die Zusammenarbeit von zentralen und dezentralen Organisationseinheiten oder generell um die Organisationsentwicklung gehen.

Probleme mit geringer Dynamik und Klarheit über die erforderlichen Schritte erfordern rasches Handeln und werden meist durch hierarchische Anordnung gelöst. Sie werden als *kritisch* bezeichnet (zum Beispiel »Feuer löschen«). Mit zunehmender Komplexität und Dynamik und einer wachsenden Regelhaftigkeit und Prozessorientierung in der Organisation rückt die Arbeit an den Regeln und Strukturen in den

Fokus. Action Learning nennt diese Art von Aufgaben *zahm*. Geeignete Problemlösungsmethoden sind in diesem Fall der Kontinuierliche Verbesserungsprozess KVP oder andere aufgabenzentrierte Arbeitsgruppen.

Abbildung 12: Führungsstrukturen und Organisation der Problemlösung.

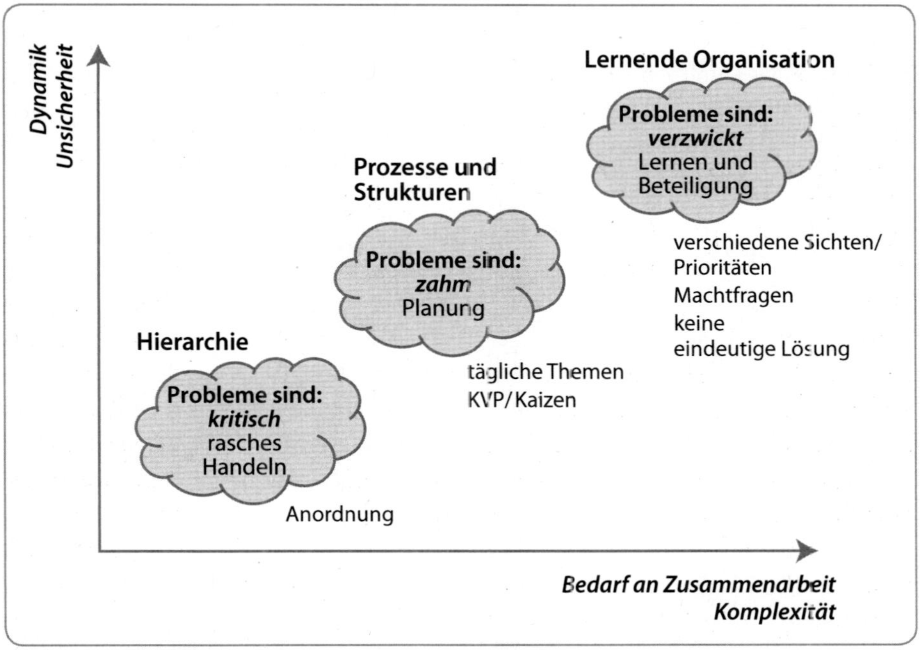

Quelle: Terra Institute.

Die Abbildung zeigt Zusammenhänge zwischen Problemtypen, Führungsstrukturen und der Organisation der Problemlösung. Eine hierarchisch geführte Organisation mag vor allem das Handwerkszeug besitzen, um kritische Probleme anzugehen, die daher auch im Fokus dieser Organisationen liegen. Verzwickte Probleme können jedoch vor allem durch Instrumente wie das Lernen und die Beteiligung einer lernenden Organisation behandelt werden, um Machtfragen zu klären, verschiedene Sichtweisen und Prioritäten einzubeziehen und zusammenzubringen, sowie die Fähigkeit, auch keine eindeutigen Lösungen zu akzeptieren.

Die jeweiligen Führungsstrukturen, die in der Abbildung aufgeführt sind, haben eine große Ähnlichkeit mit dem Kulturstufenmodell nach dem im vorherigen Kapitel besprochenen Laloux: Hierarchien entsprechen den tribalen, impulsiven Organisationen, mit Fokus auf kritischen Problemen, während in modernen-leistungsorientierten Unternehmen eher zahme Probleme das Hauptthema sind.

Action Learning erfordert also einen gewissen Reifegrad der Organisation:

- Stark hierarchisch geprägte Unternehmenskulturen *(tribal)* sind noch nicht in der Lage, die für die Kombination von Lernen und Veränderung erforderliche Verantwortung zu delegieren.
- Unternehmen mit einer starken Ausrichtung auf Prozesse und Strukturen – das ist die Mehrzahl der heutigen *modern-leistungsorientierten* Organisationen – legen ihren Fokus darauf, Probleme innerhalb ihrer vorgegebenen Abläufe zu lösen. Wenn es die Unternehmenskultur erlaubt, flexibel mit den Vorschriften und den Prozesshandbüchern umzugehen und neue Lösungen ohne aufwendige interne Entscheidungspyramiden in die Praxis umzusetzen, besteht hier ein gutes Umfeld für Action Learning.
- Postmoderne Organisationen entsprechen schon weitgehend den Ansätzen einer lernenden Organisation. Hier ist Action Learning die Methode der Wahl.

Wie wird Action Learning konkret gestaltet? In kleinen Gruppen – auch *Sets* genannt – packen Menschen wichtige organisatorische Fragestellungen an und lernen aus ihren Versuchen, die Dinge zu ändern. Hilfreich ist eine möglichst heterogene Zusammensetzung des Sets. Zur Lösungsfindung werden viele kreative Methoden eingesetzt. Ein Moderator oder Facilitator *(Ermöglicher)* hilft der Gruppe, den Gruppenwirkungsgrad (eine Mischung aus effizienter Problemlösungsfähigkeit und effektiver Lernfähigkeit) zu optimieren. Lernen findet dabei auf mehreren Ebenen statt: auf Problemebene, auf der persönlichen Ebene, auf Teamebene im Set und je nach Fragestellung auch auf der Ebene größerer Unternehmensbereiche. Auf diese Weise werden auch hochkomplexe Probleme mit unterschiedlichsten Interessengruppen lösbar.

Action-Learning-Sets verbinden Menschen, damit sie gemeinsam und auf freiwilliger Basis an Management- und Organisationsprobleme arbeiten. Die Probleme und Möglichkeiten sollten sie persönlich berühren. Häufig sind es Situationen, bei denen sie Teil des Problems sind oder das Problem ein Teil von ihnen ist. Beim Action Learning prüfen die Teilnehmenden ihre individuelle Wahrnehmung ihres Problems, um Transparenz und alternative Lösungen zu kreieren und zu erforschen. Die gefundenen Lösungen werden sofort in die Praxis umgesetzt. Die regelmäßige Berichterstattung über die Ergebnisse der Aktionen führt zu wertvollem Reflektieren und Erforschen in der Gruppe. Die Teilnehmenden unterstützen sich gegenseitig und fordern einander heraus, sie werden sich der auftretenden Gruppenprozesse bewusst und entwickeln daraus eine optimale Teamarbeit, damit jedes Mitglied bestmöglich arbeiten und lernen kann.

Action Learning ist die Antwort auf die Erkenntnis, dass Expertenwissen trotz seines hohen Wertes eher als provisorisch oder theoretisch zu betrachten und stets nach individuellen und kulturellen Begebenheiten zu hinterfragen ist. Beim Action Learning verschiebt sich unsere Wahrnehmung von der Ansicht, dass Wissen eine unerschütterliche Universalwahrheit sei, hin zu einem neuen Gewahrsein, dass wir ständig Neues gemeinsam kreieren.

Action Learning eignet sich am besten zur Bearbeitung der erwähnten »verzwickten« Probleme. Bei ihnen ist häufig schon die Problemdefinition nicht klar. Expertenwissen würde hier nicht helfen. Jedes Mitglied im Action-Learning-Set bringt sein eigenes Problem in den Kreis und wird bei der genauen Beschreibung des Problems unterstützt. Entscheidend ist eine Haltung des *nicht wissen Dürfens*, das heißt, entsprechend der Komplexität und Dynamik des verzwickten Problems sind vorschnelle Lösungsvorschläge nicht hilfreich, sondern eine offene, fragende Einstellung ist gefragt. Klarheit über die Problemstellung zu bekommen und nicht in Aktionismus zu verfallen ist das Hauptanliegen des ersten Workshops. Anschließend entwickelt die Gruppe für jedes der beschriebenen Probleme erste sondierende Lösungsvorschläge, an denen nun jeder selbst weiterarbeitet. Bei jedem der nächsten Treffen der Gruppe, in der Regel alle vier Wochen, berichtet jedes Mitglied über seine Erfahrungen. In einem gemeinsamen Reflexionsprozess wird das Gelernte verarbeitet und weiterentwickelt.

Die Abbildung 13 zeigt einen für Action Learning typischen Lernzyklus. Action Learning bedeutet, *aus einer Aktion zu lernen*. Das heißt, alle reflektieren über die beim letzten Treffen vereinbarten und durchgeführten Tätigkeiten und verpflichten sich zu einer neuen Handlung bis zum nächsten Termin. Dann führen sie diese Tätigkeit ver-

Abbildung 13: Lernzyklus im Action Learning.

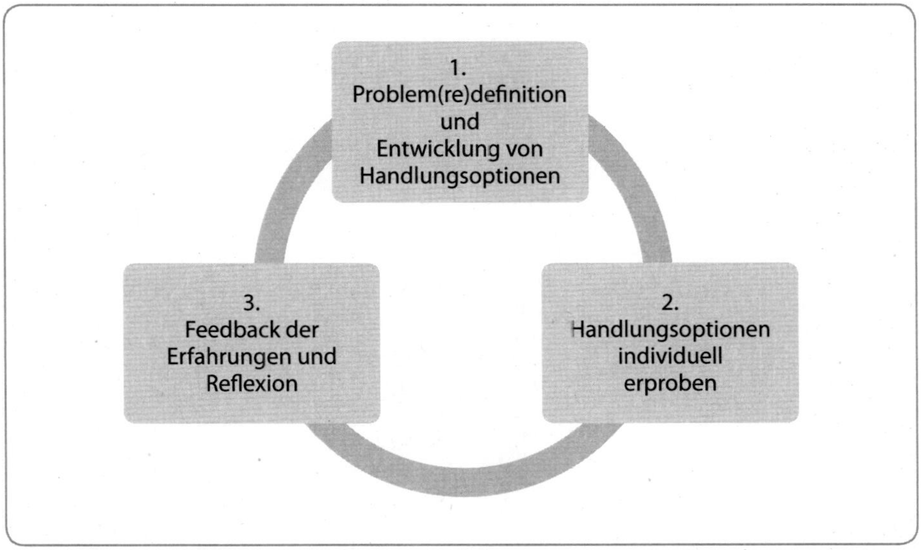

Quelle: Terra Institute.

bindlich aus. Das ergibt einen klaren Zyklus aus Aktionsvereinbarung, Aktionsausführung und Berichterstattung mit steigendem Schwierigkeitsgrad von Tätigkeit zu Tätigkeit. Die Kommunikation mit den anderen verstärkt lediglich die Herausforderung.

Action Learning lässt sich nicht nebenbei erledigen. Die Meetings kosten Zeit, und die Teilnehmer arbeiten zwischen den Treffen konkret an der Problemlösung. Eine weitere Herausforderung besteht in der Koordination von Action-Learning-Programmen, denn in aller Regel werden mehrere parallel arbeitende Sets eingesetzt. Grundvoraussetzung für ein erfolgreiches Action-Learning-Programm ist deshalb die Unterstützung durch die Unternehmensleitung, die das entsprechende Mandat erteilt und so die zeitlichen Ressourcen und die Möglichkeit sowohl zur Aktion als auch zum Lernen zur Verfügung stellt.

Wir haben in diesem Kapitel einen großen Bogen von der Strategieentwicklung zur lernenden Organisation gespannt. Meist werden diese Themen unabhängig voneinander betrachtet. In einem sich transformierenden, systemisch angebundenen Unternehmen gehört das jedoch aus unserer Sicht eng zusammen. Jede Strategie kann nur so gut sein, wie die Entwicklungsfähigkeit der Organisation es zulässt, und andererseits: Lernen macht dann Sinn, wenn klar ist, wohin es führen soll. So stehen Strategie und Veränderungsfähigkeit in einer engen Wechselwirkung.

12

»Die Funktion des Ziels ist nicht, es zu erreichen, sondern in Bewegung zu kommen«

Interview mit Dr. Gunther Schmidt

Dr. Gunther Schmidt ist Volkswirt und Mediziner, unter anderem Gründer des Milton-Erickson-Instituts in Heidelberg, Mitgründer der Internationalen Gesellschaft für Systemische Beratung und Therapie, Mitgründer des Deutschen Bundesverbands Coaching, und er ist Chefarzt und Geschäftsführer der Systelios-Klinik bei Heidelberg. Er gilt international als Pionier der systemisch-lösungsorientierten Konzeption in Therapie, Beratung und Coaching und als Begründer der hypnosystemischen Konzepte in Beratung, Coaching und Organisationsentwicklung. Ich habe bei ihm eine mehrjährige Ausbildung im Bereich Organisationsentwicklung und Coaching gemacht und hatte die schöne Gelegenheit, mit ihm in Heidelberg ein Gespräch zum Thema Change Management zu führen.

Hans-Ulrich Streit: *Veränderungen sind heute nicht mehr die seltene Ausnahme, sondern gehören zum Alltag der meisten Unternehmen. Die bekannten Change-Management-Ansätze konzentrieren sich jedoch auf Einzelprojekte. Es wird zwar oft darauf hingewiesen, dass viele Veränderungen inzwischen die Regel sind, das Thema wird dann jedoch nicht weiter aufgegriffen.*

Gunther Schmidt: Das liegt wohl auch daran, dass das Einzelne noch überschaubarer ist, da gibt es noch Struktur, an der du dich festhalten kannst. Gerade weil vieles sich so schnell verändert, gibt es ein großes Bedürfnis nach Orientierung, nach Kontrolle oder, besser gesagt, nach einer Kontrollillusion. Das erklärt vielleicht, warum man so gerne auf das Projektmanagement eines einzelnen Vorhabens schaut.

Schauen wir auch erst mal auf ein einzelnes Veränderungsvorhaben. Dabei lassen sich ja vereinfachend drei Perspektiven unterscheiden. Erstens: Wo stehen wir gerade, und warum müssen wir etwas ändern? Was ist das Unbefriedigende an der gegenwärtigen

Situation? Zweitens: Wo wollen wir hin? Welches gute Ziel oder sogar welche anziehende Vision haben wir? Und drittens: Wie kommen wir von hier nach da?

Am besten ist es sicherlich, wenn alle drei Perspektiven nachvollziehbar und kraftvoll sind. Dann lassen sich die Mitarbeiter wohl am ehesten für die Veränderung gewinnen. Das lässt sich aber oft nicht optimal umsetzen, zum Beispiel bei Kostensenkungen oder Restrukturierungen ist das Ziel für die Mitarbeiter in der Regel wenig attraktiv, oder der gegenwärtige Status erscheint gar nicht als Mangel. Was sind aus deiner Sicht wichtige Aspekte, die besonders betont werden sollten?

Es fängt schon mit der Frage an: Wer bringt diese Ziele hinein? Es muss ja von irgendjemanden einen kraftgebenden Impuls geben, um die Veränderung einzuleiten. Es muss jemanden geben, der auf die Idee kommt, es wäre sinnvoll, etwas zu verändern. Das ist typischerweise nicht die gesamte Organisation, sondern es sind einzelne Leute in einer Entscheidungsposition, die das vordenken.

Grundsätzlich glaube ich, wenn bestimmte Abläufe Sicherheit und Orientierung geben, sie also auch mit vertrauter werdenden Beziehungen einhergehen, gibt es natürlich ein verständliches Beharrungsvermögen bei den Beteiligten. Sie haben die Hoffnung, dass es weiterhin so überschaubar bleibt. Daher ist der Gedanke der Veränderung immer auch legitimierungsbedürftig. Die Veränderung ist ja nicht selbstverständlich, obwohl es vielleicht von außen so aussieht. Für die Betroffenen selber – die ja auch ins Ungewisse gehen, und das kann ein Gewinn sein, muss es aber nicht – muss der Veränderungsgedanke legitimiert werden. Ja, ich sage extra »legitimieren«. Das wird nicht schon dadurch legitimiert, dass der Vorstand die Idee hat. Formal schon, aber für die Kooperationsbereitschaft muss es auf einer anderen Ebene legitimiert werden. Es muss die Mitarbeiter überzeugen. Selbst wenn sie nicht begeistert sind – und das müssen sie auch nicht –, muss es ihnen nachvollziehbar werden. Umso mehr, wenn sie einen schwierigen, mühseligen Weg gehen müssen. Warum soll sich da jemand Mühe machen, wenn er es nicht mal richtig einsieht?

Das beginnt oft schon damit, dass das Vorhaben nicht transparent kommuniziert wird. Wenn die Mitarbeiter denken: »Aha, es wird uns etwas vorgesetzt. Wir können vielleicht nicht anders, wir müssen mit, aber wir hatten auch nicht die Chance, dass wir gehört wurden, oder zumindest einmal, dass es uns dargelegt wurde«, dann ist das mit hoher Ambivalenz besetzt und bekommt eher eine Art Unterwerfungsbedeutung. Klar, rational kann man das alles so begründen, aber die Menschen reagieren halt aufgrund ihrer limbischen Prozesse, und da wehrt sich dann etwas, wenn die Ansage ist: »Du hast zu machen, brauchst gar nicht zu fragen!« Dann wird eventuell Entwürdigung erlebt, und das hat natürlich Auswirkungen auf die Motivation. Da fängt es für mich schon an.

Aus meiner Sicht ist es deshalb gar nicht so wichtig, mit dem aktuellen Stand anzufangen. Das kann ein Teil der Kommunikation zur Legitimation sein. Aber die hauptsächliche Sache ist für mich, dass jemand begründbar machen muss, was ihn dazu veranlasst, aus guten Gründen – sonst wäre es ja sowieso nicht legitim – diese Veränderung anzugehen. Denn er mutet den Leuten ja etwas zu.

Dass der Chef das nachvollziehbar begründen sollte, erscheint mir als ein wichtiger Punkt. Das muss ja gar nicht heißen, dass seine Mitarbeiter das teilen, aber es muss zumindest glaubwürdig rüberkommen, dass er selber zum Beispiel sagt: »Im Sinne von jenem höheren Ziel im Interesse des Unternehmens sparen wir jetzt Kosten.« Du meinst also, die reine Verkündung reicht da nicht, sondern es muss deutlich darüber hinausgehen?
Ja, genau. Das wird oft missverstanden, als ob die Mitarbeiter dann alle noch gefragt werden müssten, ob sie damit einverstanden sind oder ob sie vielleicht noch andere Ideen hätten. Und dann kriegen die Führungskräfte natürlich Angst und machen das nicht und sagen im Gegenteil: »Das muss ich jetzt mal durchziehen.« Darum geht es überhaupt nicht. Es kann ja auch sein, dass es vollkommen unpopuläre Entscheidungen sind und sie es trotzdem in ihrer Verantwortungsrolle als notwendig ansehen. Nur darum geht es. Nicht, dass es hinterfragt wird, sondern erfragt.

Optimal wäre natürlich, wenn das in eine gemeinsame Diskussion mit den Mitarbeitern über den weiteren Weg einmündet, zum Beispiel in der Frage »Kann man den Weg noch in irgendeiner Weise optimieren, gibt es noch Gestaltungsmöglichkeiten, oder kann man sogar die Richtung noch mal überdenken?« Aber man hat manchmal den Eindruck, dass sogar das Verkündigen – und das muss man ja machen, sonst wissen die Leute nicht, was sie tun sollen –, dass also das Verkündigen schon als lästig empfunden wird. Noch einmal: Es geht nicht darum, dass die Entscheidungsträger den Mitarbeitern etwas schuldig sind, auf einer formalen Ebene natürlich überhaupt nicht. Aber die emotional-bezogene Ebene muss beachtet werden, um die Mitarbeiter zu gewinnen.

Da kommen wir zum Thema Motivation. Dazu gibt es seitens der Neurowissenschaften ja recht unterschiedliche Aussagen:

- *Gerald Hüther sagt: »Andere motivieren zu wollen ist hirntechnischer Unsinn.«*
- *Gerhard Roth meint, dass man für eine nachhaltige Motivation direkt am unbewusst-emotionalen Selbst (repräsentiert durch das limbische System) eines Menschen ansetzen müsse, was zwar geht, aber sehr aufwendig ist.*
- *David Rock hat mit seinem SCARF-Modell einen praktisch erscheinenden Vorschlag gemacht. Er legt dabei besonderen Wert auf die Vermeidung von Demotivation. Die Frage »Wie vermeide ich Demotivation?« ist aus seiner Sicht leichter zu beantworten als »Wie erzeuge ich Motivation?«. Wie siehst du diese Aussagen zum Thema Motivation?*

Ich würde da eher in die Richtung von Gerald Hüther gehen. Wir sind autonome Wesen. Wenn man aus der Autopoiesis-Sicht kommt, heißt das: »Du kannst niemanden motivieren.« Das macht er selber oder eben nicht. Aber du kannst natürlich Umweltbedingungen schaffen, die Motivation eher blühen oder eher verdorren lassen. Dazu gehören aus meiner Sicht ganz entscheidend das Signalisieren und Respektieren einer gewissen Wahlmöglichkeit. Das halte ich für Motivation entscheidend.

Wahlmöglichkeit heißt natürlich nicht: »Überleg dir, ob du meine Entscheidungen machen willst oder nicht«, es geht um eine andere Form, zum Beispiel dass ich Ambivalenz würdige. Selbst wenn man eine Veränderung so anbieten könnte, dass die Leute sie selber attraktiv finden, aber es ist nicht die Würdigung der Ambivalenz enthalten, kann es eher demotivierend wirken.

Wenn ich als Führungskraft alles getan habe, um es den Mitarbeitern plausibel zu machen, und ich selber denke: »Das ist doch eine ganz fantastische Sache!«, muss ich trotzdem respektieren, dass die Mitarbeiter das ganz anders sehen können. Ich komme vielleicht nicht drum herum, die Umsetzung trotzdem so zu verlangen, aber ich respektiere die Ambivalenz und jede Aversion und frage dann: »Ich möchte mit euch daran arbeiten, was braucht ihr, damit man das vielleicht transformieren kann in Mitarbeit und Bereitschaft zur Mitarbeit?« Ambivalenz ist nichts Bedrohliches oder Lästiges, sondern sie muss übersetzt werden als ein Ausdruck von anerkennenswerten Bedürfnissen. Man kann vielleicht nicht allem gerecht werden, aber es ist nicht der Inhalt, sondern die Art, wie man damit umgeht. Ich glaube, dieser Ambivalenzaspekt wird viel zu wenig beachtet, ist aber aus meiner Sicht ein ganz zentraler Punkt.

Für Motivation sind natürlich attraktive Ziele hilfreich, ein Win-win-Versprechen. Gerald Hüther sagt da immer: »Es muss die Leute be-geistern.« Aber wie wird jemand »be-geistert«? Dazu muss ich ihn persönlich ansprechen, dass es für ihn Sinn macht, dass es ihn selber erfüllt und ihm einen Gewinn verspricht, was kein monetärer Gewinn sein muss. Aber selbst dann ist es nicht einfach.

Das sehe ich gerade in der Erweiterung unserer Klinik: Das läuft jetzt seit mehreren Jahren wunderbar, der allergrößte Teil läuft in Selbstorganisationsprozessen, und das hat sich sehr gut auf die Arbeit mit den Klienten ausgewirkt. Jetzt haben wir erweitert, es wird sich noch weiter vergrößern, auf die dreifache Größe. Das haben alle eingesehen, alle waren dabei und waren von der ersten Minute an einbezogen in die architektonische Planung usw., und jeder hat gesagt: »Das ist doch vollkommen logisch, und das ist toll.« Aber jetzt ist es halt da, und nun gibt es – so ist mein Eindruck – jede Menge Wehmut über »Ach, wie schön war das doch vorher!«, und das war es ja auch. Und jetzt ist es halt größer, damit ist es anonymer, die Leute müssen ihre neuen Positionen erst einmal finden. Es ist einfach viel Ambivalenz da.

Gestern hatten wir eine Sitzung, da ging es erst mal um inhaltliche Strukturen. Dann wurde mir aber deutlich, dass praktisch nur Mitarbeiter aus dem alten Team gesprochen haben, und wenn einer von den Neuen etwas gesagt hat eher in dem Sinn: »Ach, das ist doch ganz gut.« Das war sehr eindrücklich für mich. Ich habe das angesprochen und gesagt: »Ich habe den Eindruck, dass es eigentlich darum geht, dass bei allem Schönen offensichtlich auch eine große Wehmut da ist, dass irgendwas halt nicht mehr so ist, wie es war. Und dass das zu wenig gewürdigt wurde. Und dass deshalb diese Ambivalenz mal mehr Raum bekommen sollte.« Zunächst hieß es dann: »Nein, darum geht es nicht, es geht nur um die Struktur, damit das Neue gut läuft«, aber allmählich kamen auch Sätze wie: »Ja, ich weiß gar nicht, ob das so sinnvoll war, dass man das gemacht hat.« Natürlich könnte ich jetzt rein rational in meiner Geschäftsführerrolle sagen: »Leute, jetzt fangt nicht an zu spinnen, ihr habt das selber gewollt, also haltet jetzt den Mund.« Das wird sich nicht bewähren. Sondern eher so: »Ja, wir können das jetzt nicht mehr rückgängig machen und wollen das auch gar nicht, aber für die Ambivalenz sollte jetzt Raum sein. Ich sehe das als Ausdruck von Bedürfnissen, die vielleicht noch nicht konkretisiert wurden, die man vielleicht noch gar nicht ganz versteht. Vielleicht kann man sie nicht alle erfüllen, aber den Raum sollen sie bekommen.« Das hat sofort das Klima wieder geändert, weil das nicht als blöd oder unpassend angesehen wurde, sondern als anerkennenswerte Rückmeldung über einen Bedarf.

Dann werden die Leute wieder mitgenommen. Sonst verstummt da etwas und wird exkommuniziert. Da solche Prozesse meiner Ansicht nach immer hochambivalent sind, kommt das Exkommunizierte dann als Demotivationskraft unterschwellig wieder raus. Man kann das vermutlich nicht immer so intensiv machen, wie man möchte, aber dass *Rituale der Ambivalenz* mit eingebaut werden müssen, um gerade solche Themen in Kommunikation zu bringen und um dann wieder mit Kraft mitzugehen, finde ich einen wichtigen Punkt.

Seit einigen Jahren gibt es ja das Thema Neuro-Leadership. Ist das ein Modetrend, oder trägt das wirklich etwas Neues bei?

Sowohl als auch. Grundsätzlich finde ich es gut, dass dieser Aspekt mehr reinkommt. Es geht dabei oft um Dinge, die sowieso schon klar waren, aber die noch nicht akzeptiert wurden, weil man das als Meinung von Psycholeuten abgetan hatte. Das wird jetzt in einem wissenschaftlichen Rahmen verbrämt.

Wobei da noch vieles interpretationsfähig ist. Die Neurowissenschaften machen jetzt den Eindruck, als ob sie Hardfacts wären, aber schon wenn du Gerald Hüther nimmst oder Gerhard Roth, sind da bei gleichen Ausgangsergebnissen Welten dazwischen. Der eine macht daraus »Es gibt keinen freien Willen«, und man müsse das Rechtssystem ändern, weil eigentlich ja gar keiner verantwortlich ist für das, was er tut. Und auf der anderen Seite die Position, dass das mit dem angeblich nicht vorhandenen freien Willen gar nicht stimmt. Das ist also alles interpretationsfähig.

Natürlich gibt es wertvolle Anregungen, zum Beispiel wenn man das Thema »Führen über Angst und Druck« nimmt. Das konnte man früher auch schon nicht gut finden, aber jetzt kann man mit bildgebenden Verfahren beweisen, dass dabei die Leute tatsächlich dümmer werden, weil sie auf archaische Mittelhirnprozesse umschalten und die Frontalhirnprozesse gestört werden. Das hat jetzt natürlich mehr Argumentationskraft.

Natürlich gibt es immer wieder auch neue Aspekte, aber die wesentlichen Themen, die die Hirnforschung heute belegt, sind in ihrer Praxisrelevanz aus meiner Sicht kaum neu. Aber jetzt bekommen sie noch einmal neuen Rückhalt, und insofern finde ich das äußerst wertvoll. Es ist offensichtlich für viele Leute in Entscheidungsgremien leichter vertretbar, wenn die Argumente über diese Schiene kommen, und deshalb hat sie ihren Wert.

Veränderungen werden häufig von sogenannten Widerständen begleitet. Auch hier gibt es eine große Bandbreite an Sichtweisen: die optimistische Sicht, dies als wertzuschätzenden Beitrag zu einer konstruktiven Lösung zu sehen, oder ganz im Gegenteil das Motto der faule Apfel verdirbt den Korb, und man sollte sich bei Wiederholung von diesem Mitarbeiter trennen. Für eine Führungskraft ist es ziemlich schwierig, sich bei dieser großen Bandbreite zu positionieren. Wie siehst du das?

Also erst mal: Die Metapher mit dem faulen Apfel ist natürlich äußerst ungünstig, weil sich daraus keine Kooperation mehr entwickeln lässt. Mit einer Utilisationshaltung wäre es so: »Der sogenannte Widerstand ist überhaupt kein Problem, sondern ein Zeichen von Kompetenz, nämlich dass sich Bedürfnisse bei den Beteiligten melden, die sich als bedroht erleben. Diese Bedürfnisse kommen entweder explizit kommuniziert hinein oder unterschwellig. Aber erst mal sind das berechtigte Informationen über Lebensbedürfnisse.« Das wäre der Bewertungsrahmen. Bei vielen Führungskräften, mit denen ich darüber geredet habe, erlebe ich jedoch eine Schwarz-Weiß-Denkweise. Die bekommen gleich Angst und denken, wenn man das so bewertet, müsse man sich alles gefallen lassen. Das wiederum meine ich überhaupt nicht, denn das ist nur die Ebene der Bewertung. Und jetzt kommt die Frage: »Auch wenn ich das wertschätze, wie gehe ich dann in der Handlung damit um?«

Der Begriff *Widerstand* wird oft aus dem Kontext gerissen beschrieben, nach der Art »die machen Widerstand«. Wenn ich das jedoch als Ausdruck einer Interaktion sehe, als Ausdruck einer Feedbackschleife impliziert das sofort, dass ich unterschiedlich damit umgehen kann.

Wenn ich das nicht direkt verhindern kann – denn es sind ja autonome Wesen –, stellt sich die Frage: Was macht eine Führungskraft damit, wenn sie ein Phänomen erlebt, was sie »Widerstand« nennt? Ich denke, das Beste ist, seine eigene Position noch mal klarzumachen, den sogenannten Widerstand also als Chance zu nehmen, noch klarer deutlich zu machen, wofür ich als Führungskraft stehe. Und dann zu vermitteln: »Ich merke, dass du anderer Meinung bist. Wir können noch mal schauen, ob wir das in Bedürfnisse übersetzen können. Aber es muss dir gleichzeitig auch klar sein, wo mein Standpunkt ist.« Der entscheidende Punkt dabei ist, dass das ohne Entwertung der Rückmeldungen geschieht und dass ich meinen eigenen Standpunkt genauso achtungsvoll einbringe.

Das Problem ist gar nicht der Widerstand an sich, sondern wie damit umgegangen wird. Die Leute in der Entscheidungsebene fühlen sich ja durch den Widerstand oft selbst entwertet, und dann gehen sie in die Defensive. Das trägt typischerweise zur Gegenentwertung bei und wird dadurch das Ganze verhärten. Die Führungsebene müsste bei sich selber anfangen, dass sie einen guten Standpunkt hat und so gut für sich sorgt, dass sie sich durch diesen Widerstand nicht entwertet erlebt.

Ein Beispiel: Nehmen wir mal an, ich bin in einer Führungsrolle, und jemand sagt: »Das finde ich überhaupt nicht gut, das hätte ich mir ganz anders vorgestellt. Ich bin sehr enttäuscht von Ihnen!« Das geht einem vielleicht selber ja auch emotional nahe, und blitzschnell kommt man in eine Rechtfertigungs- und Defensivposition. Damit erlebt man typischerweise den anderen als Angreifer und schießt zurück. Nun wird es schon schwierig mit einer wertschätzenden Umgangsweise. Das Beste wäre zu schauen: Was löst das in mir aus? Was brauche ich jetzt von innen heraus, im inneren Umgang mit mir, wie kann ich gut für mich sorgen, zum Beispiel durch wertschätzenden inneren Dialog mit mir selbst, sodass ich wieder klar, kraftvoll und achtungsvoll meine Position vertreten kann? Und dann kann man schauen, wie viel kann ich vielleicht im Rahmen meiner Randbedingungen darauf eingehen, und wo muss ich klar sagen: »Ja, mag alles sein, und trotzdem: Ich bleibe dabei.« Es geht um das Ansetzen bei sich selber: »Ich erlebe das als eine wertvolle Information, prüfe aber kritisch, ob ich darauf eingehen kann oder nicht.«

Und im Extremfall, wenn jemand immer wieder und wieder querschießt, dann würde ich ihn auch nicht als faulen Apfel bezeichnen, sondern sagen: »Hören Sie, jetzt haben wir da eine Entscheidung zu treffen. Wenn Sie hier noch bleiben wollen, dann können Sie Ihre Art von Bedenken weiter einbringen, aber nicht auf diese Art, weil ich die als zu hinderlich für unseren Prozess erlebe. Überlegen Sie sich das gut, da haben Sie auch die Wahlmöglichkeit. Ich habe in meiner Rolle eine Verantwortung für den Unternehmensprozess, und wenn ich den Eindruck habe, Sie gehen mit Ihren Beiträgen so um, dass das blockiert, dann müssen wir jetzt überlegen, ob Sie eine andere Form finden, denn diese Art des Einbringens – nicht die Inhalte selber, sondern diese Art – kann ich jetzt nicht mehr tolerieren, weil ich dadurch das Unternehmensziel gefährdet sehe. Sie müssen nicht verstummen, aber sehen Sie, dass Sie es auf eine andere Art einbringen, dass die Art der Kommunikation wieder zielverträglich wird.« Dabei sollte aber auch ich, der das zum anderen sagt, so klar als möglich definieren, welche Art des Einbringens ich als zielverträglicher ansehe. Da bin ich in meiner Führungsrolle auch in der Bringschuld, nicht nur der andere.

Das klingt gut. Die Frage ist, ob das eine Führungskraft in der Praxis auch so gut hinkriegt.
Na klar, ich rede jetzt idealtypisch, das heißt ja nicht, dass ich das selber in meiner Rolle als Führungskraft immer so hinkriege. Das sind ja manchmal auch Kleinigkeiten: Neulich jammerte eine Kollegin und war mit etwas nicht zufrieden, in so einer Art schon von der Stimme her, das erinnerte mich an irgendwas, an meine keifende Tante, ich weiß es nicht. Und denke: »Nach so vielen Jahren unserer Art der Zusammenarbeit, da könntest du das auch anders sagen!« Da könnte ich die Wand hochgehen. Und in diesem Moment ist eine Seite von mir … nicht ganz wertschätzend. Da ist es wichtig, sich zunächst im inneren Dialog zu sagen: »Okay, das ist halt ihre Art. Was brauche ich jetzt, damit ich wieder gut für mich sorge?« Denn es geht mir ja offensichtlich unter die Haut. Eigentlich ist das ja eine Aussage über mich und gar nicht über sie. Da ist es auch gut, diese Seite nicht zu unterdrücken. Eine Seite von mir findet es halt Gekeife, und das geht mir auf den Wecker, aber deswegen ist es das nicht, sondern es ist eine Bewertung. Aus einer achtungsvollen Haltung mir selber und ihr gegenüber könnten wir schauen, was wir da jetzt machen können. Das ist natürlich idealtypisch beschrieben, aber von der Tendenz her wäre das schon gut.

Nun eine Frage zur systemischen Sicht auf Organisationen. Ein Hauptkennzeichen einer Organisation aus systemischer Sicht ist die Unterscheidung innen/außen, also die Frage: Wer gehört dazu? Wer gehört nicht dazu? Wo sind die Grenzen dieses Systems? Diese Frage lässt sich in modernen Organisationen zunehmend schwerer beantworten. Ein Beispiel: Die Mitarbeiterin gehört vielleicht in einem großen Unternehmen zu einer Abteilung, die die Supply Chain koordiniert, und hat deshalb mehr mit den Mitarbeitern anderer Firmen zu tun hat als mit den eigenen Kollegen, arbeitet vielleicht noch in zwei Projektgruppen mit, die letzte Umstrukturierung ist noch nicht etabliert, da steht schon die nächste an. Hier spielt eine ganze Reihe von Systemen eine Rolle für die Zugehörigkeit der Mitarbeiterin. Der klassische systemische Blick geht eher aufs einzelne System. Wo liefert die systemische Sicht einen Beitrag für diesen Fall mit mehreren Systemen? Oder brauchen wir vielleicht neue, erweiterte Beschreibungen für das Zusammenwirken von mehreren Systemen, um diesen Kontexten Rechnung zu tragen?
Ich sehe das auch so. Das ändert grundsätzlich an den theoretischen Überlegungen über Systeme erst mal nichts. Aber die Beteiligten in Systemen haben in der postmodernen Vielfaltsgesellschaft eine riesige Herausforderung und damit die Systeme natürlich auch. Du kannst da nicht mehr in der gleichen Weise wie früher klar sagen, jemand gehört dazu oder nicht. Er gehört zwar dazu, aber er gehört auch noch woanders dazu.

Das gibt es häufig bei IT-Freelancern, die eine Zeit lang in einem Unternehmen arbeiten. Das sind aber weiter ihre eigenen Herren, und sie sind nicht nur mit ihrem aktuellen Auftraggeber verbandelt, sondern auch noch mit einigen anderen. In gewisser Weise gehören sie dann halb dazu. Das wird mit der immer schnelleren Vernetzung heutzutage immer mehr. Da bräuchte man Regeln, die die Vernetzung der Systeme beachten. Das müsste der grundsätzlichen Überlegung gar nicht widersprechen, dass also ein System gekennzeichnet ist durch Innen-außen-Unterscheidungen, aber die Art der Innen-außen-Unterscheidungen ist eine andere.

Die Grenzen werden immer fließender …

Und da brauchst du halt eine andere Form, wie du Kontur, Orientierung, man könnte auch sagen: Identität gewinnst. Ein Individuum kann diese Vielfalt leichter steuern, wenn die Organisationen und Systeme, mit denen es in Verbindung ist, nicht von ihm ein Entweder-oder fordern. Gehörst du zu uns oder eben nicht? Diese Frage kann kaum noch beantwortet werden.

In jedem Fall sollte die Zugehörigkeit nicht nur formal, zum Beispiel aus einem Organigramm, abgeleitet werden, sondern immer im Sinne einer für die gerade relevanten Ziele zieldienlichen Prozesszugehörigkeit. Das sinnvolle System und seine dafür sinnvollen Grenzen müssen definiert werden aus dem sinngebenden Zielbezug, also aus der Frage: Wofür sollte jemand dazugehören oder nicht? Es muss also geklärt werden, wer verbunden mit welchen Regelungen dazugehören sollte, sodass es genau den Zielen des Systems dient. Das bisherige System wird so also quasi zweitrangig (nicht unwichtig), erstrangig wird das angestrebte, auf gewünschte Zukunft ausgerichtete Zielverwirklichungssystem.

In der Praxis dürfte das schon mehr laufen als in der Theorie, hier müsste noch deutlicher ausformuliert werden, wie man diese Rollenvielfalt steuern kann. Du hast halt nicht eine Rolle, sondern vielleicht 20. Eine Frage ist: Was braucht man eigentlich, um als Individuum mehreren Systemen angehören zu können und zu steuern? Und umgekehrt: Was müssen eigentlich Organisationen beachten, damit sie hochkompetente Mitarbeiter gewinnen können, die in solchen Vielfaltsrollen stehen? Das ist sicher ein ganz spannender Aspekt, aber da kenne ich nichts, was in diese Richtung geht. Das müsste den theoretischen Systemaspekt, wie gesagt, nicht grundlegend infrage stellen, aber er müsste erweitert werden, vor allem um den Aspekt der Vernetzung. Das ist ja schon im Körper so: Wenn in der Leber in einigen Zellen etwas schlecht läuft, dann hat das Auswirkungen auf alle anderen Systeme außen herum, weil die miteinander vernetzt sind. Das müsste in der Organisationstheorie noch mehr angeschaut werden.

Bisher haben wir auf ein einzelnes Veränderungsvorhaben geschaut. Selbst wenn man es optimal im Sinne einer Zielerreichung gestaltet, kostet es doch oft viel Energie und hinterlässt manchmal ein erschöpftes Unternehmen. Aber die nächste Veränderung kommt bestimmt. Wie müsste das aktuelle Veränderungsprojekt gestaltet werden, um es zum Erfolg für das jeweils postulierte Ziel zu machen und gleichzeitig die Veränderungskompetenz des Unternehmens nachhaltig zu stärken? Sodass die Veränderungskompetenz des Unternehmens durch das einzelne Vorhaben gestärkt wird?

Das ist eine wichtige Frage, nur nicht so einfach zu beantworten. Es müsste ein Parallelprozess geschaffen werden, der produktive Ablauf des Unternehmens muss ja beibehalten werden, während sich gleichzeitig etwas Neues bildet. Wie kann das parallel laufen? Dazu müssten die meisten Leute ihren üblichen Job weitermachen, während das Neue entwickelt wird. Wenn das Neue zu früh umgesetzt wird, bringt es eher mehr Schaden, weil es die Prozesse stört, die das Geld bringen.

Was ich in jedem Fall denke, ist, dass man das Ganze wie ein Projekt angehen muss, mit klarem Projektmanagement. Da geht es ja auch erst mal darum, die Leute zu bestimmen, die daran teilnehmen und die Verantwortung übernehmen. Und eine Frage ist dann: Wie kann das gut koordiniert werden mit dem fortlaufenden Betrieb? Das ist immer die erste wichtige Aufgabe, sonst wird zu viel Energie abgezogen für das Neue, und das Alte leidet. Aber wenn zu wenig Energie für das Neue da ist, funktioniert es auch nicht. Diese Balance zu finden ist entscheidend, aber sehr schwierig. Deinen Gedanken, dass es nicht nur erschöpfte Menschen, sondern auch erschöpfte Organisationen geben kann, finde ich dabei wichtig.

Ich will die Frage einmal anders stellen: Wie sieht eine Unternehmenskultur des Wandels aus? Woran würde man merken: Dieses Unternehmen schafft es gut, sich zu verändern? Vielleicht mit einem Bild gesprochen: Den Kurs eines Floßes, das den Fluss heruntertreibt, kann man nur schwer verändern, aber bei einem Segelschiff mit einer guten Mannschaft ist das ganz leicht. Wenn der Wind sich dreht oder die Strömung, dann kann das reagieren.

Bei einer Veränderung kann man ja einerseits vom Ziel ausgehen: Etwas Bestimmtes muss rauskommen, und daraus werden Maßnahmen abgeleitet. Aber: Bei großer Komplexität und unter sich schnell verändernden Bedingungen kann man gar nicht mehr alles erfassen, was zu einer sauberen Zielbeschreibung gehören würde. Deshalb ist das für viele Organisationen kein hilfreicher Weg mehr. Bis man die Veränderung wie ursprünglich gedacht vollzogen hat, sind schon wieder so viele Sachen passiert, dass die anfängliche Planung Makulatur ist. Wenn man die weiter vollzieht, ist das keine hilfreiche Veränderung mehr. Der Wind dreht sich heute halt sehr schnell.

Das bedeutet, dass man auf eine andere Art herangehen muss. Wenn die Ziele nicht mehr so klar bestimmbar sind, dann muss man die Möglichkeit haben, schnell auf Lernprozesse reagieren zu können und immer wieder die Ziele zu modifizieren.

Ich habe mal ein Konzept entwickelt und es das *Prinzip des polynesischen Segelns* genannt, aufgrund der Anregung eines hawaiianischen Professors, der selber auch Segler und Navigator ist. Der hat sich damit beschäftigt: Wie kamen eigentlich die

Polynesier von den Philippinnen auf die Inseln im Pazifik? Der Pazifik ist so groß, dass man sich kaum vorstellen kann, wie die das geschafft haben. Das weiß natürlich kein Mensch. Was ich dazu denke, ist: Die wussten nur, wir müssen hier weg. Aber wohin? Der Ozean ist riesengroß, und nirgendwo siehst du eine Insel. Meine Hypothese war dann, dass die sich gesagt haben, bestimmt ist da vorne eine Insel, da fahren wir jetzt mal hin, aber dann sofort in alle Richtungen im Ausguck geschaut haben, wo der erste Zipfel Land ist, und egal, ob das ganz woanders ist als da, wo man hinwollte, sie sind dann dahin gefahren.

Womit ich sagen möchte: »Die Funktion des Ziels ist nicht, es zu erreichen, sondern in Bewegung zu kommen.«

Ein ähnliches Konzept, das viel besser ausgebaut ist als meines, nennt sich Effectuation. Die Grundidee ist: Wenn du die Ziele nicht mehr so klar bestimmen kannst, fokussierst du besser auf deine Stärken, auf deine Netzwerke, das, was dich ausmacht in deinen Werten und Kompetenzen. Und dann schaust du, was du damit an verschiedenen Zielen erreichen könntest. Das Ziel liegt also nicht fest, sondern es gibt eine Zielvielfalt, und du willst vielleicht irgendwas am liebsten machen, aber falls es dann nicht klappt, dann schaust du gleich, was du daraus lernst, ob du da weiter dranbleibst oder etwas anderes machst, was du mit deinen Kompetenzen und Stärken eben am besten hinkriegst. Damit wirst du zielunabhängiger und kommst nicht in eine Schwäche.

Das ist nämlich die große Gefahr von Veränderungsprozessen: Kompetenzentwicklung entsteht nur, wenn das subjektiv erlebte Kompetenzerleben in einer guten Relation zum Ziel steht. Sind die Ziele zu groß oder zu undurchsichtig, dann kannst du mit Angst oder Unsicherheitsgefühlen rechnen, und das behindert die Kompetenzentfaltung. Deswegen wäre es gut, man kommt in eine Situation, wo man immer wieder sagt: »Okay, ich besinne mich auf meine Kräfte, mache mich vom Ergebnis der Ziele nicht so abhängig, damit ich schneller und flexibler und kraftvoller lernen kann.« Dieses Konzept finde ich deshalb sehr sinnvoll für Veränderungsprozesse.

Was auch heißen würde, dass man immer wieder kleine Lernrituale einbaut, also von vorneherein betont, dass das Ganze ein Entwicklungs- und Lernprozess ist. Wir machen jetzt eine Veränderung, wir können ruhig ein Ziel dahin stellen, aber dann gucken wir, was wir auf dem Weg an Erfahrungen machen, die dann immer wieder – auch wenn sie das Ziel infrage stellen – gesammelt werden müssen und untersucht: Was könnte das jetzt heißen? Sollten wir das Ziel ausbauen? Infrage stellen? Ganz verwerfen? Was machen wir mit unseren bewährten Kompetenzen, damit wir mit diesen neuen Erfahrungen umgehen können, sodass das ein dauernder Lernprozess wird? Und nicht von vorneherein: Das muss jetzt auf Gedeih und Verderb dabei rauskommen. Weil dann alles entwertet wird, was dazu nicht passt, und das macht eher Angst und wirkt demotivierend.

»Die Funktion des Ziels ist nicht, es zu erreichen, sondern in Bewegung zu kommen«

An diesen Gedanken knüpft sich eine letzte Frage an: In einem sich schnell verändernden Unternehmen erscheint es mir wichtig, gezielt auch Ankerpunkte zu setzen, die Stabilität und Orientierung geben. Nun gibt es ja alles Mögliche, was schon da ist, und nicht alles ist bewahrenswert. Wie identifiziert man das Bewahrenswerte? Von welchen Leitbildern sollte man sich dabei treiben lassen?

Ich würde die Frage ergänzen um: Wen müsste man dafür fragen? Was bewahrenswert ist und was nicht, steht ja nicht in den Phänomenen selber fest, sondern wird von Beteiligten so gesehen. Das kann deshalb nicht eine einzelne Ebene entscheiden, sondern es müsste die Frage gestellt werden: »Was haltet ihr für bewahrenswert und was nicht?« Um dann zu entscheiden, was können wir davon gerade noch mitnehmen. Denn selbst wenn jemand sagt, das oder jenes wäre bewahrenswert, kann man ja in der Güterabwägung dazu kommen, es kostet zu viel. Der Hauptpunkt ist aber wieder: Wie werden die Leute einbezogen? Ich kann zum Beispiel denken, etwas sei nicht bewahrenswert. Aber vielleicht hängt die Seele einer ganzen Abteilung daran. Das weiß ich aber nicht, weil ich eine andere Perspektive habe.

Auch dabei geht es gar nicht darum, ob das nachher alles inhaltlich berücksichtigt wird, sondern ob es einen Prozess des Einbezogenseins gibt. Und wenn dann etwas von manchen Beteiligten als bewahrenswert angesehen werden würde, es aber letztlich nicht bewahrt werden kann, dann braucht es Abschiedsrituale.

Danke, Gunther, für das anregende Gespräch.

13

Produkte & Werteallianzmanagement

Die Verwendung von Produkten verändert oder vernichtet Werte. Wenn es sich um Lebensmittel handelt, dann ist das ein ganz natürlicher und physiologischer Prozess, nicht aber wenn es sich um Gebrauchsgüter handelt, die im Abfall landen.

In einer Zeit, in der Rohstoffe spürbar knapper werden, ist es nicht nur sinnvoll, sondern wird immer notwendiger, für Güter am Ende ihres Lebenszyklus eine gute Verwertung zu finden. Nachhaltige Produkte tragen deshalb schon bei der Entstehung ein Konzept in sich, wie es mit den Ressourcen am Ende des Produktzyklus weitergeht. Die so entstehenden geschlossenen Kreisläufe benötigen sowohl ein intelligentes Produktdesign als auch neue Businessmodelle.

Genauso wichtig wie die technische und materielle Planung als Basis der Herstellung und Weiterverwertung sinnvoller Produkte ist das Zusammenspiel des Beziehungsgeflechtes, das zu unterschiedlichen Zeitpunkten am geschlossenen Kreislauf mitwirkt. Von sämtlichen Lieferanten über verschiedene Dienstleister bis hin zu sämtlichen Händlern und Endkunden, die am Kreislauf mit involviert sind: Wenn das Ziel eine grundsätzliche neue Handhabung von Rohstoffen ist, so ist es notwendig, dass sie sich alle in Richtung einer neuen Auffassung von Qualität und zu neuen Formen der Interaktion und Kooperation bewegen. Diese neue innerliche Ausrichtung auf das Ineinanderwirken im Kreislauf geschieht nicht von selbst. Dies betrifft auch die daraus resultierenden notwendigen Verhaltensänderungen, die auf einen funktionierenden Zusammenhang von der Gewinnung von Rohstoffen, der Entstehung von Produkten, dem Gebrauch und der Weiterverwertung von Produktbestandteilen hinzielen. Sie sind Frucht einer langfristig angelegten Beziehungsarbeit, die auf gemeinsam geteilten Werten und Standards wurzelt. Die passenden Werte als Kitt einer solchen Allianz sind jene, die Beziehungen gelingen lassen, und diese Werte sind in allen Kulturen der Welt sehr ähnlich: Respekt, Ehrlichkeit, Vertrauen, Offenheit, Fürsorge und anderes mehr.

Dies lässt sich unter dem Begriff »Werteallianz« zusammenfassen und enthält alle Prozessbeteiligten, die im Laufe eines geschlossenen Kreislaufes mit dem Produkt in

Berührung kommen: Produktentwickler, Rohstofflieferanten, Produzenten, Transporteure, Händler und Endkunden. Es ist dann nur konsequent, Produktentwicklung, Supply Chain, Einkauf, Produktion, Vertrieb und Marketing als Prozessschritte ein und desselben gemeinsamen Prozesses zu betrachten: das Werteallianzmanagement. Auf diese Art und Weise ist sichergestellt, dass die innerlich empfundene Verbindung über einen gemeinsamen Kreislauf, über eine gemeinsame übergeordnete Vision, einen gemeinsamen Wunsch, etwas Nützliches und Sinnvolles in die Welt zu bringen und echten Mehrwert zu schaffen, dem eigentlichen Tun zugrunde liegt und als Basis für alles nachhaltige unternehmerische Handeln zu verstehen ist.

Welche Kultur und welche Verhaltensweisen konkret für die Bildung von Werteallianzen wichtig sind, ist im Kapitel »Beziehungskultur und Kooperation« beschrieben: Es geht darum, über das Unternehmen hinaus permanent beziehungsgestaltend zu wirken, damit eine als immer tiefer und echter empfundene Kooperationskultur und Vertrauen entstehen können. Hier braucht es genauso die Pflege der inneren Haltung der Gleichwertigkeit der Beteiligten wie Reflexions-, Feedback- und Dialogräume sowohl innerhalb eines Unternehmens als auch über die gesamte Kreislaufkette hinweg. Immer dann, wenn Kontakt, Begegnung und Austausch stattfinden, lösen sich mögliche bedrohliche oder beschuldigende Fantasien, die als inneres Bild vom anderen bei Problemen und Konflikten im täglichen Miteinander entstehen. Hier braucht es eine Entscheidung, die dafür notwendigen zeitlichen und finanziellen Ressourcen zur Verfügung zu stellen. Doch Werteallianzen führen auch zu bedeutenden Einsparungen: Wenn Vertrauen wächst, ist weniger Kontrolle notwendig, wenn der Kontakt gut ist, werden notwendige Verhaltensveränderungen schneller und mit geringerem Widerstand umgesetzt. Auch wird in Konflikt- und Problemsituationen wenig Energie in Stellungskämpfen und in der Suche nach dem »Wer hat recht?« vergeudet, sondern zusammenblickend und kompromissbereit schnell nach einer für alle Seiten tragfähigen Lösung gesucht. In den nächsten Abschnitten beschreiben wir detailliert die einzelnen Prozessschritte des Werteallianzmanagements.

13.1 Produktentwicklung

Was ist der Unterschied für die Produktentwicklung, wenn diese als Prozessschritt vom Ganzen her gedacht wird? Die Antwort liegt im intelligenten Produktdesign. Hier geht es darum, neue »gute« Produkte zu entwickeln und diese in Kreisläufen mithilfe methodischer Ansätze wie zum Beispiel Circular Economy, Cradle to Cradle®, Eco-Design, Detox, Zero Emissions (Zeri) und anderem mehr darzustellen. Diesen Modellen liegt viel Gemeinsames zugrunde. Ohne auf die Unterschiede im Detail einzugehen, geben wir einige genauere Hinweise.

Für den Übergang von einer linear gedachten Wertschöpfungskette hin zu einem kreislaufbasierten Denken benötigen Produktentwickler praktische Modelle und gelungene Fallbeispiele – zu beidem stellt die Stiftung der weltberühmten Seglerin Ellen MacArthur Unternehmern jede Menge zur Verfügung. Die nach ihr benannte *Ellen-MacArthur-Stiftung* wurde 2010 mit Unterstützung von Wirtschaftsgrößen wie B & Q, BT, Cisco, National Grid und Renault zum Zweck gegründet, Menschen mit Best Practice und Innovationsideen dazu zu inspirieren, eine positive Zukunft mit frischem Denken und neuem Design aufzubauen. Die Stiftung bietet Unternehmen und Schulen frei zugängliches Lehrmaterial und Toolkits, um den Übergang zu einer Kreislaufwirtschaft, der Circular Economy, zu erleichtern. In ihrer Kernschrift *Sense & Sustainability* beschreibt sie Schritte für den grundlegenden Wechsel von Nachhaltigkeit in Form von »weniger schaden« hin zu »Gutes tun«, systemischem Denken und einem verantwortlichen Menschsein.

Der Bericht der Ellen MacArthur Foundation *Towards a Circular Economy* stellt eines klar: Würden Verbrauchsgüterhersteller die Prinzipien der Circular Economy in ihre Warenproduktion integrieren, könnten zum Beispiel allein in der EU Rohstoffkosten in Höhe von 700 Milliarden US-Dollar eingespart werden.

Das *Cradle-to-Cradle-*(»Von der Wiege zur Wiege«-)Designkonzept wird häufig als die »Königsdisziplin« der Circular Economy bezeichnet – denn die Kombination der Prinzipien einer Kreislaufwirtschaft, verbunden mit neuen Prinzipien für sogenanntes »intelligentes« Design, zeigen einen möglichen Ausweg von den derzeit verbreiteten Downcycling-Abwärtsspiralen, indem sie den Weg weist hin zu einer Wirtschaft, die ohne den Begriff *Abfall* auskommt. »Cradle-to-Cradle-Design bedeutet, dass wir das Konzept Abfall eliminieren können. Es unterstützt keine Schuldgefühle. Es geht nicht um Verminderung, Vermeidung oder Minimierung. Es geht um Überfluss am Vorbild der Natur«, so schreibt Michael Braungart (Braungart 2011), welcher zusammen mit William McDonough die Design- und Denkschule begründet hat. Ihr Ziel ist es, unbegrenzt kreislauffähige Produkte zu konzipieren, die wirtschaftlich erfolgreich, förderlich für die Umwelt und gesund für den Verbraucher sind. Damit geht das innovative Designkonzept weit über Form und Funktionalität von Produkten hinaus: Cradle to Cradle legt besonderes Augenmerk auf die Inhaltsstoffe, die Produktqualität und die Produktsicherheit. Dadurch werden Cradle-to-Cradle-Produkte herkömmlichen Produkten sowohl wirtschaftlich als auch ökologisch und sozial überlegen.

Das Cradle-to-Cradle-Designkonzept lässt keinen Abfall zu. Produkte und Materialien zirkulieren in zwei Kreisläufen: Wertvolle *technische Rohstoffe* werden unbegrenzt wiederverwendet, *biologische Nährstoffe* werden einem anderen natürlichen Kreislauf als Nährstoff zugeführt. Legierungen oder Stoffe, die nicht zu 100 Prozent dem einen oder dem anderen Kreislauf zugeordnet werden können, werden nicht mehr verwen-

Abbildung 14: Cradle-to-Cradle-Designkonzept.

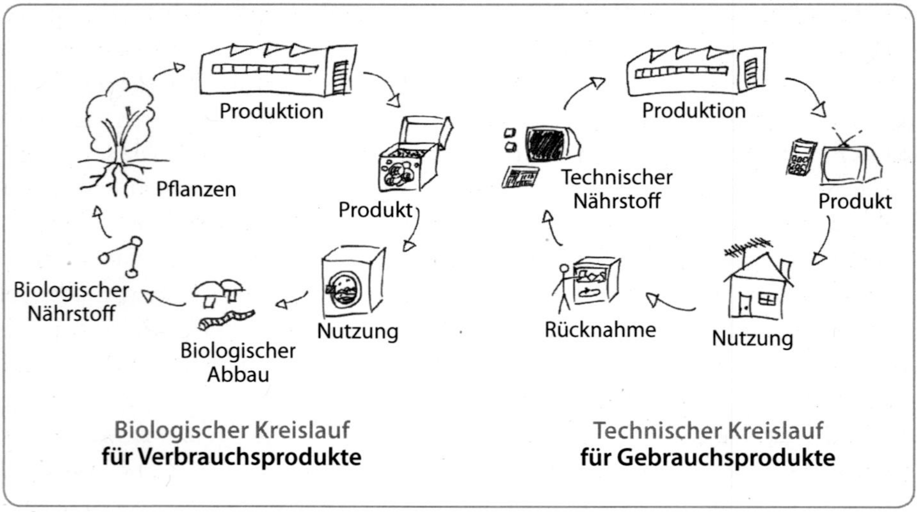

Quelle: EPEA 2009.

det. Zentral für diesen Ansatz ist ein Produktdesign, welches von Anfang an vollständig auf eine Produktrücknahme, die Rohstoffrückgewinnung und die Neuherstellung abgestimmt ist. Wie bei Legosteinen: Es ist einfach, die eigens konzipierten Steinchen wieder auseinanderzubauen und als neues Modell zusammenzustecken. Man braucht sie nicht jedes Mal immer aufs Neue zusammenzuschmelzen und neue Modelle komplett neu zu gestalten.

An den Designer und Produktentwickler werden dadurch ganz neue Anforderungen gestellt, die Aufgabenstellung erweitert sich um ein Vielfaches:

- Die Auswahl der verwendeten Materialien bekommt einen ganz neuen Stellenwert.
- Die Art und Weise, wie das Produkt zusammengestellt und anschließend wieder auseinandergebaut werden kann, muss von Anfang an berücksichtigt werden.
- Das Produktentwicklungskonzept hat auch das Businessmodell mitzudenken, wie die Produkte am Zyklusende wieder zum Unternehmen zurückkommen oder zu einem anderen Unternehmen weitergehen. Hier entsteht eine Anforderung der engen Zusammenarbeit mit Vertrieb, Marketing und Logistik.
- Die Produktentwicklung konzipiert, was mit den zurückkommenden Produkten (Rohstoffen) gemacht wird und wie diese im Sinne einer ökonomischen, ökologischen und sozialen Lösung entsprechend weiter (Stichwort *Upcycling*) eingesetzt werden können.

Eine der Grundannahmen von Cradle to Cradle ist es, dass es die Gesellschaften in der westlichen Welt ohne einen erheblichen Konsumverzicht kaum schaffen werden, den ökologischen Fußabdruck bedeutend zu reduzieren. Deshalb möchte Cradle to Cradle dazu anleiten, nur noch nützliche Produkte herzustellen, die bedenkenlos(er) konsumiert werden können. Und genau hier setzt auch der häufigste Kritikpunkt am Cradle-to-Cradle-Konzept an: Reboundeffekte von wachstumsbasierten Wirtschaftsweisen werden laut Niko Paech, Wirtschaftswissenschaftler aus Oldenburg und einer der Vordenker der Postwachstumsgesellschaft, in vielen Umsetzungen übersehen (Paech 2013). Was in einer Welt begrenzter Ressourcen nur als Übergangslösung gelten kann, wird von manchen Unternehmen als Rechtfertigung dafür verwendet, genauso weiterzumachen wie bisher, so seine Sorge.

Nachhaltiges Produktdesign soll demnach nicht allein als *Umstellung* auf technischer, prozessualer und chemischer Ebene verstanden werden. Vielmehr laden die verschiedenen Vertreter der Postwachstumsgesellschaft dazu ein, Produkte ganzheitlich zu betrachten und zu hinterfragen, indem ihr gesellschaftlicher Nutzen kritisch analysiert wird. Aus diesem Blickwinkel heraus stellen sich Produktentwickler folgende Fragen:

- Trägt die Neuentwicklung wirklich zur Erhöhung der Lebensqualität des Nutzers bei?
- Lässt sich die Produktnutzungsdauer durch intelligente Reparatur- oder Upcycling-Konzepte verlängern?
- Können neue Businessmodelle (zum Beispiel Leasing statt Produktverkauf) zu einem Mehrwert für Hersteller und Benutzer führen?

Die Implementierung einer aus Mission und Vision abgeleiteten nachhaltigen Produktentwicklung hat zumeist Auswirkungen auf das Produktportfolio eines Unternehmens. Unternehmen haben in der Umstellungsphase von *herkömmlichen* zu *nachhaltigen* Produkten folgende Schritte zu bearbeiten:

- Analyse und Bewertung des bestehenden Produktportfolios nach ökologischen und sozialen Gesichtspunkten bzw. anhand der neuen verbindlichen Standards.
- Darstellung und Ausarbeitung von möglichen Alternativen, wie kurz- und mittelfristig die existierenden Produkte nachhaltiger gestaltet werden könnten (Verwendung von neuen Materialien, Änderungen der Verpackung etc.).
- Analyse, wie der Lebenszyklus der Produkte verbessert oder durch neue Ideen verlängert werden kann (zum Beispiel Reparaturangebote, Upcycling, innovative After-Sales-Services).

- Entwicklung von neuen Produkten und Service-Innovationen unter Verwendung von Prinzipien der Circular Economy.
- Entwicklung eines Innovationsprozesses, welcher das Denken in Gesamtkreisläufen und die Integration von Lieferanten und möglicher weiterer Stakeholder berücksichtigt.

Die Unternehmensführung tut gut daran sicherzustellen, dass das *Produktbriefing* zukünftig nicht mehr allein marktorientiert erfolgt, sondern dem Bedarf des übergeordneten Systems entspringt und sich aus der definierten Mission und Vision ableitet. Der Entwurf einer *Innovationsstrategie* kann dabei unterstützen, Schritte und Zeiten festzulegen, wie und wann bestehende Produkte umgebaut oder aufgegeben werden können und wie und wann neue Produkte die alten Produkte ersetzen sollen. Über die Definition der *Innovationsstruktur* kann ein Innovationsprozess vereinbart werden, der multifunktionale Teams und verschiedene Stakeholder integriert. Eine der herausforderndsten Aufgaben wird es dann sein, eine offene *Innovationskultur* zu schaffen, die Mitarbeiter wie Stakeholder einlädt, ihre Ideen und Vorschläge einzubringen. Wichtige Elemente dafür sind neben dem Wissen um die Vision und die Mission des Unternehmens eine hohe Transparenz, Offenheit und Vertrauen. Schließlich braucht es auch noch die Implementierung von *Controlling- und Feedbackschleifen*: Damit Entscheidungen zu Handlungen und letztlich zu Ergebnissen führen, müssen diese weiterverfolgt, zum Teil adaptiert und integriert werden.

Tabelle 14: Fallbeispiele für Kreisläufe in der Produktion.

Der Digitaldrucker- und Kopiererhersteller Xerox holt sich schon seit vielen Jahren mindestens 95 Prozent aller Produktkomponenten am Ende des Lebenszyklus zurück und verwendet davon mindestens 95 Prozent wieder. Siehe hierzu http://www.xerox.com/corporate-citizenship-2010/sustainability/waste-prevention.html.
Die Firma Gugler ist ein Erzeuger von Druckformen und eine Druckerei in Österreich. Mit Cradle to Cradle ist es Gugler gelungen, Druckprodukte zu entwickeln, die bedenkenlos in den biologischen Kreislauf rückgeführt werden können. Dadurch differenziert sich Gugler mit guten Produkten für Umwelt und Mensch (Gugler 2011).
Ein gern zitiertes Zeri-Projekt ist das einer Bierbrauerei in Namibia. Anstatt linear im Take-Make-Waste-Ansatz zu denken, stellten sich die Betreiber Fragen wie: Welche Naturkreisläufe könnten vom Abwasser und von der Schlempe profitieren? Für wen sind die Abfälle Nahrung? Auf diese Art und Weise konnte bester Nährboden für Pilze entstehen, Futtermittel für Regenwürmer und in der Folge für Hühner. Beträchtlicher Mehrwert entstand in Form von Brot und Pilzen, die Abwässer kamen zusammen mit dem Tiermist in eine Biogasanlage. Die übrig bleibenden Nährlösungen dienten der Algen- und Fischzucht (Pauli 2011).

Doch noch einmal zurück zum Wesenskern nachhaltiger Produktentwicklung: Im Verständnis einer neuen Funktionalität von Produkten sind wir angehalten, uns gedanklich und praktisch völlig vom Konzept *Abfall* zu lösen. Experimentieren Sie damit, das Wort *Abfall* konsequent mit dem Wort *Nährstoff* oder *Ressource* zu ersetzen, und beobachten Sie, ob sich damit etwas in Ihrer Einstellung verändert. Um Sie weiter zu inspirieren, nennen wir in Tabelle 14 noch einige mehr und weniger bekannte Fallbeispiele von Unternehmen, welche das Kreislaufdenken in ihren Produktentwicklungsprozess umgesetzt haben.

13.2
Supply Chain

Von nachhaltiger Beschaffung kann erst dann gesprochen werden, wenn die sozialen und ökologischen Anforderungen über die gesamte Lieferkette hinweg eingehalten werden. Dafür braucht es auch eine aktive Auseinandersetzung mit den von den Lieferanten bezogenen Produkten und Dienstleistungen. Denn die Beschaffung ist erst dann nachhaltig, wenn ein Unternehmen für sämtliche sozialen und ökologischen Folgewirkungen und Risiken *von der Wiege an* Verantwortung übernimmt. Das Wissen um die volle Nachverfolgbarkeit der verwendeten Rohstoffe spielt für viele Unternehmensbereiche eine maßgebliche Rolle: Es ist nicht nur die Basis für ein gutes Produkt und stabile Qualität, sondern auch Voraussetzung für eine vollständige Information sowie ein transparentes, ehrliches und ethisches Marketing. Gleichzeitig ist die lückenlose Nachverfolgbarkeit von Rohstoffen und Produkten ein Kernelement jeder ernst zu nehmenden Nachhaltigkeitsberichterstattung. Im Rahmen des Supply-Chain-Managements sind also mehrere Herausforderungen zu lösen:

- Nachverfolgbarkeit der verwendeten Produkte bis zur Entstehung bzw. Extraktion der Rohstoffe,
- lückenlose Nachverfolgbarkeit der zugekauften Produkte,
- langfristige Sicherung des Zugangs zu den Ressourcen (Risikomanagement),
- Einbeziehung der Lieferanten in die Produktentwicklung und in die kontinuierliche Produktverbesserung,
- Programme zur nachhaltigen Entwicklung als der Standard aller Lieferanten.

Gutes Supply-Chain-Management ist eine Voraussetzung für gute Produktentwicklung und nachhaltiges Innovationsmanagement. Die einzelnen Supplier werden im zukunftsorientierten Unternehmen nicht bloß als mechanistische und demnach austauschbare Elemente einer Lieferkette verstanden, sondern vielmehr als wichtige Akteure und Mitspieler in einem Beziehungsgeflecht, welches gemeinsam langfristig

Großes bewirken und für alle Beteiligten Nutzen stiften möchte. Bei aller Relokalisierung wird niemals alles standortnahe produziert werden können, weshalb es oft vor allem darum geht, die Qualität der Zusammenarbeit in der Kette zu verändern. Sieht das Unternehmen die Supply Chain als die Summe der Mitspieler eines gemeinsamen großen Ganzen, so versteht es sich von selbst, dass die einzelnen Supplier eine gemeinsame übergeordnete Vision, gemeinsame Standards und Ziele brauchen, um sich langfristig in einer einander positiv beeinflussenden Werte- und Entwicklungsallianz zu verbinden.

In der Praxis ist das Schaffen von derartigen Werteallianzen häufig nicht nur langwierig, sondern auch gar nicht einfach. Zum einen müssen die involvierten Partner zueinander passende, vergleichbare Prozesse implementieren, um zum Beispiel ihre jeweiligen Lieferanten nachzuverfolgen. Viele Lieferanten haben jedoch in der Praxis ein Problem mit der erforderlichen Transparenz, da sie sich vor geistigem Diebstahl schützen wollen oder weil sie die Offenlegung von Fakten als Demütigung oder Einmischung empfinden. Werteallianzen brauchen daher Langfristigkeit, kongruentes Handeln und offene Kommunikation, damit genügend Vertrauen und Motivation für den lang angelegten Konvergenzprozess zur Verfügung stehen.

Wird die Supply Chain von einem Unternehmen als Wertegemeinschaft verstanden, so stellt dies nicht nur die Einkaufsabteilung der Organisation vor ganz neue Herausforderungen: Es kann nicht mehr allein der Preis den Einkauf regieren, die Produktentwicklung wird auf die Integration der Lieferanten setzen, alle Stakeholder werden sich zum Ziel nehmen, die Rohstoffkreisläufe zu schließen, und die Zurückverfolgung der Waren bis zum Ursprung wird allen transparenten Überblick gewähren, wie was in welcher Form hergestellt, transportiert und verarbeitet wurde.

Gerade in der rohstoffintensiven Verbrauchsgüterindustrie nimmt man die Schwierigkeiten des Weges hin zu einer Werteallianz immer öfter auf sich. Werteallianz wird hier als eine Form der Innovation verstanden, die in einem laufend als schwieriger werdend wahrgenommenen Kontext neue Möglichkeiten und Vorteile eröffnet. Denn im herkömmlichen System nimmt der Preisdruck stetig zu, auch der ökologische Fußabdruck der Unternehmen erhöht sich laufend, und das unternehmerische Risiko steigt unaufhaltsam. Die Effizienzsteigerungen, die in der industriellen Fertigung noch möglich sind, reichen für einen bedeutsamen Wettbewerbsvorteil kaum noch aus. Herstellermargen werden durch Wachstumsverlangsamung, steigende Kosten und instabile Rohstoffpreise aufgezehrt.

Aus diesem Grund gestalten immer mehr veränderungswillige rohstoffintensive Unternehmen ihre Produkte und Dienstleistungen mit einem besonderen Augenmerk auf die Herkunft und Beschaffenheit der verwendeten Materialien. Die gemeinsamen Standards in der Supply Chain verbinden und fördern das Vertrauen, die gegenseitige Unterstützung und offene Innovationen. Gemeinsam zielt man darauf ab, Abfall zu vermeiden und Kreisläufe zu schließen. Innerhalb der Lieferantenkette fördern sich die Unternehmen gegenseitig darin, immer neue ökologische und soziale Kriterien verbindlich einzuhalten. Der Anspruch steigt, diese Kriterien authentisch bei allen Kaufentscheidungen mitzuberücksichtigen, egal, ob es um Energie, Wasser, Mobilität, Maschinen, Betriebsgebäude, Bau, Computer, Telekommunikation, Büroausstattung oder sogar Büromaterialien geht.

Die Beschaffungskultur der Unternehmen wird um neue, qualitative Zielvorgaben bereichert. Das langfristig orientierte Beziehungsmanagement mit den Lieferanten ermöglicht nicht nur neue Formen der Kooperation, sondern bildet auch die Basis für die Sicherung von (knappen) Ressourcen als Grundlage des Wirtschaftens. Auf das vielfach verwendete »Totschlag-Argument«, dass diese intensive Beziehungsarbeit zu teuer sei, antworten Studien der Ellen-MacArthur-Stiftung mit dem Gegenteil: Gutes Beziehungsmanagement führt zu Einsparungen.

13.3 Fertigung

Der Prozessschritt der Fertigung wird in vielen Industrien als der wichtigste Schritt überhaupt wahrgenommen, weil in der Fertigung die sichtbare Wertschöpfung stattfindet. Hier werden branchenspezifische Konzepte benötigt, die für jeden Fall detailliert auszuarbeiten sind. Nur zwei Aspekte möchten wir kurz benennen, die branchenübergreifend als Entwicklungen bei Fertigungsindustrien in den vergangenen Jahren verstärkt wahrzunehmen sind: ein ganzheitliches Verständnis von betrieblichem Gesundheitsmanagement sowie eine intensivere Standortpolitik.

Zum ersten Punkt sei erwähnt, dass das ursprünglich arbeitswissenschaftliche und verhaltensmedizinische Verständnis von betrieblichem Gesundheitsmanagement mit den Hebeln einer Reduktion der Belastung oder der Reduktion von Verhaltensrisiken, wie zum Beispiel Rauchen, übermäßigem und ungesundem Essen oder falsche Bewegungen, sich stark erweitert hat: vom ursprünglichen Fokus allein auf die Biologie, den Körper, auf den Fokus der Psyche bzw. die Reduktion von Burn-out hin auf den Fokus auf ein gesundes soziales Miteinander. So wird in Fertigungen nachhaltiger Unternehmen eine lebendige, wohltuende Gemeinschaftsatmosphäre als Dreh- und Angelpunkt für eine gesunde Belegschaft angestrebt, welche durch Dialog, Partizipation und Kooperationskultur gekennzeichnet ist. In Zeiten, in denen die kulturelle, altersmäßige, religiöse und sprachliche Zusammensetzung der Mitarbeitenden in den Produktionshallen vieler Länder immer bunter wird, das Bildungsniveau zum Teil bedeutend sinkt und es Mitarbeitenden an Fähigkeiten der Integration und Akzeptanz von Unterschieden mangelt, ist der Zustand der Gemeinschaftsatmosphäre zu einem großen Einfluss- bzw. Risikofaktor geworden.

Zum zweiten Punkt, der Standortpolitik, sei erwähnt: Zunehmend treiben Unternehmen die Einbindung in die umliegende Region und die Vernetzung am jeweiligen Standort voran. Aktionen wie die Öffnung der Betriebskantine für ansässige Schulen oder die arbeitende Öffentlichkeit, oder die Öffnung von betrieblich organisierten Weiterbildungen für die umliegende Bevölkerung mehren sich. Die Gründe dafür sind vielfältig. Ein Beweggrund ist manchmal der Wunsch nach Zukunftssicherung, indem sich das Unternehmen langfristig am Arbeitsmarkt als attraktiver, offener, sympathischer Arbeitgeber etabliert Ein anderer Grund liegt im Bestreben, das Wohlbefinden der Mitarbeitetenden zu steigern im Wissen darum, dass gute Beziehungen einfach umfassend guttun.

13.4
Marketing

You can't build a reputation on what you are going to do.
Henry Ford

Der kollektive Konsumwahn und die Verwechslung materieller Bedürfnisse mit emotionalen und spirituellen Bedürfnissen ist ein zentrales Element der heutigen Krise. Doch was können Unternehmer hieraus lernen? Welchen Fingerzeig birgt diese Zuspitzung in sich? Einen interessanten Denkansatz bietet in diesem Zusammenhang Philip Kotler, amerikanischer Wirtschaftswissenschaftler, Professor für Marketing an der Northwestern University und Begründer der modernen Marketinglehre. In seinem Buch *Vom Kunden zum Mensch – die neue Dimension des Marketings* beschreibt er drei Stufen des Marketings.

In der von ihm als »Marketing 1.0« benannten ersten Ära des Marketings ging es primär darum, Produkte zu entwickeln und diese zu »verkaufen«. Der Fokus lag primär am Produkt selbst und in der Annahme, dass es hierfür einen (Massen-)Markt gibt. Die Managementlogiken im Hintergrund sind Skalenerträge, Grenzkosten, effiziente Prozessabläufe und eine Art Massenabfertigung. Methoden wie Total Quality Management, ISO-9001, Portfolioanalyse, Produkt-Markt-Matrix, Kernkompetenzen. Alles zielt darauf hin, mehr Produkte mit mehr Profit an mehr Menschen zu verkaufen.

Im sogenannten Marketing 2.0 steht nicht mehr das Produkt im Hauptfokus der Aufmerksamkeit, sondern der Kunde und dessen Zufriedenheit. Oberstes Ziel des Unternehmens ist es hier, den Kunden zufriedenzustellen und ihn ans Unternehmen zu binden. Dadurch verspricht man sich einen loyalen Kunden, der »lebenslang« oder einfach mehr und häufig kauft und nicht zum Wettbewerber abwandert. Gut platzierte Differenzierungs- und Positionierungsstrategien mit ausgefeilter Segmentierung sollen den Erfolg des Unternehmens sichern. Im Fokus des Unternehmens befinden sich die klassischen vier P des Marketings: Produkt, Preis, Place (Vertrieb) und Promotion (Kommunikation). Werbeagenturen versuchen sich mit emotionalen Bildern, Kampagnen und Geschichten in den Köpfen der Konsumenten zu positionieren und einzigartige Versprechen zu erfüllen.

Primär angewandte Strategien im Unternehmen sind Kunden- und Mitarbeiterzufriedenheitsanalysen, Konkurrenzbeobachtungen, Marktsegmentierungen, Unternehmenspositionierungen und SWOT-(Strengths, Weaknesses, Opportunitites und Threats-)Analysen. Der Großteil der Unternehmen befindet sich heute in diesem Denkmodell und versucht k(r)ampfhaft, sich gegenüber dem Wettbewerber zu behaupten. Auch an den Wirtschaftsuniversitäten wird derzeit primär und allein dieses Modell als Garant für unternehmerischen Erfolg gelehrt.

Im Marketing 3.0 wird das vorherrschende Paradigma ausgekoppelt. Im Zentrum stehen nicht mehr der Kunde und die Differenzierung vom Wettbewerb, sondern die Frage danach, welchen Beitrag das Unternehmen auf verschiedenen Ebenen für eine bessere Welt leisten kann. Das Unternehmen wird dargestellt als eingebettet in und verbunden mit Gesellschaft und Umwelt. Der als stark verinnerlicht empfundene Unternehmensauftrag schafft Wertangebote, die viel mehr bieten als *nur* Produkte. Im Mittelpunkt stehen die Menschen (People), die Ressourcen (Planet) und die Schaffung von Wohlstand (Profit – nicht zu verwechseln mit Gewinn). Kotler spricht in diesem Zusammenhang von den drei neuen P des Marketings (People, Planet, Profit). Und wir fügen hier gerne noch ein viertes neues Marketing-P hinzu: Purpose, Sinn.

Kotlers Darstellung der von ihm beobachteten Entwicklungen im Marketing sind eine andere Perspektive auf die heute beobachtete, notwendige Verschiebung von der roten Wirtschaft über die grüne hin zur blauen Wirtschaft (siehe Teil 1, *Re:connect*). Wenn selbst Menschen mit eindeutiger Verkaufs- und Marketingperspektive – und davon ist Kotler ein perfekter Repräsentant – erkennen, dass eine Sinn- und Wertorientierung von Unternehmen stattfindet und wichtig bzw. richtig ist, so hat das für die Führungskräfte heute eine große Bedeutung. Das ist ein hilfreicher Hinweis darauf, auf welche Themen Führungskräfte setzen sollen, wenn sie an einer nachhaltigen, zukunftsfähigen Veränderung ihres Unternehmens interessiert sind.

Für viele Akteure ist es schwierig, sich dem Denken anzuschließen, dass der zukünftige Erfolg ihres Unternehmens von der Gesundheit von Umwelt und Gesellschaft abhängt, und noch mehr, sich dazu öffentlich zu bekennen und entschlossen eine neue Richtung einzuschlagen. Inhaber wie Führungskräfte fürchten hier noch immer den Widerstand der Kunden, die Konfrontation mit den Zweifeln und Ängsten, ob die Veränderung wirklich notwendig ist und gelingen kann. Doch die Weltgemeinschaft braucht heute eine Neuorientierung, und Vertreter des Marketing 3.0 können hier einen wesentlichen Beitrag leisten.

Tabelle 15: Marketing 3.0.

	Marketing 1.0 Produktorientiertes Marketing	*Marketing 2.0* Verbraucherorientiertes Marketing	*Marketing 3.0* Werteorientiertes Marketing
Ziel	Produkte verkaufen	Verbraucher zufriedenstellen und binden	Die Welt verbessern
Triebkräfte	Industrielle Revolution	Informationstechnologie	New-Wave-Technologie
Wie Unternehmen den Markt sehen	Massenkäufer mit physischen Bedürfnissen	Klügere Konsumenten mit Herz und Verstand	Ganze Menschen mit Kopf, Herz und Human Spirit
Zentrales Marketingkonzept	Produktentwicklung	Differenzierung	Werte
Marketingpolitik der Unternehmen	Produktspezifizierung	Positionieren von Unternehmen und Produkten	Mission, Vision und Werte, systemisches Denken
Werteangebot	Funktional	Funktional und emotional	Funktional, emotional und spirituell
Interaktion mit Verbraucher	One-to-many-Transaktion (Massenabfertigung)	One-to-one-Beziehung (individuelle Betreuung)	Many-to-many-Kooperation (von der Masse für die Masse)

Quelle: nach Kotler 2010.

Unternehmen können, so Kotler, einen Beitrag für eine bessere Welt leisten und gleichzeitig erfolgreich sein. Er unterstreicht, dass das eine vom anderen in Zukunft kaum mehr zu trennen sein wird. Das Unternehmertum wird damit seine gesellschaftspolitische Rolle verändern: vom Entrepreneur zum Change Maker für eine bessere Welt.

Menschen, die für sich selbst die Frage nach dem Daseinssinn stellen, um Wege aus der Sinnkrise zu beschreiten, erwarten dasselbe auch von den Unternehmen, deren Produkte sie kaufen. Immer mehr Kunden sind nicht mehr allein mit »guten« Produkten zufrieden, sondern wollen, dass diese auch einen Beitrag für eine bessere Welt leisten oder zumindest nicht als schädigend für gesundheitliche, ökologische oder soziale Faktoren bekannt sind.

Ein nachhaltiges, emanzipiertes Marketing basiert auf einer transparenten und authentischen Kommunikation mit Kunden, Mitarbeitenden und Stakeholdern und stellt die Lage so dar, wie sie ist. Alles andere wird in Zeiten neuer, global vernetzter Kommunikation zu einem sehr großen unternehmerischen Risiko, da engagierte, interessierte Menschen weltweit unethisches, nicht ökologisches oder nicht soziales

Verhalten von Unternehmen aufdecken und die Informationen in sozialen Netzwerken verbreiten.

So machen sich Unternehmen in Werteallianzen auf den Weg, das umzusetzen, was die Menschen im Innersten bewegt. Dadurch entstehen nicht nur neue Märkte, sondern auch solche, die Sinn und Gemeinwohl stiften.

In Weiterentwicklung der zuvor dargestellten Kategorien des Marketing 3.0 haben wir die Kernelemente eines Marketings herausgearbeitet, das vom Ganzen her gedacht ist.

Tabelle 16: Weiterentwicklung des Marketing 3.0.

	Sinn- und gemeinwohlorientiertes Marketing in der Werteallianz
Ziel	Modell sein für ein gemeinwohlorientiertes Wirtschaften und ein würdevolles Miteinander. Leuchttürme, Inspiratoren und Multiplikatoren sein für eine bessere Welt. Einen *positiven Fußabdruck* hinterlassen.
Triebkräfte	Interaktive Marketing-Kommunikations-Technologie, kreative Gesellschaft, Globalisierung, Partizipation, Graswurzelbewegungen
Wie Unternehmen den Markt sehen	Frei denkender, selbstverantwortlicher, informierter und bewusster Konsument; *Prosument*
Zentrales Marketingkonzept	Werte, Transparenz, Diversität, Kooperation, Kreislaufwirtschaft, Sinn, Communityship
Marketingpolitik der Unternehmen	Systemische Mission und Denkweise, Zukunftssicherung
Wertangebot	Funktional, emotional, spirituell, glocal
Interaktion mit Verbraucher	Many-to-many-Kooperationsnetzwerke, Beziehungen auf Augenhöhe; ethische, transparente und vollständige Produktbeschreibung; Barrierefreiheit; Ressourcenschonung zum Beispiel im Sinne von weniger Verpackung, klimaneutraler Druck und anderem mehr

Quelle: Terra Institute.

Ein Marketing, das in der Haltung von Werteallianzen betrieben wird, will kommunizieren, was das Unternehmen mit seinen Produkten und Dienstleistungen in der Welt bewegen will.

Demgegenüber versteht die klassische Marketingabteilung ihre Rolle noch völlig anders: Sie sieht es als ihre Aufgabe, Informationen vom Markt zu besorgen (Marktforschung), diese auszuwerten, in Produktbriefings zu übersetzen und den Vertrieb mit den notwendigen »Waffen« zu rüsten, um die Einführung der Produkte in den Markt erfolgreich vorzubereiten. Dann arbeitet sie mit zumeist externen Agenturen die stimmigsten Bilder und Promotionspakete aus, um den Kunden zu verführen, das Produkt zu kaufen. Es geht im klassischen Marketing immer darum, sich kommunikativ so am Markt zu positionieren, dass die Unterscheidungsmerkmale gegenüber dem Wettbewerber so gut wie möglich dargestellt sind und das eigene einzigartige Verkaufsversprechen (USP: Unique Selling Proposition) oder der schlagende Kundennutzen (UBP: Unique Buying Proposition) ideal platziert ist, um den Kampf um die Gunst der Käufer zu gewinnen. Letztlich ging und geht es darum, den maximalen Verkaufserfolg für das eigene Unternehmen zu erzielen, unabhängig von der Sinnhaftigkeit des Produkts und unabhängig von der Frage, wo und wie es hergestellt wurde. Der Kunde und dessen Zufriedenheit stehen im Mittelpunkt des Interesses, in der Annahme, dass zufriedene Kunden häufiger und mehr kaufen. Erfundene Geschichten, Täuschungen und Unwahrheiten sind auch auf der Tagesordnung. Es gilt, im harten Verdrängungswettbewerb zu überleben, ohne Rücksicht auf ökologische und soziale Verluste. So wird gegenwärtig oftmals von einer manipulierenden Marketingära gesprochen, die noch nicht vorüber ist.

Die Zeiten von Illusionsmarketing und Lifestylespots gehen zu Ende, darin sind sich heute viele Marketingexperten einig. Die Kunden von heute und morgen fordern vermehrt eine echte, authentische und kreative Inszenierung von Spitzenleistungen, Werten und Erlebnissen ein. Das heißt, Markenführung beginnt nicht beim Werbespot oder bei der Anzeige. Markenführung beginnt in der Neuausrichtung der Geschäftsleitung, und sie wird über die Mitarbeitenden zum Kunden transportiert. Eine neue und stetig wachsende Nische von Menschen will nicht mehr nur Botschaften konsumieren, sondern die zukünftige Entwicklung aktiv und kreativ mitgestalten. Die Markenführung wird daher auch um offene, kokreative, vernetzte, werte- und leistungsbasierte Elemente bereichert. Marken werden immer mehr Dialogplattformen zur Identitätsstiftung sein, die neben guten Leistungen auch Sinn und Orientierung im Wandel, Transformation und Selbstentfaltung vermitteln und begleiten. Und so wird auch die Aufgabenstellung der Marketingabteilung wesentlich erweitert; Markenführer werden immer mehr zu unternehmensübergreifenden Werte- und Kulturmanagern, zu Meistern des Wandels.

Dieses integrierte Verständnis von nachhaltiger Unternehmensführung findet in dem dreifachen Gewinnprinzip von People, Planet, Profit ihren Ausdruck. Sie folgt der Auffassung, dass Wirtschaften dazu da ist, die gesellschaftlichen Probleme zu lösen. Gleichzeitig werden die Lebensbedingungen der zukünftigen Generationen nicht eingeschränkt, sie werden bestenfalls sogar gesteigert (Feige 2010). Die Wirtschaft wird zum innovativen Problemlöser.

Die neue Ausrichtung im Marketing wird auch zu einer erweiterten Sichtweise der vier klassischen P führen. In Bezug auf die *Produktpolitik* wird das Qualitätsverständnis eine intensive Auseinandersetzung mit folgenden Faktoren bedingen: der

Umweltverträglichkeit den Produkte, die Folgen des Produktions- und Konsumprozesses auf den Menschen, unter anderem der psychischen und physischen Entwicklung und Gesundheit, den Auswirkungen auf die soziale Gemeinschaft (zum Beispiel familiärer Strukturen), der Sozialverträglichkeit der Produkte (wie zum Beispiel den Arbeitsbedingungen in der Herstellung) sowie der Belastung kollektiver sozialer Sicherungssysteme (wie es zum Beispiel bei Tabak- und Alkoholgenuss der Fall sein kann). Darüber hinaus sind im Rahmen einer nachhaltigen Produktpolitik auch die Sinnhaftigkeit des Produkts selbst, die Länge der Lebensdauer des Produkts, die Verpackungspolitik (jenseits des Transportschutzes), die Reparatur-und Servicefreundlichkeit sowie die Transparenz und Nachverfolgbarkeit der verwendeten Materialien, zu prüfen.

Ist die *Preispolitik* von der gesamten Wertschöpfungskette her gedacht, geht es darum, zum einen den wahren Preis der Produkte aufgrund eines ethischen Beschaffungsmanagement zu berechnen und zum anderen gleichzeitig auch das Target Costing (Zielkostenrechnung) im Auge zu behalten, also die Frage »Was darf aus Sicht der Kunden ein Produkt kosten?« zu klären und dies im Produktentwicklungsprozess zu berücksichtigen.

Die Senkung der Kosten soll durch eine Senkung des Ressourcenverbrauchs erzielt werden, indem das Unternehmen die gesamte Wertschöpfungskette systematisch analysiert und um Kooperation wirbt. Meist werden im Zuge dessen smartere Lösungen gefunden, komplette Wertschöpfungsprozesse vereinfacht oder ganz aufgegeben, sodass am Ende wesentlich weniger Kosten für die Leistungserstellung entstehen.

Weitere Maßnahmen sind:

- eine nachhaltigkeitsorientierte Preisdifferenzierung, wie zum Beispiel eine Differenzierung nach Umwelt- und Sozialbewusstsein, persönlicher Betroffenheit und Preisbereitschaft,
- preisliche Anreize zur Rückgabe von Altprodukten,
- eine Mischkalkulation zugunsten nachhaltigerer Produkte sowie
- Konzepte für die gemeinschaftliche Nutzung von Angeboten und Produkten (Balderjahn 2004).

Wir werden die *Vertriebspolitik (drittes P, Place)* als eigenen Prozessschritt im Wertallianzmanagement im nächsten Unterkapitel ausführen. Nur so viel sei an dieser Stelle gesagt: Die neue *Authentizität* und Sinnorientierung des Marketings strahlt auf die Vertriebspolitik stark aus und bedingt eine Neuausrichtung und auch Umpositionierung sämtlicher Vertriebsmitarbeiter.

Ziel des Marketings in der *Kommunikationspolitik (viertes P, Promotion)* ist es, bei den relevanten Anspruchsgruppen Glaubwürdigkeit zu schaffen und Vertrauen aufzubauen. In der nachhaltigen Kommunikationspolitik geht es demnach um folgende Themen:

- ehrliche Darstellung und keine Übertreibungen, keine erfundenen Geschichten,
- maximale Transparenz und verständliche Beschreibung,
- stimmige Medienpläne und ethische Auswahl der Medienpartner,
- Achtsamkeit bei der Qualität und Herkunft sämtlicher Marketingmaterialien wie Papier, Gadgets, Merchandisingmaterialien etc. und der entsprechenden Partnerauswahl wie Agenturen, Druckerei und andere,
- achtsamer Umgang bei der Auflagenfestlegung und Marketinglogistik, wie zum Beispiel der Verteilung der Marketingmaterialien,
- klare Bewertung der Auswirkungen des Marketings auf eine Region – Sponsoring wird zu mehr als finanzieller Unterstützung,
- transparente Gestaltung der CSR- und Nachhaltigkeitsberichterstattung als neue Form der Unternehmensdarstellung (GRI, GWÖ etc.).

Bei der Kommunikationspolitik im Werteallianzmanagement geht es um Informationsvermittlung und Dialog und nicht mehr so sehr um Werbung, es geht um einen sogenannten *informed consent.* So wird auch der internen Kommunikation und Bewusstseinsbildung eine neue und wesentliche Rolle beigemessen, denn um nach außen zu wirken, will man gezielt intern ansetzen.

Weil sich mit den vier neuen P – *People, Planet, Prosperity* und *Purpose* – große Teile dieses Buches beschäftigen, seien diese hier nur kurz und integrativ, als Bestandteil eines nachhaltigen Marketings innerhalb einer funktionierenden Werteallianz, umrissen. Nicht die Kunden außerhalb des Systems stehen im Mittelpunkt des Geschehens, sondern sämtliche Menschen *(People)*, die mit der Organisation in Berührung kommen. Entsprechend wichtig ist die Pflege des Stakeholderdialogs mit dem Ziel, Kunden zu Beteiligten zu machen und sie an der Produktentwicklung mitwirken zu lassen. Das Unternehmen ist auch aktiver Teil sozialer Netzwerke, um sich in moderierten Gesprächen ein *Real-life-Feedback* über seine Leistungen einzuholen. Das Unternehmen nimmt vielleicht verschiedenste Möglichkeiten wahr, um zusammen mit Kunden, vielleicht aber auch zusammen mit Mitbewerbern in offenen Innovationsplattformen an zukünftigen Produktgenerationen zu arbeiten. Dies ist eine koevolutionäre Kundenorientierung. Damit haben die klassischen Methoden der Marktforschung und Kundensegmentierung, die darauf abzielten herauszufinden, was der Kunde denkt und will, zum Teil ausgedient. In Bezug auf *Planet* geht es darum, die Produkte und Dienstleistungen mit dem minimal nötigen Ressourceneinsatz zu gestalten. In Bezug auf *Prosperity* sieht sich das nachhaltige Unternehmen als Motor eines weiter gefassten Wohlstandes, der nicht allein finanziell verstanden wird, sondern tatsächlich breiter gefasst ist als »Glück«. Demnach sieht sich das Unternehmen als aktiver Teilnehmer im Lösungsprozess von gesellschaftspolitischen Themen und als Mittreiber einer neuen, nachhaltigen Wirtschaftspolitik. Es bietet sinnvolle Produkte *(Purpose)* an, die gesamtgesellschaftlich und ökologisch Gutes bewirken und für die es einen entsprechenden Ausgleich am Markt gibt.

13.5 Vertrieb

Auf der Basis von Werteallianzen entstehen neue Geschäftsmodelle. Absatzmittler, Außendienst und Verkaufspersonal der Kunden – falls wir vom BtoB-(Business-to-Business-)Bereich sprechen – fühlen sich durch Werteallianzen stark mit dem Unternehmen verbunden, sie sind sogar Teil davon, wenn es darum geht, den definiten übergeordneten Auftrag zu erfüllen. Mit anderen Worten: Ein Band der Unterstützung wird dann erzielt, wenn die Zusammenarbeit der gesamten Kette unter einer gemeinsamen, stark gefühlten Mission steht.

Die im Vertrieb üblichen Provisionsverträge hebeln diese Kriterien oft aus, weshalb Unternehmer vor der Herausforderung stehen, für den Vertrieb neue wertebasierte Zielvereinbarungen oder Gehaltssysteme zu entwickeln. Auch bei der Reiseplanung der Außendienstbesuche und anderen unterstützenden Maßnahmen, wie zum Beispiel Merchandising, Trade Marketing, Regional Marketing, werden neue Schwerpunkt gesetzt: Ökologische und soziale Aspekte sind genauso wichtig wie Effizienz.

Nachhaltigkeitsorientierte logistische Vertriebskonzepte zielen auf den Einsatz umweltfreundlicher und gefahrenloser Transportmittel ab, zum Beispiel Bahn vor Lkw, eine effektivere Transportmittelausnutzung sowie auf eine Reduzierung bzw. Optimierung erforderlicher Verkehrsströme. Insbesondere in der Vertriebslogistik kann durch das Entwickeln von Kooperationen oftmals ein enormer Effizienzsprung passieren.

Jenseits dieser Veränderungen im Vertrieb im klassischen Sinne drücken sich Werteallianzen im Entstehen von neuen Geschäfts- und Konsummodellen aus.

Unternehmen wie Xerox haben sich schon früh mit der Frage beschäftigt, ob es nötig ist, Investitionsgüter zu besitzen. Tatsächlich entsteht derzeit weltweit eine Welle neuer Geschäfts- und Konsummodelle: Sie nennen sich Collaborative Consumption, KoKonsum (auch wenn der Begriff *Konsum* hier irreführend ist, weil es um Gebrauch, nicht um Verbrauch geht) und auch Shared Economy. Der in jüngster Vergangenheit insbesondere in der Internet- und Technologiebranche viel verwendete Begriff der Share Economy aus dem Buch *The share economy: conquering stagflation* von US-Ökonom Martin Weitzman (Weitzman 1990) besagt im Kern, dass sich der Wohlstand für alle umso mehr erhöht, je mehr unter allen Marktteilnehmern geteilt wird. So werden heute Güter aller Art wieder getauscht, geteilt, wiederverkauft, gemeinschaftlich benutzt, vermietet und zur Beteiligung angeboten. Und dies passiert nicht nur mit klassischen Konsumgütern wie Büchern oder Autos, sondern auch mit Gärten, Zeit (in Form von Zeitkonten), Arbeitsplätzen und Taxifahrten. Moderne Technologien und Interessengemeinschaften hauchen Formen des uralten Tauschgeschäftes neue Lebenskraft ein. Globale Marktplätze wie eBay oder Craigslist, Mitfahrzentralen, private Unterkunftsvermittlungen (Airbnb, 9flats, Couchsurfing) und Carsharing und städtische Mietradangebote (Call a Bike) sind nur wenige Beispiele dieser massiven Bewegung. Collaborative Consumption ist die Antwort auf die »Habenmüssen«-Mentalität des vergangenen Jahrhunderts und ist zum Megatrend geworden. Auf reinen-Güterverkauf ausgerichtete Geschäftsmodelle stehen nun auf wackeligen Beinen, da völlig neue Konsumgewohnheiten entstehen. Zu den Schattenseiten dieser neuen Bewegungen kommen wir noch.

In ihrem Buch *What's Mine is Yours: The Rise of Collaborative Consumption* differenzieren die Autoren Rachel Botsman und Roo Rogers (Botsman, Rogers 2011) drei Systeme neuer Konsum- und Geschäftsmodelle:

- *Produktvermietungen* (Product Service Systems)
  Hierbei wird für die Nutzung eines Produkts bezahlt, ohne das Produkt besitzen zu müssen. Ihre Besitzer können Unternehmen oder Privatpersonen sein. Moderne Technologien wie elektronische Kundenkarten, intelligente Parkbuchten, GPS-basierte Softwarelösungen und innovative Diebstahlsicherungen machen diese Konzepte anwenderfreundlich und sicher.

- *Umverteilungsmärkte* (Redistribution Markets)
  Gebrauchte oder Güter zweiter Hand wandern von einem Ort, an dem sie nicht mehr genutzt werden, teilweise kostenlos zu einem Ort oder Menschen, an/von dem sie gebraucht werden. Dieses System ist eine Alternative zum gewöhnlichen »Reduzieren, Wiederverwenden, Recyceln, Reparieren«-Abfallansatz.

- *Gemeinschaftliche Lebensgestaltung* (Collaborative Lifestyles)
  Nicht nur physische Waren werden geteilt, getauscht oder vermietet. Menschen mit gemeinsamen Interessen verbinden sich zunehmend, um weniger greifbare Werte wie Zeit, Raum, Geld oder Fähigkeiten zu teilen und zu tauschen. Innovative Gemeinschaften entstehen überall, besonders aber in Städten. Frühere Tabus, wie Geld zu verleihen, Fremde bei sich übernachten zu lassen oder Parkplätze zu teilen, verschwinden.

In seinem Buch *Socialnomics* erklärt Erik Qualman (Qualman 2009): Nur 14 Prozent der Menschen vertrauen der Werbung, dagegen vertrauen 78 Prozent der Verbraucher den Empfehlungen Dritter. Einem Fremden Geld leihen? Einem Fremden seine Wohnung samt Einrichtung und privaten Sachen überlassen? Einem Unbekannten etwas über das Internet verkaufen? Was führt Menschen dazu, alle Vorsicht über Bord zu werfen und so viel Vertrauen aufzubringen? Tief in unserem Herzen möchten wir unseren Mitmenschen vertrauen. Wir möchten vom Guten ausgehen. Nur haben uns über die Jahre persönliche Erfahrungen, Erzählungen anderer und die Medien eines Besseren belehrt, und wir haben hohe Zäune um unseren Besitz errichtet. Wir verleihen nur noch Dinge an Familie, Freunde und Menschen, von denen wir wissen, dass sie eine gute Reputation haben, von denen wir einen liebevollen Umgang und eine zeitige Rückgabe des geliehenen Artikels erwarten können.

Laut Howard Rheingold (2002) informieren uns in der realen Gesellschaft Klatsch und Tratsch darüber, wem wir vertrauen können, wer gerade wichtig ist und wer darüber entscheidet, wem wir vertrauen können. Die Verbreitung von geschäftlichen Transaktionen im Internet – allen voran über Amazon und eBay – machte ein System notwendig, das Klatsch und Tratsch online bringen würde. Online-Reputationssysteme bauen auf die Beiträge von Millionen von Kunden und veredeln sie mit Qualitätskontrolle und Transaktionssicherheit.

Beim *KoKonsumieren* bekommen Unternehmen wie auch Privatpersonen mit der Zeit eine eigene Online-Identität: unsere E-Reputation. eBay-Sterne, LinkedIn-Skills, Couchsurfing-Bewertungen und Facebook-Kommentare tragen heute genauso zu unserem Grad an Vertrauenswürdigkeit bei wie der gute alte Klatsch und Tratsch unter Freunden und Kollegen. Ob dies uneingeschränkt zu begrüßen ist?

Zum Schluss gehen wir auf die Schattenseite dieser Modelle ein. Private Taxidienste, private Unterkunftsvermittlungen oder File-Sharing-Dienste, um nur einige Formen des KoKonsums zu nennen, kommen immer häufiger in das Kreuzfeuer der Kritik und werden Gegenstand rechtlicher Regulierungen und Verbote, weil sie nicht nur der Realwirtschaft großen Schaden zufügen, sondern auch von geschickten Schattenwirtschaftsunternehmen sowie Privatpersonen zweckentfremdet werden. So gibt es in manchen Gegenden Berlins kaum mehr Wohnungen am Mietmarkt, da es für die Eigentümer lukrativer ist, ihre Besitztümer zeitweilig und vielleicht auch an der Steuer vorbei zum Beispiel über den Vermittler Airbnb an Touristen zu vermieten. Und gleichzeitig entstehen auch neue Finanzblasen, indem der Wert der Unternehmen wie Airbnb oder Uber in doppelter US-Dollar-Milliardenhöhe beziffert wird.

13.6
Servicemanagement, Rücknahme und Wiederverwendung

Wie bereits beim Punkt 13.1, *Produktentwicklung*, beschrieben, gilt es im Kreislaufdenken, das Konzept »Abfall« ganz aus unserem Bewusstsein zu eliminieren und alles als Ressource zu betrachten, denn im geschlossenen Kreislauf gibt es kein Ende.

Auf der Basis dieses Denkens in größeren zeitlichen Zusammenhängen ist in den vergangenen Jahren eine Vielzahl an lukrativen neuen Businessmodellen entstanden. Immer mehr Unternehmen verstehen, dass es aus vielerlei Gründen unsinnig ist, ihr Produkt mit dem Verkauf aus den Augen zu verlieren. So holen immer mehr Unternehmen am Ende des Lebenszyklus ihre Produkte zurück: um Teile wiederzuverwenden und bares Geld und Ressourcen im Einkauf einzusparen, um mit dem Kunden in Verbindung zu bleiben, indem man bei Rückerstattung des alten Produktes ein neues Produkt erhält, oder aber um auch einfach nur den »Abfall« weiterzuverkaufen, weil das Produkt, zerlegt in seine Bestandteile, gut verkauft werden kann. So entsteht auch allmählich ein neues Verständnis von Qualität: Nicht nur der Kunde kehrt wieder, sondern der Kunde und das Produkt.

Auch die Politik versteht zunehmend, dass es keinen »Abfall« gibt, sondern lediglich neue Ressourcen und dass die wertvollen Rohstoffe in Fabriken besser aufgehoben sind denn auf Deponien oder in Müllverbrennungsöfen. Richard Heinberg hat mit seinem populären, 2007 erschienenen Buch *Peak Everything: Waking Up to the Century of Declines* (Heinberg 2007) darauf hingewiesen, dass nicht nur der Vorrat an Öl, Gas und Kohle, sondern auch der Bestand vieler anderer Metalle und Rohstoffe, wie zum Beispiel Zink, Uran, Tantalum, Indium, Nickel, Chrom, Phosphor und viele andere mehr, sich dem Ende zuneigt.

Und so schließt sich der Kreis: Servicemanagement, Rücknahme und Wiederverwendung sind in der Werteallianz selbst Businessmodelle und damit Startpunkt neuer Wertschöpfungsprozesse. Werteallianzmanagement als Ausdruck einer neuen Kreislaufwirtschaft ist die Antwort auf die zukünftigen Herausforderungen. Es wird nicht nur Risiken mildern, sondern auch mannigfaltige Chancen für die Zukunft alter und neuer erfolgreicher Unternehmen eröffnen.

14

Beziehungskultur und Kooperation in Unternehmen

Eine Kultur der Kooperation kann man in Unternehmen anhand sichtbarer Gepflogenheiten und Verhaltensweisen festmachen. Die Qualität, die Tiefe und die Echtheit einer Kultur der Kooperation, zum Beispiel ob diese als herzlich, als offen oder als respektvoll empfunden wird, lässt sich allein subjektiv wahrnehmen. Weil Kultur im Miteinander entsteht, haben wir auch dieses Kapitel in einem Miteinander entstehen lassen, in Form eines Interviews bzw. Dialoges zwischen Hans-Ulrich Streit und Evelyn Oberleiter.

In Räumen der Begegnung und des Dialogs können Menschen in Unternehmen ihre Kultur erfahren, benennen und reflektieren, und genau in dieser Konfrontation geschieht *Kulturarbeit.* In einem Sich-aufeinander-Einlassen finden Menschen aus ihrer Verklammerung in entwertenden Fantasien übereinander heraus, und es beginnt eine Kultur der Kooperation zu wachsen: Wer sich emotional auf die Beziehung zum anderen einlässt, erkennt zwangsläufig die Menschlichkeit seines Gegenübers. Das Schöne an diesem Prozess ist, dass man bei diesem Finden der Menschlichkeit des anderen auch der eigenen Menschlichkeit begegnet und mit den eigenen Gefühlen in Verbindung kommt. Im Zuge dieser Öffnung zum anderen hin beginnen wir zu fühlen, anstatt in »richtig, falsch, gut und schlecht« zu richten, die Sprachlosigkeit zwischen den Fronten löst sich auf und weicht einem ungeahnten Potenzial der Vielfalt und der Zusammenarbeit.

Auf einem so beschaffenen Boden kann die Menschheit über die Lösung der großen globalen Probleme zusammenrücken. Diese Lösung wird im aktiven, lebendigen Prozess der Kooperation bestehen, der von uns viel Kraft brauchen wird, eben sich dem anderen immer wieder zu öffnen und dabei immer wieder nach den eigenen Gefühlen zu suchen, anstatt sich von den Spaltungstendenzen und Sündenbockmechanismen anderer anstecken zu lassen. Der Erwerb genau dieser Prozessfähigkeit wird

Ausdruck sein einer gesundeten Beziehungskultur, die niemals ein Zustand sein wird, sondern immer nur ein Prozess bleiben kann, der immer wieder aufs Neues hergestellt wird.*

Hans-Ulrich Streit: *Wir sprechen über das Thema* Beziehungskultur und Kooperation. *Ich möchte dich erst mal bitten zu beschreiben, was mit diesem Thema gemeint ist und warum es in Unternehmen so wichtig ist.*

Evelyn Oberleiter: Die Beziehungskultur in Unternehmen ist die Grundlage für all das, was sich an Potenzial entwickeln und was an Potenzial gelebt werden kann. Je größer die Möglichkeit ist, Vielfalt zu leben, desto größer ist die Innovationskraft, desto größer ist die Bandbreite an Lösungsmöglichkeiten, an ein Problem heranzugehen, desto größer ist die Kreativität, desto mehr Flexibilität und Resilienz sind in einer Gemeinschaft. Wenn eine Kultur hingegen sehr eng ist, sodass nur wenig Freiraum, wenig Spielerisches, wenig Ausprobieren möglich ist, umso gefährdeter ist das Unternehmen als Ganzes, wenn es in herausfordernden Situationen ist. Diese Fähigkeit, mehrere Möglichkeiten zuzulassen, ohne gleich nach »richtig und falsch, gescheit und blöd« zu werten und damit zu spalten, hängt mit der Beziehungskultur einer Gemeinschaft zusammen.

Zum Aspekt der *Vielfalt* braucht es auch den Aspekt der *Kooperation*, ansonsten bleibt die Vielfalt ungenutzt, lose und ziellos. Ist die Beziehungskultur eines Unternehmens sehr frei, dann lässt sie auch schwierige Emotionen wie Zweifel, Unsicherheit und Angst zu, ohne diese verdrängen zu müssen, und sie lässt unterschiedliche Meinungen auch einmal nebeneinanderstehen ohne den Zwang, gleich eine Einigung finden zu müssen. Sind diese Kulturelemente gepaart mit der Fähigkeit, diese Vielfalt in konkretes Handeln zu übersetzen, also zeitnah und fokussiert vom Reden ins Tun zu kommen, dann hat ein Unternehmen tatsächlich anderen gegenüber einen riesigen Vorsprung.

Im Bemühen um Kooperation wird uns die gegenseitige Abhängigkeit zwischen Kollegen, von Kunden, von Lieferanten, von Dienstleistern und von öffentlichen Institutionen mehr als deutlich. Denn ob Kooperation gelingen kann, ob es in der Kooperation gelingt, gemeinsam vom Reden ins Handeln überzugehen, hängt von allen Beteiligten ab. Ein Einzelner kann noch so kooperationsbereit und -fähig sein, es braucht auch eine Kooperationsbereitschaft im anderen, damit sich das perfektionieren kann. Intern wie extern. Wenn zwei oder mehrere Parteien, Institutionen oder Menschen kooperieren möchten, reicht es nicht aus, wenn nur eine Seite kooperationsfähig und -willig ist, sondern es braucht eben auch eine Bereitschaft auf den ande-

* Der einleitende Text ist durch Inspiration von Thea Bauriedl, *Wege aus der Gewalt. Die Befreiung aus dem Netz der Feindbilder*, 2001, und Thea Bauriedl, *Leben in Beziehungen*, 1996, entstanden.

ren Seiten. Und genau hierin besteht der Prozess, den ich *Kooperationsfähigkeit* nenne: Wir sind in der Realität meistens nicht in der Lage, Kooperation einzufordern. Die Macht, die wir diesbezüglich über andere ausüben können, ist begrenzt und deren Ausübung vielleicht auch nicht sinnvoll, weil sie genau das Gegenteil von dem bewirkt, was wir möchten. Wir haben auch die Wahl, es bleiben zu lassen, also unseren Wunsch nach Kooperation aufzugeben. Das ist vielleicht dann nicht unbedingt die Kooperationsfähigkeit, die ich meine, aber manches Mal kann die Situation auch einfach zu schwierig sein. Unter Kooperationsfähigkeit verstehe ich, *offen* zu bleiben, auch wenn wir zunächst vor sogenannten *verschlossenen Türen* stehen. Dann gilt es zu schauen, inwieweit es möglich ist, dass ich mich auf dieses Verschließen emotional einlasse, und wahrzunehmen, wie und ob ich es verstehen kann, ohne dass auch ich selbst mich gleich wieder verschließe. All das ist kein einfacher Prozess, und vor allem: Einmal getan, ist er nicht beendet. Er beginnt immer wieder von Neuem.

In der gemeinschaftlichen Entwicklung einer Kooperationskultur kann jemand, der selbst schon sehr kooperationserfahren ist, andere gut begleiten und somit zur bedeutenden Hilfestellung für alle Beteiligten werden. Unternehmen, die eine bedeutende Kooperationskultur entwickelt haben, werden so auch zu Leuchttürmen für andere und haben als gesellschaftspolitische Gestalter in ihren Lieferanten- und Geschäftsbeziehungsketten eine oftmals herausragende und bedeutende Rolle. Mitarbeitende benennen genau diese Rolle, die sie dann in ihrer Modell- und Vorbildwirkung einnehmen, als besonders sinnstiftenden Auftrag, der sie weit über den Unternehmenszweck hinaus gestalterisch werden lässt.

Ich vertrete die Meinung, dass angesichts der vielen globalen Herausforderungen bzw. Krisen eine Kultur der Kooperation der entscheidende Rettungsanker ist, denn – um nur ein Beispiel zu nennen – wollen wir in der Klimafrage wirklich handlungseffizient sein, so braucht es eine globale Zusammenarbeit. Ich finde, es gibt auch schon überall gute Zeichen von Kooperationswilligkeit, nur fehlt es noch an Erfahrung und Begleitung, dass Kooperation gelingen kann und echte Kooperationsfähigkeit entsteht. Und genau darum können Unternehmen überall die starke gesellschaftspolitische Rolle übernehmen, kooperationswilligen Partnern die Erfahrung zu ermöglichen, dass Kooperation gelingen kann, und diese damit nachhaltig zu verändern. Dies tun die Unternehmen, indem sie im Wissen um die Schwierigkeit des Prozesses dranbleiben, anstatt aufzugeben oder Macht auszuüben, indem sie ihre sozialen Kompetenzen unter Beweis stellen und damit einen authentischen, echten Beitrag für die Zukunftsfähigkeit der Welt leisten.

Bei der Entwicklung einer solchen Beziehungskultur geht es mir also zum einen um den Aspekt der Resilienz des Unternehmens selbst, indem durch die Möglichkeit, intern Vielfalt auszuhalten und Freiheiten zuzugestehen, mehr Selbstverantwortung der Einzelnen, mehr Vertrauen im Miteinander, mehr Kreativität und mehr Intelligenz und mehr Innovation im Gesamten entstehen. Zum anderen geht es darum, dass mit einer Kultur der Kooperation ein Unternehmen über sich selbst hinaus einen bedeutenden positiven Beitrag leistet.

Du hast ein Feld aufgespannt zwischen dem Willen zur Kooperation als Voraussetzung und der Fähigkeit, sich gegenseitig zu fördern und zu begleiten. Gehen wir erst mal zum Zweiten. Angenommen, der Wille ist auf beiden Seiten vorhanden, was kann dazu beitragen, dass auch die Fähigkeit zur Kooperation sich weiterentwickelt? Was braucht es, dass sich die Fähigkeit entwickelt?

Zum einen braucht es Modellpersonen, weil Menschen ihr soziales Verhalten über Modellpersonen lernen. Soziales Verhalten rührt ja nicht vorrangig aus mentalen Erkenntnissen, sondern aus Erfahrungen und Gefühlen der eigenen Sicherheit und Wichtigkeit. Hier braucht es Menschen, die als Vorbilder, Orientierung gebend, wirken können, und zwar deshalb, weil sie in ihrem Selbstwert schon gefestigter sind als andere und es nicht mehr so sehr brauchen, von anderen bzw. vom Umfeld laufend bestätigt zu werden. Im Selbstwert gefestigte Menschen sind in ihren Handlungen nicht mehr so sehr darauf bedacht, es allen recht zu machen oder keine Fehler zu machen. Sie können die Unsicherheit des Gegenübers gut bei diesem belassen, ohne dass diese auf sie selbst überschwappt oder dass sie vom *Helfersyndrom* übermannt werden. Personen, die einen guten Selbstwert entwickelt haben, sind in ihren Grenzen sicherer und klarer und können besser als andere zwischen Mir und Dir unterscheiden, indem sie Interaktion mehr auf eine Art wie: »Aha, so geht es dir, und ich lasse es bei dir!« und »Aha, so geht es mir« wahrnehmen. Gereiftere Menschen übernehmen mehr Selbstfürsorge für ihr persönliches Befinden.

Ich mache ein Beispiel. Das Gegenüber sagt zu mir: »Was du tust, finde ich blöd und gefällt mir nicht«, woraufhin ich spüre, dass mich das verunsichert. Schon allein dieser Schritt, dass die Verunsicherung von mir selbst bewusst gespürt wird, zeugt von Reife und gibt mir Freiheiten, bewusst zu agieren, zum Beispiel, indem ich mich mir selbst zuwende und mich frage, was ich in dieser Situation für mich tun kann. Eine weniger gereifte Person würde möglicherweise unreflektiert die eigene Verunsicherung gar nicht spüren und wie automatisiert beginnen, dagegen zu argumentieren. Sie würde es ganz stark brauchen, vom Gegenüber bestätigt zu werden, um sich selbst sicher zu fühlen. Als im eigenen Selbstwert gefestigterer Mensch würde ich stattdessen vielleicht einfach nur feststellen: »Interessant. So empfindet mein Gegenüber. Es gefällt ihm nicht.« Falls es mein Wunsch ist, kann ich hier jetzt auch nachfragen, warum und weshalb es ihm nicht gefällt und was es bei ihm auslöst. Ich kann auch nachfragen, was sich mein Gegenüber stattdessen von mir wünscht, und dann überlegen, ob es für mich selbst okay wäre, seinem Wunsch nachzukommen. Oder ich kann seine Aussage auch einfach nur akzeptieren. »Ja, okay, so geht es ihm, so ist es für ihn.« Dass ich verschiedene Handlungsoptionen habe, das macht mich kooperationsfähig.

Kooperation bedeutet zunächst einmal, dass ich dem anderen in seiner Andersartigkeit begegnen kann, ohne ihn dafür innerlich oder verbal abzuwerten. Kooperation bedeutet weiters, dass ich meine eigene Individualität nicht aufgebe und mich damit zum Opfer mache oder dass ich vom anderen verlange, dass er seine Individualität, Meinung etc. aufgibt, um mich zu stabilisieren.

Die Andersartigkeit, das Andersdenken, das Anderssein macht überall dort – in jenen Themen und Feldern – besonders große Angst, in denen wir uns selbst nicht ganz sicher fühlen. Doch diese Angst oder Verunsicherung wird dann selbst nicht gespürt, sondern drückt sich zumeist in Abspaltung, also Verurteilung des anderen, aus. Ich mache ein Beispiel aus der Unternehmenspraxis: Herr Meyer ist der Meinung, dass die Strategie A für die Zukunft die richtige ist. Herr Bauer entgegnet, dass er diesbezüglich anders denkt. Nun kann es sein, dass beide wütend werden und sich gegenseitig bekämpfen, weil es für beide schwierig ist, es auszuhalten, dass eine andere Sichtweise die eigene infrage stellt und damit zu stark verunsichert.

In all diesen Unternehmenssituationen, die gleichzeitig eben auch Beziehungssituationen sind, gilt es, Grenzen zu akzeptieren: »Aha, so siehst du es« und »So sehe ich es«. Wenn wir diese Unterschiedlichkeit gelassen hinnehmen können, dann erlaubt uns diese Gelassenheit das kooperative Verhalten, dass wir beim anderen genauer nachfragen. Durch dieses Nachfragen entsteht dann zumeist auch beim anderen eine echte Bereitschaft, auch uns wiederum genauer zuzuhören, und damit entsteht ein vertiefter Kontakt. Es entstehen Respekt und Vertrauen.

Es braucht also Vorbilder und Modelle. Ich nehme an, in hierarchischen Unternehmen mit Führungskräften und Mitarbeitern sollte so eine Vorbildperson an der Spitze der Pyramide stehen. Wenn es an der Spitze nicht funktioniert, wird es unten auch nicht funktionieren. Sehe ich das in deinen Augen richtig?

Ich möchte infrage stellen, ob in Bezug auf das, was interpersonell, also zwischen zwei oder mehreren Menschen, läuft, grundsätzlich derjenige, der hierarchisch höher steht, mehr Einflussmöglichkeiten als der andere hat. Ich glaube, dass in dem Moment der Begegnung bzw. im Moment des Kontaktes zueinander dies nicht stimmt – denn in diesem Moment gibt es im Kontakt nur ein Ich und Du, keine Hierarchie, sondern nur Unterschiede. Und dennoch hat der hierarchisch Vorstehende einen entscheidenden Vorteil: Er hat meistens die Entscheidungsfreiheit, Räume, in denen Kontakt möglich ist, zur Verfügung zu stellen oder dazu einzuladen. Mitarbeiter haben diese Entscheidungsfreiheit oftmals nicht in demselben Ausmaß. Hingegen, was das Vorbildsein – im Sinne von Orientierung geben, sich emotional aufeinander einlassen und nicht im Sinne von »besser« sein – betrifft, gibt es keine Unterschiede. Eine Führungskraft, die stark davon abhängig ist, von den Mitarbeitern bestätigt zu werden, fragt vielleicht genau aus diesem Grund niemals nach: »Wie geht es euch in unserer Beziehung?« oder »Wie kommt ihr mit meinem Führungsstil zurecht?« Bzw. wenn diese Führungskraft nachfragt, werden die Mitarbeitenden ihr möglicherweise keine ehrliche Antwort geben, weil sie gut spüren – weil Menschen eben spürende Wesen sind – oder auch aus Erfahrung wissen, dass die Führungskraft explodiert oder in Tränen ausbricht oder beleidigt ist und sich ungerecht behandelt fühlt, wenn man nicht genau das sagt, was sie hören will. Diese Situation ist genauso schwierig wie die umgekehrte Situation: dass der Mitarbeiter um Feedback fragt und in dem Moment, in dem die Führungskraft ihm Feedback gibt, er es nicht aushält, sich zurückzieht, sich verletzt und beleidigt fühlt. Und hier denke ich: Egal, wer in diesen Situationen auf mehr Widerstandskraft zurückgreifen kann und wer die Grenzen klarer verspürt, über eine größere Unterscheidungs- und Reflexionsfähigkeit darüber verfügt, woher denn ein Schmerz rührt, woher zum Beispiel aus der eigenen Geschichte, der kann hier positiv und wirkungsvoller in die Situation einwirken. Aus all diesen Gründen ist jede Person, die Kompetenzen der Friedensstiftung, der Kooperation und der partizipativen gemeinschaftlichen Beziehungskultur einbringt, für jedes Unternehmen ein großer Gewinn. Über das Unternehmen hinaus gedacht, in der Lieferantenkette oder in den Geschäftsbeziehungen ganz allgemein, da spielen die internen Hierarchien nicht mehr so eine Rolle. Vereinfacht möchte ich sagen, dass jede Person, die im Kontakt ist mit anderen, als Modell wirken kann und Einfluss hat.

Bleiben wir noch beim Thema Vorbildmodell. Wie wird man zu so einem Modell? Welche Entwicklungsschritte sind da notwendig?
Ich finde das Wort »Modell« oder »Vorbild« hilfreich und schädigend zugleich. Zum einen hilfreich, um zu verstehen, dass Menschen sich an anderen orientieren, wenn sie ihre sozialen Kompetenzen auf- und ausbauen. Das ist ja ein Fakt. Zum anderen sagen wir damit aber im selben Atemzug, dass jemand von sich selbst den Anspruch des Vorbilds hat oder haben darf oder soll, womit bei einem Menschen Fantasien der Überlegenheit und des Besserseins und bei einem anderen Menschen der Unterlegenheit und des Schlechterseins entstehen. Genau mit dieser Wertung sind wir schon nicht mehr in der Kultur der Kooperation. Sondern: Eine Kultur der Kooperation, eine Vertrauenskultur, setzt voraus, dass ich die Haltung der absoluten Gleichwertigkeit in mir trage anstatt den Anspruch nach einem »besser«. Die Haltung der Gleichwertigkeit ist jene Haltung, dass wirklich jeder Mensch sinnhaft reagiert und agiert und dass wir alle unterschiedlich sind. Aber nicht besser und schlechter. Und wenn ich diese Haltung in mir verinnerlicht habe, spürt jedes Gegenüber die Freiheit, authentisch sein zu dürfen und Wertschätzung genau dafür zu erfahren. Doch wie findet die Entwicklung hin zum *Modell* statt, um noch einmal bewusst dieses Bild zu brau-

chen? Indem ich innere Arbeit leiste. Innere Arbeit zu leisten bedeutet, dass ich genau schaue, woher meine Ängste und Sorgen rühren; sich der eigenen Gefühle bewusst zu werden, damit man nicht laufend zum Beispiel in Form von Schuldzuweisungen auf die anderen projiziert. Innere Arbeit bedeutet auch, dass man in Situationen, in denen man emotional berührt ist, gut bei sich selbst schaut, woher die Berührung kommt und sich die Frage stellt, wie man dann für sich selbst sorgen kann – vielleicht auch indem man andere um Hilfe bittet. All das bezeichne ich als innere Arbeit: dass ich die Gründe für mein »Jetzt geht's mir so« nicht allein im Außen suche und damit in eine Opferhaltung falle. Aus dieser Opferhaltung heraus mache ich auch mein Gegenüber zum Opfer, indem ich ihn der Täterschaft bezichtige. Und genau dies ist die Funktionsweise von Gewalt, egal, wo sie passiert: ob im Schlafzimmer oder im Unternehmen, im Krieg oder im Meeting. Für eine innere Arbeit gibt es viele Wege. Es gibt therapeutische Wege, persönlichkeitsentwickelnde Wege oder auch Wege in der Reflexion für sich allein oder in der Gruppe.

Manche Menschen haben für diese Form der inneren Arbeit im sozialen Umfeld, in dem sie aufgewachsen sind, schlechte Startvoraussetzungen bekommen. Andere haben wiederum sehr gute Voraussetzungen mitbekommen, vielleicht weil sie Eltern und damit Modellpersonen hatten, die sich gut abgrenzen konnten und die ihre Kinder oder ihren Partner für die Stärkung ihres Selbstwertes nicht benutzt haben. Gute Voraussetzungen hat, wer als Kind nicht so stark funktionalisiert wurde. Bei wem hingegen im sozialen Umfeld dieses Sich-gegenseitig-verantwortlich-Machen schon in der Kindheit begonnen hat, hat es schwieriger, mit sich selbst gut in Kontakt zu kommen und sich abzugrenzen. Vielleicht weil Mama und Papa beispielsweise laufend sagten: »Wenn du böse bist, machst du Mama traurig, oder dann ist Papa sauer«, anstatt dass sie als Eltern selbst die Verantwortung übernommen hätten und die Grenzen innerlich wie äußerlich so klar hatten, dass sie wirkungsvoll vermitteln konnten, was erlaubt oder erwünscht ist und was nicht. Da wäre dann das Hin- und Herschieben von Verantwortungen überflüssig.

Ich stelle mir jetzt einen mittelständischen Betrieb mit 100 Leuten vor; der Firmenchef ist auch der Eigentümer, und das Unternehmen hat eine lange Tradition. Die Struktur ist über mehrere Generationen entstanden, eine starke Firmenkultur hat sich gebildet. Nun entscheidet der Eigentümer, dass er sein Unternehmen in Richtung von Beziehungskultur und Kooperation weiterentwickeln möchte, weil er sich große Vorteile erhofft: wirtschaftlich, in Bezug auf seine persönliche Befriedigung und Freude und weil er einen Beitrag für die Welt leisten möchte. Was wären erste Schritte, die er oder sie unternehmen könnte?

Der erste Schritt, den er oder sie unternehmen könnte, wäre, kleine Räume des Dialogs zu öffnen. Das kann zu allen möglichen Themen passieren. Es geht nur darum, dass die Mitarbeitenden die Möglichkeit haben, ein zunehmend angstfreies und damit authentischeres Aus-sich-heraus-Sprechen zu entwickeln. Denn in der größten Zahl von Unternehmen sprechen die Mitarbeitenden in Sitzungen nur das aus, was gesagt werden darf oder soll, das, wovon sie wissen, dass es die Führung oder die Kollegen nicht zu sehr verunsichert und beunruhigt. Sie äußern sich deshalb diplomatisch. So gehen die Kreativität und die Spontaneität natürlich verloren. Die ersten Schritte zu einer offenen Dialogkultur werden am besten so gesetzt, dass man die Mitarbeiter zunächst zur Meinungsäußerung in Bezug auf ein klar begrenztes Thema, in einem geklärten Kontext, einlädt. Themen, die sich hier eignen, können zum Beispiel die Gestaltung einer Broschüre sein oder das Organisieren eines Events, einer Firmenfeier. Auf diese Art und Weise kann sich mit der Zeit das Vertrauen bilden, dass es wirklich erwünscht ist, die Gedanken, Ideen, Fantasien, Intuitionen, Bedürfnisse und Sorgen der Einzelnen zu hören, und dass diese Form der authentischen Öffnung von allen als Bereicherung erfahren wird. Den Dialog zu kultivieren ist relativ einfach. Auch das Vertrauen in ein neues Miteinander entwickelt sich zumeist relativ schnell: Voraussetzung ist aber, dass man es wirklich ernst meint.

Wenn der Alltag eines Unternehmens von Effizienz, Schnelligkeit und operativer Hektik geprägt ist, könnte es schwierig sein, sich Raum und Zeit für den Dialog zu nehmen, obwohl man weiß, dass eigentlich etwas Gutes daraus entsteht. Gibt es denn hilfreiche Symbole, die die Menschen in Unternehmen gut daran erinnern und dazu motivieren, an ihrem Vorhaben einer neuen Begegnungskultur dranzubleiben?

Ja. Erinnernde Symbole bzw. Wächter und Hüter, die für den Willen des Entstehens eines neuen Miteinanders stehen, sind besonders wichtig, denn tatsächlich bleibt sonst über Schnelligkeiten und Dringlichkeiten nur die gute Absicht übrig. Ein ernst gemeintes Dranbleiben ist gefragt, ein sich Wiedererinnern nach Momenten der Vergessenheit und des Rückschrittes. Eine Verstetigung passiert, wenn immer wieder mit einer Haltung der Öffnung und Akzeptanz zu neuen Dialogen eingeladen wird. Dies bedeutet einen echten Paradigmenwechsel, der auf der tiefen Erkenntnis fußt, dass eine Vielfalt an Sichtweisen, die im Potenzial der Einzelnen stecken, für die Zukunft wirklich gebraucht wird. Ohne diese Überzeugung tut man sich einen tief greifenden Unternehmenskulturprozess nicht an. Immer mehr Führungskräfte äußern heute sehr deutlich, dass die massiv gestiegene Komplexität vieler Handlungen einzelne Köpfe überfordert. Wenn in früheren Zeiten ein Chef noch allein sehr gute Entscheidungen hat treffen können, weil die Komplexität aller Unternehmensbereiche sowie die Vernetzungen und Zusammenhänge einfach sehr viel geringer gewesen sind, so können heute viele Führungskräfte ihre Verantwortungsbereiche nicht mehr allein überblicken und können bzw. wollen demnach nicht mehr alleine entscheiden. Sie wollen und brauchen »intelligente und selbstbewusste« Sparringspartner. Wenn wir aber wollen bzw. es brauchen, dass sich Einzelne ihres Potenzials bewusst werden und es einbringen, braucht es Räume der Entwicklung. Du wirst nicht von alleine zum guten Skifahrer. Du brauchst Übung. Und genauso braucht dieses emanzipierte Miteinandersein Übung und Raum. Man wird viel leichter zum guten Skifahrer, wenn man sich immer wieder mal einen Lehrer nimmt, der einen aufs Neue einjustiert, der Inputs gibt und der vielleicht auch zeigt, wo sich unbewusst ungünstige Gewohnheiten eingeschlichen haben. Und genauso kann ein Prozessbegleiter, ein Wächter, ein Hüter dieser neuen Qualität des Dialogs, dieser neuen, emanzipierten Qualität der Zusammenarbeit, die sich ja im Dialog zeigt, hier immer wieder justierend und verbessernd mit hineinwirken. Deshalb finde ich persönlich, dass man heute und für die Zukunft mehr denn je gute, sehr reflektierte Prozessbegleitung und Kommunikationsbegleitung braucht. Diese wird für die Zukunftssicherung eines Unternehmens wichtiger sein als jede Form der Fachberatung. Denn im Beisein von qualifizierten Begleitern können Unternehmen und Teams eigenes Potenzial entwickeln und bauen damit ihre Autonomie vom Fachberater aus.

Wir haben zwei Ebenen angeschaut, bei der einen gehört eine gute Selbstreflexion dazu, bei der anderen Hüter und eine gute Prozessbegleitung. Gibt es andere Möglichkeiten? Kann ich meine Mitarbeiter oder ganze Teams zu Schulungen senden?
Schulungen sind zumeist eine ungeeignete Maßnahme, die Beziehungsdynamiken im Unternehmen zu verändern, aus mehrfachen Gründen. Eine Schulung suggeriert zum Beispiel die Vorstellung, dass die Veränderung *von außen*, vom Kurs oder vom Referenten kommt. Diese Haltung ist vielen bekannt: Da ist einer, der kann es besser, und du hast von dem zu lernen. Eine derartige Einstellung führt zum einen weg vom Glauben an sich selbst und an die eigenen Fähigkeiten, weg von der eigenen Authentizität und Wirkungskraft, und zum anderen fördert sie obendrein auch noch ein Konsumverhalten. Nach dem Motto: Ich habe was zu lernen, bitte gib es mir, oder: Ich habe bezahlt, du hast es mir zu geben. Oder: Wenn ich es nicht lerne, dann hast du versagt. Damit sind wir dann wieder in einer Beziehungsdynamik, die Verantwortung abschiebt. Wenn Referenten in Schulungen diese Erwartungshaltungen bewusst machen und nicht bedienen, anstatt Abhängigkeiten regelrecht zu züchten, so können wir für eine entwicklungsfördernde Maßnahme zwar das Wort »Schulung« verwenden, diese darf aber nicht mehr klassisch als solche ablaufen. Ein förderliches Format von Schulung wäre beispielweise ein Erlebens- und Erfahrungsraum. Im übertragenen Sinne einer Spielwiese könnten Momente der Angstfreiheit, einer Alles-ist-richtig-Kultur geboten werden, in denen die Einzelnen sich in ihrer Besonderheit, ihrer Andersartigkeit und Einzigartigkeit entdecken und für sich Sicherheit und Wertschätzung entwickeln. Aber dann wären wir schon wieder bei einer Form von Entwicklungsbegleitung und demnach weit weg von einer klassischen Schulung.

Viele Mitarbeiter in Unternehmen haben mittlerweile auch schon starke Widerstände gegen Schulungen entwickelt, weil sie sagen, da kommt wieder einer und erzählt uns was und suggeriert uns damit: So, wie wir sind, passen wir nicht. Und dabei ginge es ja genau um das Gegenteilige: dass ich als Mitarbeiter ein breites Selbstverständnis dafür entwickle, dass ich genau so passe, wie ich bin. Ich darf auch hören, wie es dir mit mir geht, aber ich bin nicht dafür verantwortlich. Ich kann aber lernen, dich dabei zu unterstützen, es dir mit mir etwas leichter zu machen. Weitere Möglichkeiten der Kulturentwicklung sind die Supervision und das Coaching. Und auch hier meine ich, ähnlich der Schulung ist die Herangehensweise des Coachs oder Supervisors entscheidend: Wichtig ist ein fragendes, ein befähigendes Coaching bzw. Supervision, die nicht schon die Antworten vorgeben und parat halten, weil Wertungen gerne einschränken und manches Mal einen Prozess gar stoppen. Mit Wertvorstellungen – wie: So macht man es richtig, so geht es nicht – ist Kooperation schwierig, weil dahinter immer der Anspruch steckt, dass ich es besser weiß und du von mir zu lernen hast. Aber diese Haltung belastet Beziehungen, weil sich eben jeder in seinem eigenen Selbstwert gewürdigt wissen will.

Ich möchte noch auf einen weiteren gefährlichen Aspekt von Schulungen und Coachings hinweisen: Sind diese nicht eingebettet in einen langfristigen Kulturentwicklungsprozess, sondern als schnelle Einzelmaßnahme geplant, so kann es passieren, dass dabei ausgelöste emotionale Prozesse die Einzelnen und die Gruppe überfordern. Dann erreicht man auch genau das Gegenteil: Anstatt Öffnung und Annäherung ziehen sich die Menschen noch weiter voneinander zurück und verschließen sich. Denn wir sind es nicht gewohnt, mit emotionalen oder beziehungsmäßigen Dingen umzugehen, und deshalb braucht es eine sanfte Annäherung daran. Sonst ist es so, als würde man jemanden, der Flugangst hat, in einen Drachenflieger setzen und losschicken. Menschen fürchten die Auseinandersetzung mit Gefühlen in Beziehungen, weil sie möglicherweise gar keine Übung darin haben. Aus diesem Grund kommt es leicht zur Überforderung. So viele Prägungen und Vorbilder sowohl in der Familie als auch in Organisationen haben uns jahrzehntelang vorgelebt und gesagt, dass man keine Emotionen zeigen darf oder dass Emotionen ein Zeichen von Schwäche sind. Die einzigen Emotionen, die vielleicht salonfähig sind, sind die Wut auf jemand anderen, die Beschuldigung und die gegenseitige Abwertung. Diese haben wir überall gesehen und gelernt. Aber nachzufragen und sich anzuhören, wie es dem anderen geht, was ihn dazu bewegt, sich auf eine bestimmte Art und Weise zu verhalten, und damit, auch wenn es schwierig ist, immer wieder eine echte Kontaktaufnahme anzustreben anstatt einen Kontaktabbruch, das macht Angst. Oft wird auch deshalb nicht nachgefragt, weil man Angst hat, von der Antwort des Gegenübers überfordert zu werden – in mehrerlei Hinsicht. Ein Szenario wäre, dass man Sorge hat, mit den eigenen Gefühlen, die die Aussagen des anderen auslösen, nicht gut umgehen zu können. Ein anderes Szenario wäre, dass man große Sorge hat, für den anderen Verantwortung übernehmen zu müssen. Denn es ist genau das, was Führungskräfte in Unternehmen oft zu Ohren bekommen: dass es ihre Verantwortung ist, die Mitarbeiter zufriedenzustellen. Doch wenn dem so ist, dann liegt es auf der Hand, dass Führungskräfte oft nicht hören wollen, wie es ihren Mitarbeitern geht, nach dem Motto: »Sag mir ja nicht, dass es dir nicht gut geht, weil: Ich habe so und anders schon zu viel zu tun.« Hier gilt es, im Zusammenspiel von Führungskräften und Mitarbeitern um ein neues Verständnis von Fürsorge, Grenzen und Eigenverantwortung zu ringen und daraus möglicherweise unser vorherrschendes Führungskonzept selbst infrage zu stellen. Sind wir erst einmal bereit, lieb gewonnene und gewohnte Konzepte über Führung, Beziehungen und vieles mehr loszulassen, dann sind wir schon mittendrin in einer neuen Kultur der Kooperation.

Wenn ich mir das als Weg vorstelle, den ein Unternehmen hin zur Gemeinschaftskultur und Offenheit geht: Da könnten gewisse Aspekte Angst machen, dass gewisse Emotionen sehr stark werden, dass dadurch vielleicht sogar die Beziehungen zwischen den Leuten hinterher schlechter werden. Dass die Arbeit nicht mehr geleistet wird, weil die Arbeiter sich in Beziehungsdiskussionen stürzen. Wie kann man einen Prozess so steuern, dass er nicht aus dem Ruder läuft?

Indem wiederum die Einzelnen in dem Moment, in dem es ihnen zu viel wird, Grenzen setzen bzw. ihre Wünsche nach Begrenzung äußern. Geben wir hier unseren authentischen Gefühlen wieder einen Platz, so kann neuer Kontakt entstehen. Und zum ersten Teil der Frage – danach, was tun, wenn die Beziehungen zwischen den Leuten hinterher schlechter werden – muss ich zunächst hinterfragen, was gemeint ist, wenn wir von *guten* bzw. *schlechten* Beziehung sprechen. Erst sehr kürzlich bin ich in einem Unternehmen gewesen, bei welchem mir eine Führungskraft bekräftigt hat, dass alle einander sehr mögen und es den Leuten so gut gehe und sie deshalb nie Kritik höre. Die Mitarbeiterbefragung, die wir durchgeführt haben, zeigte ein etwas anderes, sehr ambivalentes Bild. Und an dieser Stelle möchte ich klar sagen: In einer dialogischen Beziehungskultur bewerte ich ein Team nicht dann als gut, wenn es scheinbar allen gut geht, bzw. nicht als schlecht, wenn manche unzufrieden sind. Denn die Haltung »ich möchte bzw. brauche es, dass es allen gut geht« ist ein Machtinstrument, das bewirkt, dass sich vielleicht einige Menschen nicht trauen zu äußern, wie es ihnen wirklich geht, aus Sorge, die Führungskraft könne es persönlich nehmen und als eigenes Versäumnis interpretieren. Dies passiert sehr häufig in Beziehungskulturen, in denen die Grenzen der Verantwortung nicht klar sind, in welchen der eine für den anderen verantwortlich gemacht wird, wo viel Symbiotisches da ist und damit viele Verwechslungen passieren. Wenn der Mitarbeiter hingegen spürt, dass es ihm auch mal schlecht gehen darf, ohne dass deshalb jemand Sorge hat, als Führungskraft oder Kollege versagt zu haben, und wenn er spürt, dass es auch erlaubt ist, einander auch mal nicht zu mögen, ohne dass gleich klar sein muss, woher das rührt, und ohne dass jemand oder etwas »Schuldiges« gefunden werden muss, so sind dies Zeichen eines emanzipierten, pluralistischen Miteinanders. Und das meine ich, wenn ich von *guten* Beziehungen spreche – nicht, dass es hier zu einer Verwechslung kommt.

Doch was tun, wenn – wonach deine Frage zielte – die Beschäftigung mit den Beziehungen bei den Einzelnen vielleicht mehr Raum einnimmt, als der Unternehmensleitung lieb ist? Die *eigentliche* Arbeit und die Arbeit an den Beziehungen bilden ein gemeinsames Spannungsfeld: Und wir haben diesbezüglich gut hinzuschauen und Entscheidungen zu treffen, wann wir uns mit dem einen und wann wir uns mit dem anderen auseinandersetzen. So gilt es auch, an der Fähigkeit zu arbeiten, es aushalten zu können, dass nicht immer alles und sofort geklärt werden kann und dass man Konflikte und Krisen auch mal unbewältigt stehen lassen kann. Wichtig ist nur, dass zunehmend unterschieden werden kann, wo gerade die Störung herkommt und worüber man gerade spricht: über die Arbeit selbst oder über die Beziehung. Wenn das hingegen nicht klar ist, entstehen Verwechslungen und Chaos.

Ich kehre nun noch einmal zum vorhin angesprochenen Beispiel zurück. Die Mitarbeiterbefragung zeigte ein sehr ambivalentes Bild vom Unternehmen: Zum einen sagten die Mitarbeiter: »Die Führungskräfte sind okay, und wir haben eine gute Beziehung.« Gleichzeitig sagte die Mitarbeiterbefragung aber auch: »Die Arbeitsatmosphäre ist schlecht.« Die Kommentare der Führungskräfte des Unternehmens zu den Ergebnissen der Befragung gingen unisono in die Richtung: »Die Mitarbeiter sind doch nicht zurechnungsfähig, das sind ja lauter Widersprüche.« Aber diese Widersprüche sind völlig normal. Ein ganz wichtiger Teil der Beziehungsarbeit ist es nämlich, zu ordnen, zu schauen, wo gehört was hin, und sich für diese Arbeit Raum und Zeit zu geben. Diese Form der Beziehungsarbeit ist natürlich für Unternehmen keine Pflicht – man kann sich auch dafür entscheiden, ein *klassisches* Unternehmen zu bleiben, in dem man über die Einzelnen bestimmt und sie nicht fragt. Man spart dabei etliche Ressourcen, wie Zeit, Aufwand, Geld – aber man verliert auch Ressourcen: das Potenzial der Kreativität, der Intelligenz und des Einsatzes eines eigenverantwortlichen Mitarbeiters. Man kann nicht alles haben. Deshalb braucht es vonseiten der Unternehmensleitung in Bezug auf die Unternehmenskultur eine Entscheidung: Was möchte ich, was ist mir wichtiger?

Was würdest du dem Unternehmen, das du gerade beschrieben hast, als nächste Schritte vorschlagen, und was für einen zeitlichen Horizont würdest du ihnen nennen?

Ich habe dem vorhin beschriebenen Unternehmen empfohlen, regelmäßig Räume des Dialogs zu öffnen, in denen das, was derzeit in der Bewusstlosigkeit und Sprachlosigkeit ist, benannt werden darf und in denen die Menschen den Kontakt zu sich selbst und zu den anderen üben. Ich stelle mir das so vor, dass verschiedene Gruppen in regelmäßigen Abständen, zum Beispiel einmal im Monat, über einen Zeitraum von mindestens eineinhalb Jahren in Dialogräumen zusammenkommen, um zu klären, um sich und einander zu erlauben, mal nachzufragen: Wie kann das sein? Wie erklären wir uns das? Und damit Schritt für Schritt eine Ordnung und eine Sortierung herbeizuführen und gleichzeitig eine Dialogkultur zu entwickeln,

Es ist möglicherweise zusätzlich schwierig, wenn Menschen aus unterschiedlichen Kulturen zusammenkommen, vielleicht aus Ländern mit stark hierarchischer und patriarchalischer Prägung, wo auch das Mann-Frau-Verhältnis noch viel traditioneller ist. Wie ist damit umzugehen? Wie ist eine Wertschätzung zu entwickeln für Leute, die sagen: »Nein, eigentlich wollen wir es so offen nicht haben«?

Die Globalisierung ist auch aus Sicht der zwischenmenschlichen Beziehungen eine sehr große Herausforderung. Wir können der Globalisierung so begegnen wie einst die Missionierung, die Ausbreitung des Katholizismus: Wir haben das Richtige, und ihr habt das zu übernehmen. Das kostet sehr viel Energie und schafft sehr viele Verletzungen auf Beziehungsebene. Mit diesem Überstülpen nehme ich heftige Konflikte, vielleicht sogar Kriege in Kauf, denn Menschen, die sich stark ausgeliefert fühlen bzw. sind, werden aus der Ohnmacht häufig gewalttätig. Wenn wir Kooperation ernst nehmen, dann kann es nur über ein Akzeptieren der Anderswertigkeit gehen und um ein Akzeptieren darum, dass es immer wieder für alle Beteiligten ein Ringen um Akzeptanz ist, ein Immer-wieder-aufs-Neue-Hinschauen und Sichfragen: Was kann jetzt das Gemeinsame sein? Anstatt des »So und so hat es zu sein« das Halten des dialogischen Moments: »Was kann hier das Gemeinsame sein?« Das kostet zwar Zeit und viel Beziehungsarbeit, schafft aber dafür Vertrauen und Frieden und auch Würde und Wertschätzung. Auch diesbezüglich können Unternehmen für sich entscheiden, was sie wollen. Und das möchte nun auch mein Schlusssatz sein: Die Kultur, die wir leben, ist von uns gestaltet. Wir sind nicht ihre Opfer, sondern wir können sie mit entscheiden und mit verändern.

Herzlichen Dank, Evelyn!

15

Governance, Struktur und Führung

Vertrauen ist ein Mechanismus
für die Reduktion von Komplexität.
Niklas Luhmann

In der Governance wird geklärt, *wie* in einem Unternehmen zusammengearbeitet wird. In jedem Unternehmen, in jedem Team müssen einige Fragen – beispielsweise in Bezug auf Rolle, Zuständigkeitsbereich, Verantwortung und Entscheidungsfreiheit und anderem – beantwortet werden, damit die Menschen effektiv zusammenarbeiten können. Wie viel Autonomie haben die verschiedenen Teammitglieder innerhalb welcher Grenzen und Vorgaben? Welche Maßnahmen/Aktionen sind wichtig, um die Ziele des Teams/der Abteilung zu erreichen, und wer wird sie ausführen? Wie werden unterschiedliche strategische und operative Entscheidungen getroffen, denen sich einzelne Teams bzw. das Unternehmen als Ganzes gegenübersehen? Wie werden Aufgaben definiert, protokolliert, berichtet und zugeteilt? Welche umfassenden Richtlinien oder Grundsätze in Bezug auf Führung bzw. Zusammenarbeit und anderes sollen befolgt werden?

All dies sind Fragen der Unternehmenssteuerung, sprich der Governance. Demnach geht es in der Governance darum, wie sich die Menschen in den verschiedenen Gruppen und Wirkbereichen der Organisation gemeinsam organisieren, es geht daher um die Festlegung von Zuständigkeiten und Erwartungen. Doch sehr oft gibt es solch einen Ordnungsrahmen nur in Bezug auf die oberste Führungsebene oder in Bezug auf den Umgang mit Shareholdern – hier gibt auch der Gesetzgeber einiges vor. Umso häufiger fehlt hingegen ein expliziter Steuerungsrahmen innerhalb der Organisation selbst, auch wenn Fragen der gemeinschaftlichen Organisation in der Produktionshalle genauso relevant sind wie im Büro des Kundenservice.

Wir möchten an dieser Stelle zwei Punkte betonen: Zum einen unterstreichen wir die Wichtigkeit, die Governance explizit für alle Mitarbeiter auf allen Ebenen und vielleicht sogar neben dem Umgang mit den Shareholdern auch für den Umgang mit verschiedenen Stakeholdern festzuhalten. Dies schafft Transparenz, Klarheit und Sicherheit. Zum anderen möchten wir dazu einladen, die Governance als lebendigen Prozess handzuhaben und sie so zu gestalten, dass ein Mitwirken Einzelner an der Verbesserung organisatorischer Muster möglich ist. Nur so wird den Mitarbeitern ein gesicherter Rahmen geboten, kontinuierlich Verbesserungen innerhalb ihres Kontextes mitzugestalten und voranzutreiben. Diese Gelegenheiten ist heute in den meisten Organisationen allein der oberen Ebenen vorbehalten. Mit anderen Worten: Eine ernst gemeinte Kultur der Partizipation bestätigt sich in einer expliziten Anpassung der Governance. Doch die Governance hat auch noch einen Schritt mehr zu leisten: Falls Mitarbeiter zur Partizipation eingeladen sind, so muss die Organisation auch sicherstellen, dass die geleistete Beteiligung nutzbar gemacht wird und in einem Lernprozess erfasst wird. Erleben nämlich die Mitarbeiter das Unvermögen der Organisation, ihre Inputs weiterzuverfolgen – weil sie selbst oder andere nicht über ein geeignetes Ventil verfügen, ihren Status quo zu verbessern –, so fühlen sich diese oftmals hinterher benutzt, enttäuscht und unverbunden. Gleichzeitig befinden sich auch die Führungskräfte immer häufiger in einem bedrückenden Zustand der Überforderung, sodass sie weder die Informationen noch die Herausforderungen effektiv verarbeiten können.

Es gibt sie schon, erste Ansätze, wo in Unternehmen über Ordnungsrahmen, die von einer Kultur des Lernens und des Miteinanders inspiriert sind, die Arbeit der Weiterentwicklung der Organisation auf das gesamte Unternehmen verteilt wird. Hierzu haben wir im Kapitel *Strategie, Lernen und Selbsterneuerung* schon einiges ausführlich beschrieben. Dies bewirkt nicht nur die Entlastung der Führungsebene, sondern ist gleichzeitig eine wirkungsvolle Prävention für mangelndes Engagement auf allen anderen Ebenen. Und nicht zuletzt ist damit für die Organisation selbst eine neue Kapazität für Lern- und Anpassungsfähigkeit eingeflößt werden.

Wenngleich wir zuvor eine klare und moderne Definition von Governance angeboten haben, so wird der Begriff *Governance* oft recht unscharf verwendet. Häufig wird der Begriff im Zusammenhang mit der sogenannten *good governance* verwendet. Dieser Doppelbegriff kommt aus der Verwaltung öffentlicher Institutionen bzw. Länder und Staaten und ist in den vergangenen Jahrzehnten in seiner Bedeutung auf die Privatwirtschaft ausgedehnt worden. Unter *good governance* wird ein Steuerungs- und Regelungssystem verstanden, welches eine verantwortungsvolle und transparente Führung des Unternehmens zum Ziel hat. Als Basis dafür braucht das Unternehmen eine Klarheit in Bezug auf: Was sind die Ziele der Organisation? *Für welche Ziele wollen wir die Regeln unserer Organisation beschreiben?* Hier ist mehr als die Kultur der Zusammenarbeit (siehe erster Absatz), der Zielableitungsprozess aus Mission/Vision und Strategie sowie die Aufbau- und Ablauforganisation gemeint. Weil in diesem

Abbildung 15: Von Mission/Vision zu Aktionen.

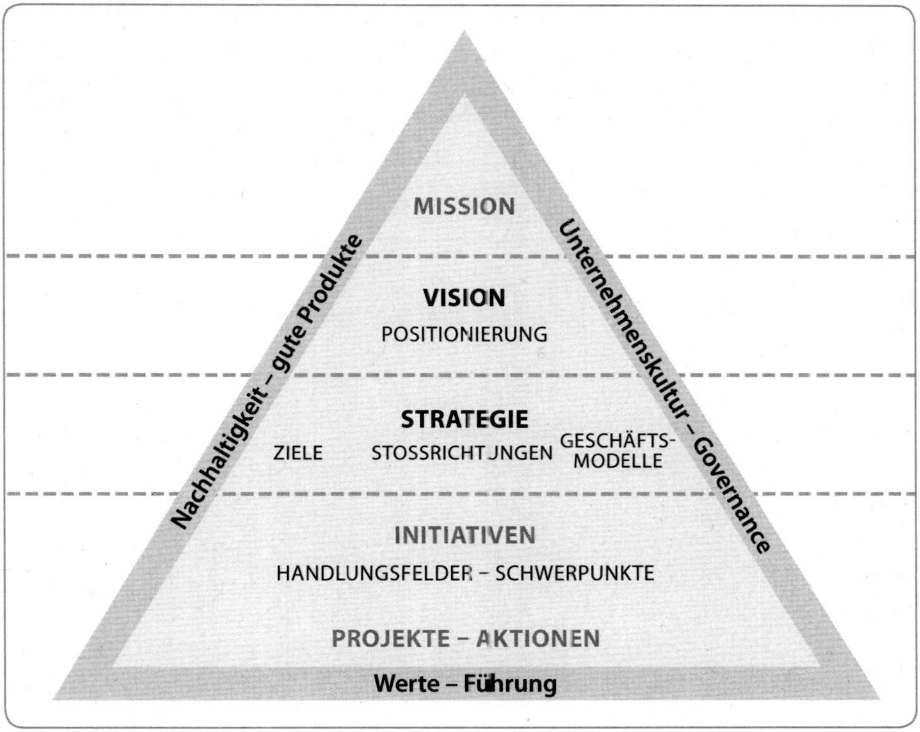

Quelle: Terra Institute.

zweiten Verständnis von Governance die organisationalen Ziele eine Basis bilden, ist es umso wichtiger, dass die Ziele geklärt sind. Denn wenn Unklarheiten über die Ableitung der Ziele bestehen, geraten Unternehmen gerne immer wieder in endlose Grundsatzdiskussionen.

Wir haben daraufhin Modelle entwickelt, mit denen die Inhalte aus Mission und Vision direkt abgeleitet und in Ziele übersetzt werden. Diese werden dann in Initiativen und Projekte konkret heruntergebrochen und so messbar gemacht. Klar definierte strategische Stoßrichtungen geben dabei den Handlungsrahmen vor (Abbildung 15).

Zu unterscheiden ist zwischen Wachstumszielen und Befähigungszielen. Letztere sind jene, die die Wachstumsziele ermöglichen, und werden in der Folge in konkrete Initiativen heruntergebrochen.

Detailliert aufgegliedert und verbunden mit der zeitlichen Orientierung entsteht so eine strategische Roadmap (Abbildung 16).

Ziele sind trotz akkuraten Ableitungsprozesses häufig konfliktär. Und weil Unternehmen meist mehrere Ziele gleichzeitig verfolgen, braucht es einen Prozess der Prio-

Abbildung 16: Strategie-Roadmap.

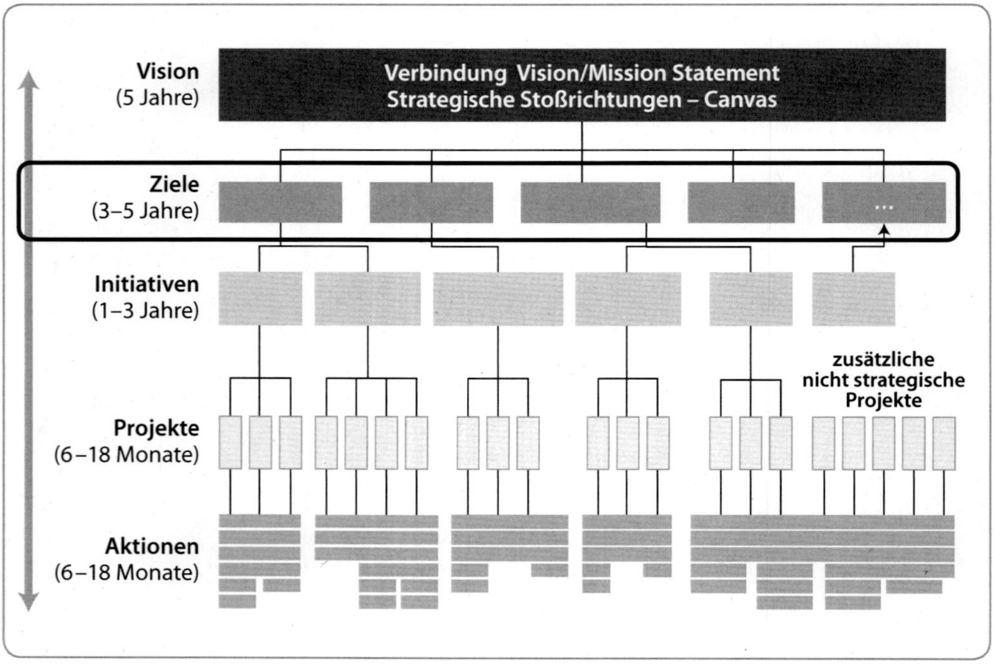

Quelle: Terra Institute.

risierung. Governance beschreibt deshalb auch, wie im Unternehmen mit Zielkonflikten umgegangen wird. Einige Beispiele für mögliche Zielkonflikte sind:

- Strategische Ausrichtung: Rendite – Wachstum – Nachhaltigkeit;
- Stakeholder: Kunden – Mitarbeiter – Eigentümer – regionales Umfeld …;
- Weiterbildungsschwerpunkte;
- Zukunftsorientierung: kurzfristig – langfristig;
- Entscheidungen: Top-down – Bottom-up – Kreiskulturen.

Die Stakeholdergruppe der Eigentümer (Eigen- oder Fremdkapitalgeber) verfügt über gesetzlich festgelegte Rechte und bestimmt deshalb den Ordnungsrahmen eines Unternehmens in hohem Maße mit. Zwischen den weltweiten nationalen Gesetzgebungen gibt es dabei deutliche Unterschiede: In Deutschland verfügen zum Beispiel auch die Mitarbeiter über gesetzlich verankerte Einflussmöglichkeiten (Mitbestimmungsgesetz), während in anderen Ländern nach wie vor einseitig die Anteilseigner bevorzugt werden.

Dieser *Shareholder-Ansatz* hat in den letzten 25 Jahren in den meisten Ländern in kapitalmarktorientierten Unternehmen auch unabhängig vom gesetzlichen Rahmen zunehmend an Bedeutung gewonnen. Die Unternehmen wurden dadurch zum Teil für Investoren attraktiver. In der Folge konnten sie ihre Kapitalkosten senken, da für die direkte Einlage der Geldgeber in der Regel keine Zinsen wie bei Bankkrediten gezahlt werden müssen. Abgebildet wurde diese klassische Shareholderorientierung zum Beispiel auch in der Vergütungsstruktur der Topmanager: Statt Boni für erzielte Erfolge in der Vergangenheit zu erhalten, erwerben sie nun vermehrt Aktienoptionen, die sich erst in Zukunft auszahlen. So wurde ein starker Motivationsanreiz zur Steigerung des Börsenwertes des Unternehmens gesetzt. Allerdings wurde gleichzeitig der Planungshorizont immer kürzer (»Quartalsbericht«), denn die Investoren schauten in den vergangenen Jahren bevorzugt auf die kurzfristige Rendite.

Außerdem führt die einseitige Kapitalmarktorientierung offensichtlich zu einer immer größer werdenden Kluft zwischen Arm und Reich in der Gesellschaft: Die Reichen (Kapitaleigner) werden immer reicher, während die Mitarbeitenden der Unternehmen im Vergleich immer ärmer werden. Das gesellschaftspolitische Versprechen des Trickle-down-Effektes (vom englischen *to trickle down*, »durchsickern«) hat sich nicht erfüllt, sondern ins Gegenteil verkehrt. Er hatte versprochen, dass das zunehmende Vermögen der Reichen immer mehr in die ärmeren Schichten sickern würde und so zum Wohlstand für alle führt. Das ist nicht der Fall – die Einkommensunterschiede sind in den letzten 30 Jahren deutlich gestiegen, der Zusammenhalt zwischen den verschiedenen Gruppen, insbesondere zwischen Arm und Reich, wird in den westlichen Gesellschaften immer geringer. Die vermehrte Kapitalmarktorientierung hat sozial nicht akzeptable Folgen. Die Existenz des Trickle-down-Effekts wird inzwischen auch von führenden Wirtschaftswissenschaftlern bezweifelt. Paul Krugmann, Nobelpreisträger für Wirtschaftswissenschaften, meint: »Wir warten auf diesen Trickle-down-Effekt nun seit 30 Jahren – vergeblich.« (Krugman 2008)

Ein weiterer Aspekt: Neben der längerfristig meist höheren Rendite der nicht am Kapitalmarkt orientierten Unternehmen (Säule der wirtschaftlichen Nachhaltigkeit) und der sich verschärfenden sozialen Spannungen (Säule der sozialen Nachhaltigkeit) hat die Fixierung auf kurzfristige Gewinne auch zu einer Beschleunigung der Ausbeutung der natürlichen Ressourcen geführt (Säule der ökologischen Nachhaltigkeit).

Kurz: Aktiengesellschaften fällt es schon alleine aufgrund ihrer einseitigen Shareholderorientierung schwer, sich in Richtung Nachhaltigkeit zu entwickeln. Da ändert auch die beste Good Governance wenig, denn sie ist zunächst den Anteilseignern verpflichtet. Änderung ist dringend geboten. Jakob von Uexküll plädiert für eine wesentlich bessere Lobbyarbeit, denn die sich in der sogenannten Good Governance widerspiegelnden gesetzlichen Rahmenbedingungen führen zu einer deutlichen Benachteiligung von nachhaltigen Unternehmen. Siehe dazu das Interview mit ihm in diesem Buch.

15.1
Eine neue Good Governance: Ziele in Balance

Nachhaltig ausgerichtete Unternehmen berücksichtigen neben der Anspruchsgruppe der Eigentümer/Kapitalgeber weitere Stakeholder: alle Mitarbeiter, Kunden, Lieferanten, weitere Geschäftspartner, die Menschen im regionalen Umfeld und, darüber hinaus, den Planet Erde insgesamt und die nachfolgenden Generationen. Es ist nicht leicht, diese Anspruchsgruppen in einem ausgewogenen Verhältnis zu berücksichtigen. Gleichzeitig ist es unerlässlich für die Zukunftssicherung unserer Welt.

Einen praktischen Ansatz bietet eine *Green Scorecard* (oder auch *Sustainability balanced Scorecard*, SBSC, oder kurz *Nachhaltigkeitsscorecard*), angelehnt an das bekannte Instrument der Balanced Scorecard. Eine Balanced Scorecard hat üblicherweise vier Perspektiven: Finanzen, Kunden, Prozesse und Mitarbeiter. Grundgedanke ist, dass für den langfristigen wirtschaftlichen Erfolg der Fokus nicht allein auf den Finanzen liegen darf, sondern die anderen Perspektiven systematisch und kennzahlengesteuert gleichermaßen betrachtet werden müssen.

Die Green Scorecard ergänzt die Balanced Scorecard um weitere Perspektiven aus dem Nachhaltigkeitsdiskurs. Sie ist ein Mittel, um die in Vision und Mission verankerten Ziele zu erreichen: Aus Vision & Mission leitet sich eine Strategie ab; um die Strategieumsetzung zu steuern, wird als Instrument eine Green Scorecard eingesetzt.

Abbildung 17: Überblick – vom Bedarf im übergeordneten System zur Green Scorecard.

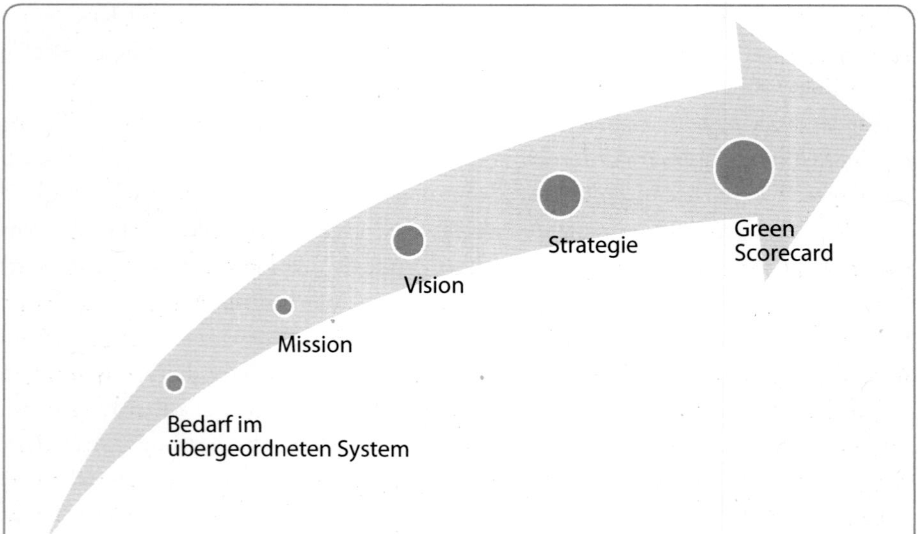

Quelle: Terra Institute.

Abbildung 18: Green Balanced Scorecard mit sechs Perspektiven.

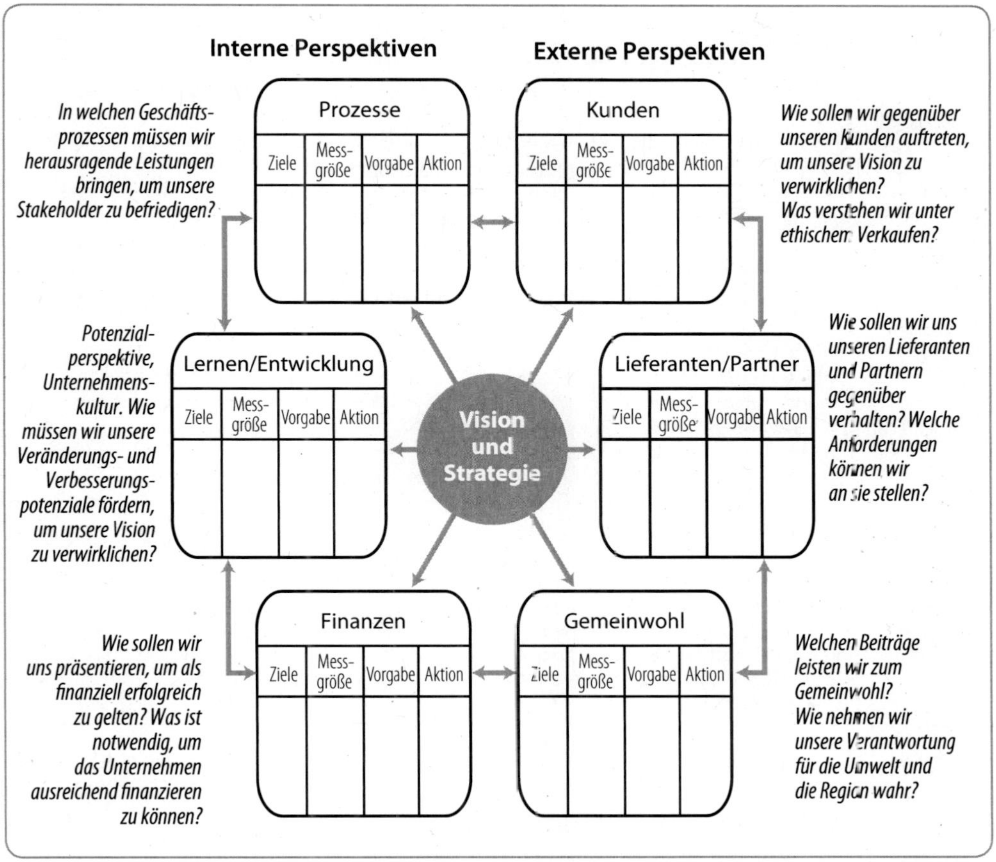

Quelle: Terra Institute.

In einer GBSC können beispielsweise zu den bekannten Perspektiven Finanzen, Kunden, Prozesse und Mitarbeiter die Lieferanten & Partner und das Gemeinwohl hinzukommen. Dabei kann die Mitarbeiterperspektive systemisch auf die ganze Unternehmenskultur als lernende, sich entwickelnde Organisation erweitert werden. Wichtig ist, zu jeder Perspektive gute Fragen zu stellen. Ein Beispiel zeigt Abbildung 18.

Zu jeder Perspektive sind Ziele, Messgrößen (Kennzahlen), Vorgaben und Aktionen zu definieren. Beispielhaft seien die Aktionen aus der Green Scorecard des Unternehmens Schachinger Logistik mit Sitz in Hörsching bei Linz angeführt, eines mittelständischen Familienbetriebes mit über 500 Mitarbeitern. Die dort verwendete GBSC umfasst neun Perspektiven mit jeweils mehreren Maßnahmen und zugeordneten Indikatoren sowie Planzahlen für jedes Jahr (Schachinger 2012).

Tabelle 17: Green Balanced Scorecard der Fa. Schachinger.

Perspektive	Maßnahmen (Beispiele)
Immobilien	Energiemonitoring, Umweltdatenbank, Leuchtmittelaustausch
Fuhrpark	Reduktion Kraftstoffverbrauch, Fahrerschulungen, Biotreibstoffe, aerodynamische Maßnahmen, Umstellung Fuhrpark
Lieferanten	Lieferanten in Nachhaltigkeitsinitiativen einbinden, Lieferantenmanagement
Kunden & Kommunikation	CO_2-Bilanzierung, Nachhaltigkeitsbericht, interne Informationsarbeit in Vertrieb umsetzen
Mitarbeiter	Gesundheit, Ernährung, Weiterbildung, Mitfahrerbörse
Forschung & Entwicklung	E-Mobilität & Last-Mile-Konzepte
Netzwerke	Counselor nachhaltige Logistik, Green Freight Europe
Bewusstseinsbildung	Externe Bewusstseinsbildung (Gemeinwohlökonomie, Charity) , interne Bewusstseinsbildung (Schulungen, interne Treffen etc.)
Leuchtturm-LT1*	Zertifizierung, Eigenstromproduktion

* LT1 ist ein neu gebautes Logistiklager mit 10.000 Quadratmeter Fläche, das höchste Umweltstandards erfüllt. Es ist das »wahrscheinlich ökologischste Logistikgebäude Europas« und wurde vielfach ausgezeichnet, unter anderem 2015 mit dem Staatspreis Architektur und Nachhaltigkeit.

Um eine Green Scorecard systematisch zu betreiben, müssen die Informationssysteme angepasst werden, damit die erforderlichen Daten zur Ermittlung der Kennzahlen systematisch erfasst und so die Zielerreichung überwacht werden kann.

Darüber hinaus: Jede Governanceregelung, wie auch eine Green Scorecard, muss sich in der Praxis beweisen. Hier kommt es vor allem darauf an, was die Unternehmensleitung vorlebt: Wie geht sie mit Unsicherheiten, also mit Chancen oder Risiken, um? Ist sie Vorbild für das konsistente Leben der Governanceregeln, die ja nur Ausdruck der dahinterstehenden Vision sind? Dient eine Entscheidung dem Sinn der Organisation? Wie geht sie mit den Stakeholdern um?

Governanceregelungen zur Nachhaltigkeit können manchmal recht umfangreich erscheinen. Der Ruf nach einfachen Lösungen in einer immer komplexer werdenden Welt liegt nah. Allerdings: Seit der *systemischen Wende* im Management und der Erkenntnis, dass einfache Ursache-Wirkung-Beziehungen in einer komplexen und dynamischen Umwelt von nicht überschaubaren Wechselwirkungen keine geeigneten Lösungen mehr liefern, wissen wir auch, dass die Zeit der simplen Erklärungen vorbei ist. Das *Conant-Ashby-Theorem* der Systemtheorie beschreibt dies: »Jedes gute

Kontrollsystem eines Systems muss ein Modell des Systems sein.« Mit anderen Worten: Bei komplexen Problemen helfen nur Lösungen, die der Komplexität des Problems angemessen sind, oder auch: Die Vielfalt der Lösungsalternativen muss der Vielfalt der Aufgaben entsprechen.

Gleichzeitig darf es nicht zu einer übertriebenen Regelungsorientierung kommen. Hier gilt das systemische Prinzip der Wechselwirkungen: je mehr Regeln, umso weniger Eigenverantwortung der Mitarbeiter. Wenn für jedes auftretende Problem in den betrieblichen Abläufen nach einer Prozessoptimierung gerufen wird – was meist nichts anderes heißt, als eine neue Regel einzuführen – und dazu auch noch ein Controlling (eher Kontrolle) und Berichtswesen aufgesetzt wird, erstickt die Eigeninitiative. Auch beim systematischen Erstellen von QM- oder Managementhandbüchern findet man regelmäßig weiße Flecken im Unternehmen, die bisher ohne explizite Regeln funktionieren. Ergebnis der meisten Handbücher sind dann noch mehr Regeln. Die Mitarbeitenden der Unterstützungsprozesse (wie zum Beispiel Facility Management, Personalentwicklung, Arbeits-, Gesundheits- und Umweltschutz, Unternehmenskommunikation usw.) scheinen manchmal besonders kreativ im Erfinden neuer Richtlinien zu sein. Das nächste Lean-Programm versucht dann, alles wieder auf ein gesundes Maß zurückzuführen.

15.2
Die Krise der hierarchischen Führung

Dass es in Unternehmen Vorgesetzte und Mitarbeiter gibt, erscheint uns als so selbstverständlich, dass wir nicht darüber nachdenken. Alle machen es so, vermutlich schon immer. Schon der Name scheint auf etwas Naturgegebenes hinzudeuten: *Hierarchie = die heilige Herrschaft.*

Das Bild von hierarchischer Führung, die Einstellungen dazu sowie der Umgang damit sind weltweit erstaunlich ähnlich. Hierarchie bringt Ordnung in das Zusammenarbeiten von Menschen. Sie erzeugt Stabilität und schafft eine feste Basis, einen Ankerpunkt, von dem aus eine sichere Weiterentwicklung möglich wird. Schwierige Probleme werden an die nächsthöhere Hierarchieebene zur Entscheidung weitergereicht, und die Mitarbeiter können sich wieder sorgenfrei ihrer täglichen Arbeit widmen. Ungeliebte Routineaufgaben können nach unten delegiert werden, das ist ein Ausdruck von Macht und Effizienzstreben und erhöht die Arbeitsfreude der Delegierenden. Unter einer erfolgreichen beruflichen Entwicklung wird weltweit das Höherklettern auf der Karriereleiter verstanden. Kurz gesagt: Eine Organisation ohne eine klare hierarchische Struktur scheint unvorstellbar zu sein.

Die übliche Ausprägung der Hierarchie ist die Pyramide mit einer Person oder einer kleinen Leitungsgruppe an der Spitze und – über mehrere Führungsebenen hinweg – einer breiten Basis aus Mitarbeitern. Durch die eindeutige Vorgesetzten-Mitarbeiter-Beziehung weiß jeder, wo er hingehört, wer für was zuständig ist, wem er berichten muss, wie Entscheidungen ablaufen. Ein geordnetes, stabiles System, zumindest in seiner »Idealausführung«.

Gleichzeitig bedingt jede Form der Stabilität ein hohes Maß an Inflexibilität und Starrheit. Die damit verbundene Trägheit, das teilweise zu langsame Reagieren auf Veränderungsanforderungen sowie die latente Unzufriedenheit von Vorgesetzten wie Mitarbeitern beschäftigen die Organisationsforschung seit vielen Jahren. Der Begriff des *Silodenkens* beschreibt: Wie in isolierten Betonsilos arbeitet jede Abteilung vor sich hin, ist zwar hierarchisch nach oben und unten verbunden, hat jedoch kaum einen Bezug zu den Nachbarabteilungen, mit denen zusammengearbeitet werden sollte.

Jeder verfolgt zunächst einmal sein Eigeninteresse, sei es Produktion, Marketing, Vertrieb, Personalwesen, Qualitätsmanagement oder Rechnungswesen. Zielvereinbarungen betreffen den eigenen Verantwortungsbereich innerhalb des Silos und nicht das Gesamtinteresse des Unternehmens (und schon gar nicht eine darüber hinausgehende Sphäre). Budgetverhandlungen werden im Eigeninteresse und gegen die Interessen der anderen Silos geführt: Wer mehr vom Kuchen abbekommt, hat gewonnen. Die Informations- und Entscheidungswege sind lang: Vereinbarungen mit der Nachbarabteilung müssen über die nächsthöhere Hierarchiestufe laufen. Die immer ausgefeilteren Controlling-Instrumente und die zunehmende Macht der Controller verdecken nur den systemischen Umstand, dass der eine nicht mehr weiß, was der andere tut. Und erst an der Spitze der Pyramide fließen alle Informationen zusammen, die für Entscheidungen im Gesamtinteresse erforderlich sind. Dabei kommt es zu einem erheblichen Verlust an Detailwissen, die Informationen sind gefiltert, aufbereitet und verdichtet, oder bestimmte Aspekte werden bewusst ausgeblendet. Das Verständnis für den Kontext der Informationen geht verloren, und die Führung ist nur noch unter größter Anstrengung in der Lage, die aus den verschiedenen Silos stammenden Informationen zu bewerten, abzuwägen und dann gute Entscheidungen zu treffen. Darüber hinaus: Wissen ist Macht, deshalb fließen das Wissen und die Informationen nicht frei durch die Organisation, sondern sind interessengesteuert. Darum dauern gute Entscheidungen oft so lange, und schnelle Entscheidungen sind häufig nicht ausreichend fundiert. Zitat eines Geschäftsführers und Eigentümers eines Familienunternehmens mit klassischer Hierarchie: »Selbst meine Bereichsleiter erwarten von mir, dass ich ihre Streitereien schlichte, Position für den einen oder den anderen ergreife. Dabei kenne ich noch nicht mal alle Fakten, um mir ein fundiertes Urteil zu bilden. Und wenn ich es täte, hätte ich immer einen Sieger und einen Verlierer geschaffen. Beim nächsten Mal soll ich dann um der Gerechtigkeit willen eher für den anderen Partei ergreifen.«

Negative Effekte gibt es nicht nur an der Unternehmensspitze, sondern auf allen Hierarchieebenen. Fast alle Führungskräfte wünschen sich heute Mitarbeiter, die Verantwortung übernehmen, sich unternehmerisch verhalten, Initiative zeigen und selbst ihre Probleme lösen. Die Pyramide mit ihren starren Strukturen ist dafür eine schlechte Voraussetzung. Denn: Hierarchie bedeutet im Weltbild der meisten Machtausübung des einen und Ohnmacht des anderen. Und wie soll dann dieser andere in seiner effektiven oder fantasierten Ohnmachtsrolle eigeninitiativ werden? Allen gut gemeinten Empowerment-Programmen wohnt deshalb eine Asymmetrie inne, die ihre Wirksamkeit beschränkt: Einerseits soll der Einzelne wachsen, andererseits weiß er nicht, inwieweit sein Wachsen überhaupt erwünscht, gewollt und erlaubt ist. Und möglicherweise hat auch sein Vorgesetzter diesbezüglich keine wirkliche Klarheit. Und es ist in der Tat keine einfache Situation, für beide nicht.

Es gibt Vorschläge, wie diese Probleme der Pyramide gelöst werden könnten. Seit 30 Jahren – initiiert durch den Managementbestseller von Michael Porter zur *Value Chain* (Wertstrom) im Jahr 1985 – orientiert sich die Organisation von Unternehmen zunehmend an der Wertschöpfungskette ihrer Produkte und Dienstleistungen. Das Unternehmen soll sich nicht mehr vertikal hierarchisch gliedern, sondern horizontal entlang der Kernprozesse, ergänzt durch möglichst schlanke Führungs- und Unterstützungsprozesse. Damit sollen die Nachteile der Pyramide überwunden und unter anderem die Kundenorientierung verbessert werden. In den direkten Produktionsbereichen funktioniert das häufig schon ganz gut. Allerdings müssen wir konstatieren: Trotz immenser Anstrengungen und veritabler Unterstützung der Wertschöpfungsorientierung durch die Prozessoptimierungs- und Lean-Management-Bestrebungen der vergangenen Jahrzehnte hat kaum ein Unternehmen seine Struktur grundlegend und umfassend verändert. Außerhalb der Shopfloors lebt die altbekannte Hierarchie, abteilungsübergreifende Prozessorientierung ist die Ausnahme. Laut einer Studie aus dem Jahr 2014 hat in Deutschland weniger als ein Prozent aller Unternehmen eine alle Bereiche umfassende Prozessorganisation (Dombrowski et al. 2015).

Die Frage bleibt: In einem sich dynamisch verändernden Umfeld zwischen Globalisierung, Vernetzung vieler mit vielen, neuen Formen der Kundenbeziehung, Informationsflut, technischem Fortschritt, globalen Umweltherausforderungen, lokalen Anspruchsgruppen, veränderten Werte, demografischem Wandel und manchem mehr – die Liste ist lang und bekannt – können weise und verantwortungsvolle Entscheidungen nicht mehr einsam an der Spitze der Pyramide getroffen werden. Ob dieser Komplexität und enormen Dynamik braucht die zukunftsfähige Organisation heute Strukturen, welche es zulassen, dass jeder Bereich für sich Entscheidungen trifft und gleichzeitig diese auch immer wieder neu überdenkt. Und hierfür sind meist selbst die bestdurchdachtesten Strukturen nicht geeignet bzw. zu langsam. Dazu der Organisationssoziologe Dirk Baecker (Becker 1994): »Der unbestreitbare Erfolg von Organisation liegt darin, dort Rationalität einzuführen, wo zuvor Ungewissheit herrschte. Organisation macht Probleme lösbar. Auf der anderen Seite jedoch tendiert jede erfolgreiche Organisation dazu, bürokratisch zu werden … Es gibt nichts Einfacheres als Organisation, um die Welt überschaubar zu machen. Aber es gibt kaum etwas Komplizierteres als die Organisation, die dabei entsteht.«

Aus der Perspektive des dynamischen Umfelds betrachtet, ist ein Unternehmen vor allem eine Organisation, die permanent Entscheidungen produziert und Rückmeldungen gibt. Je besser die Entscheidungen, umso besser das Unternehmen. Wie ein Segelboot in bewegter See sind immer wieder Neujustierungen oder sogar Kursänderungen erforderlich, um sicher voranzukommen. Entscheidungen dienen der Stabilisierung eines Unternehmens in einer unstabilen Umwelt. Gleichzeitig erscheint jede Entscheidung aus der Innensicht des Unternehmens wie eine Veränderung. »Warum wechseln wir schon wieder den Kurs? Warum verschieben sich die Schwerpunkte unseres Marktzugangs? Warum gilt heute nicht mehr, was wir gestern erst mühsam eingeführt haben?« Je stärker die Veränderung im Außen, umso größer die Sehnsucht nach stabilen Strukturen im Inneren. Auch das ist ein Grund für das Fortbestehen mancher fester hierarchischer Strukturen.

Es gibt kaum noch Entscheidungen, bei denen vorher alles Für und Wider genau untersucht wurde, denen objektiv gewonnene Daten zugrunde liegen, die womöglich verschiedene Szenarien weitgehend durchleuchtet haben. Wissenslücken und damit einhergehende Kontrollverluste sind Bestandteil der meisten heutigen Unternehmensentscheidungen. Und abgesehen davon: Bei vielen wirklich wichtigen Fragen ist es gar nicht möglich, die Entscheidung auf ein stabiles Fundament zu stellen, da einfach die Daten fehlen bzw. weil die Zukunftstendenzen kaum rational ergründbar und klar vorauszublicken sind. Durch das Festhalten an starren Strukturen wird dabei die Diskrepanz zwischen Anforderungen und Reaktionsmöglichkeit immer größer. Damit wächst die erlebte Unzulänglichkeit des Systems, es entstehen Unsicherheit, Orientierungslosigkeit und Angst. Im Ergebnis wird meist noch mehr als zuvor nach eindeutigen und festen Regeln gerufen, so wie die Pyramide sie bietet. So entsteht ein Teufelskreis.

Der Umgang mit dieser Unsicherheit erfordert neue Formen der Zusammenarbeit, neue Einstellungen und Methoden von Führung, eine neue Bedeutung bzw. ein anderes Verständnis von Hierarchie, eine neue Entscheidungskultur mit neuen Mechanismen, verteilt über das gesamte Unternehmen und – last, but not least – die Überwindung des Silodenkens.

15.3
Struktur und Führung neu gedacht

Die Frage nach einer konzeptionellen Klärung »guter Führung« ist hochrelevant und gleichzeitig äußerst schwierig, weil es diesbezüglich in Manager- in Universitätskreisen kaum eine Übereinstimmung gibt. Oswald Neuberger, der deutsche »Führungspapst«, dazu: »*Der Heizwert der Bücher über Führung* übersteigt ihren *Erkenntniswert*« (Neuberger 2002). Gleichzeitig brauchen es Führungskräfte, eine klare und für sie selbst passende, authentische Haltung zur Wahrnehmung ihrer Rolle zu entwickeln, um handlungsfähig zu sein und den Mitarbeitern über eine gewisse inhaltliche und zeitliche Konsistenz ihres Verhaltens Ausrichtung zu geben. Um für sich selbst ein in sich stimmiges Bild »guter Führung« zu entwickeln, tut man gut daran, sich einige Fragen zum eigenen inneren Menschenbild zu stellen: Glauben wir, dass Mitarbeiter eher faul sind und deshalb zur Arbeit angetrieben werden müssen, sei es durch Zwang oder Belohnung? Oder glauben wir, dass Menschen unter den richtigen Rahmenbedingungen intrinsisch motiviert sind und wir uns deshalb auf die Gestaltung optimaler Bedingungen konzentrieren können? Ein uralter Konflikt, der unseren Blick auf Führung entscheidend prägt.

Dazu hat der amerikanische Psychologe Wayne Dyer eine wesentliche systemische Erkenntnis formuliert: »If you change the way you look at things, the things you look at change.« Mit welcher Haltung und welchem Verhalten ich anderen Menschen begegne, hat unmittelbar Einfluss auf ihr Verhalten und ihre Haltung, was wieder auf mich zurückwirkt. Eine unendliche systemische Wechselwirkung, in der es keine eindeutige Ursache oder Wirkung mehr gibt. Mit dieser systemischen Sicht wird die zuvor genannte Frage »Wie ist der Mensch?« obsolet, und die Antwort lautet eher: »Es kommt darauf an.« Deshalb gibt es hier keine allgemeingültigen Lösungen.

Die Weiterentwicklung in Richtung einer neuen Führungskultur ist ein unternehmensspezifischer Prozess. Wenn wir neue Führungskulturen- und -strukturen im Unternehmen einführen wollen, müssen wir deshalb zunächst prüfen, wo die Organisation gegenwärtig steht. In einer traditionell-hierarchischen Unternehmenskultur wäre es eine Überforderung nicht nur für die Führungskräfte, sondern für alle Mitarbeiter, wenn wir übergangslos im ganzen Unternehmen eine weitgehende persönliche Reife erfordernde Form der Zusammenarbeit – wie es zum Beispiel eine Kreiskultur darstellt – einführen wollten. Wir tun demnach gut daran, folgende Unterscheidungen zu machen: Wo stehen wir heute? Wo wollen wir hin? Was sind die nächsten konkreten Schritte? Je nachdem, wo unsere Organisation heute steht und welche vorherrschenden, zugrunde liegenden Menschenbilder unser heutiges Führungsverhalten bzw. die Wechselwirkung des Miteinanders prägen, kristallisieren sich die nächsten sinnvollen Schritte zur Weiterentwicklung der Unternehmenskultur heraus.

Abbildung 19: Zusammenwirken verschiedener Kreise.

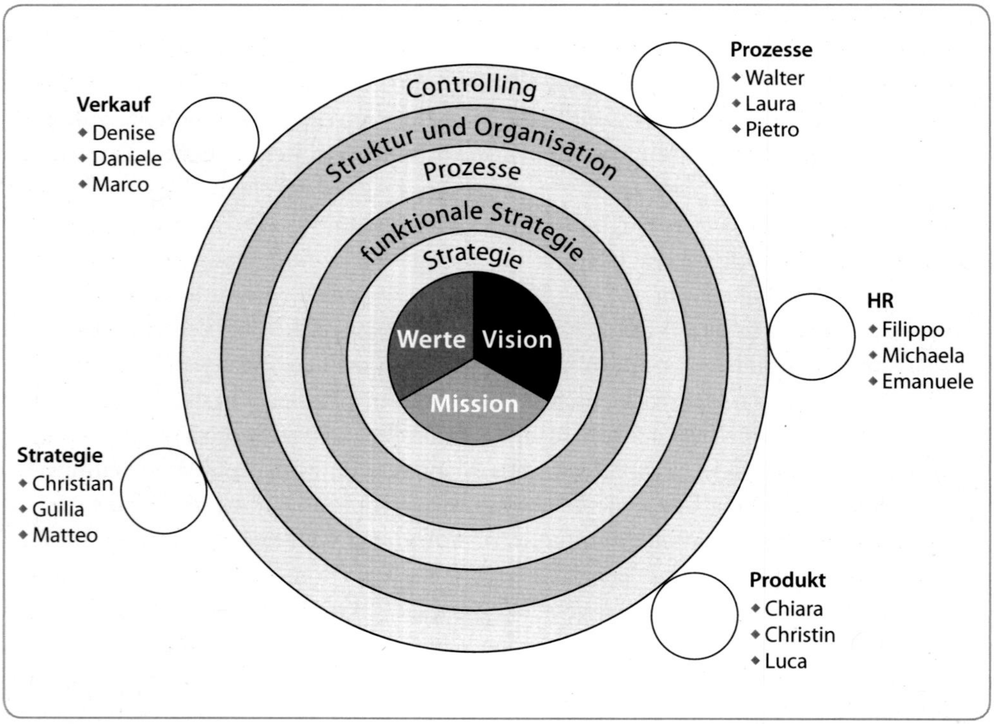

Quelle: Terra Institute.

Ein Führungs- und Strukturverständnis, das sich in lernenden Organisationen immer häufiger verbreitet, ist die sogenannte Kreiskultur (siehe zum Beispiel Baldwin 1998, oder Baldwin und Lear 2012). Sie findet sich in Organisationsstrukturen und -kulturen wieder, die zum Teil erst in den letzten Jahren geprägt bzw. in Businesskreisen bekannt geworden sind, wie zum Beispiel der Soziokratie, der Holokratie© und der Dynamic Governance. Die Hintergründe dieser Organisationsformen, die auf einen aktiven, gleichwertigen Miteinbezug aller Systembeteiligten abzielen und dementsprechend der Führungsfunktion eine neue Bedeutung geben, können auf die Kreiskulturen früherer Völker zurückgeführt werden. Analog zur damaligen Versammlung ums Feuer wird heute der Seinszweck, der Auftrag, die Mission bzw. schlicht und einfach die gemeinsame Aufgabe eines Teams als Mitte moderner Kreise in den Organisationen beschrieben. Im Unterschied zu klassischen Pyramidensystemen, die sich oftmals nur über die Menschen an der Spitze mit dem Auftrag der Gesamtorganisation verbunden fühlen (und dies grafisch auch oft so darstellen), rückt die Mission und Vision in diesen letzteren Organisationen in die Mitte der gesamten Belegschaft. Alle

Mitarbeitenden sind auf diese Art und Weise gleichermaßen mit dem Unternehmensauftrag verbunden und schöpfen daraus sinnstiftende Energie.

In der Ableitung der Ziele aus Mission und Vision und in der konkreten Umsetzung der Strategie entstehen so rund um verschiedene Aufgaben und Teilziele herum immer wieder neue, kleinere Kreise (Abbildung 19). Sie müssen nicht »von oben« eingesetzt werden, sondern werden eigenständig von den Mitarbeitenden initiiert, betrieben und auch wieder aufgelöst. Wer eine neue Aufgabe, ein Problem oder Thema erkennt, sucht sich Mitwirkende und fängt mit der Arbeit an. Hilfreich ist es, wenn ein Kreismitglied den Kontakt zu anderen Kreisen hält. Einige Kreise sind vielleicht auch dauerhaft eingerichtet (Board, Personal etc.). Je nach Thema nimmt dann ein Mitglied eines temporären Kreises an den Treffen der dauerhaften Kreise teil. Anders als in der fest geordneten hierarchischen Pyramide ist bei einer Kreiskultur die ganze Organisation im Fluss.

Das ist eine gute Voraussetzung für Resilienz – die Fähigkeit, auf sich schnell verändernde Umwelteinflüsse dynamisch reagieren zu können. Ganz wesentlich sind dabei die systemischen Lernmöglichkeiten, welche das innere Bild des Kreises allen Beteiligten eröffnet: Da sich eine Gruppe um die Mitte herum versammelt, hat jeder einen einzigartigen Blick darauf (Abbildung 20). Wer sich beispielweise im Kreis gegen-

Abbildung 20: Vom Dreieck zum Kreis.

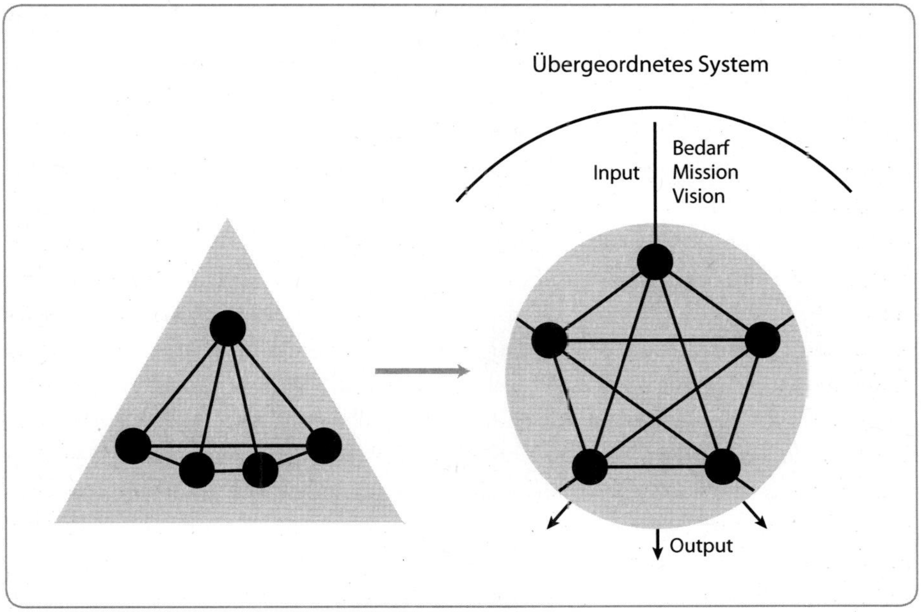

Quelle: Terra Institute.

übersitzt, hat demnach eine zu 180 Grad unterschiedliche Sichtweise von der gemeinsamen Mitte, denn der eine sieht sie aus dem Norden, Richtung Süden blickend, und der andere genau umgekehrt. Dieses metaphorische Verständnis eröffnet die Haltung, dass jede Sichtweise auf dasselbe Thema gleich richtig ist, wenngleich zum Teil völlig konträr zueinander. Und je mehr unterschiedliche Sichtweisen Platz haben bzw. miteinbezogen und gehört werden, desto umfassender und wirklicher ist das Gesamtbild zu einem Thema.

Ist das die Grundhaltung des Miteinanders, fallen im Unternehmensalltag schon mal sehr viele Diskussionen darüber, wer richtiger liegt bzw. recht hat, weg, und die Möglichkeit, intelligente Gruppenentscheidungen zu treffen, steigt um ein Vielfaches. Die respektvolle Haltung zum Beitrag jedes Einzelnen, ganz nach dem Motto: »Du siehst es so, ich sehe es anders (nicht richtiger oder besser), und beides beziehen wir mit ein«, ist außerdem oftmals für das Schaffen einer Gemeinschaft individualisierter Einzelner der optimale Ausgangspunkt.

Nun stellt sich hier aber die Frage: Hat Führung bzw. Hierarchie in solch einem emanzipierten Miteinander noch einen Platz? Wie rechtfertigt eine Kultur, in der Gleichwertigkeit im Miteinander einen solch hohen Stellenwert hat, die Sonderstellung« bzw. »Höherstellung« Einzelner?

An dieser Stelle sei auch gesagt, dass sich einige Organisationen, die in den letzten Jahren immer mehr von klassischen hierarchischen Strukturen abrücken und sich in Richtung von mehr gemeinschaftlicher Verantwortungsübernahme und Miteinbezug bewegen, mit dieser Veränderung schwertun. Weil die »alten« Führungsansätze aufgegeben wurden und an ihre Stelle emanzipatorische und partizipative Momente getreten sind, welche aber so ganz ohne Führung nicht auskommen, herrscht in diesen Organisationen mitunter ein großes Führungsdefizit.

Wie die »neue« Führung aussieht, wie sie gedacht, argumentiert und implementiert werden kann, sodass sie in einem System der Gleichwertigkeit und Partizipation nicht als Bevormundung und Verrat an den gemeinsamen Werten empfunden wird, ist eine Herausforderung. Gut gemeistert wurde dieser Balanceakt zwischen Mitbestimmung aller und Entscheidungenbefugnissen Einzelner dort, wo dieser Widerspruch in den gemeinsamen, öffentlichen Dialog gehoben wurde und damit einer Auseinandersetzung mit dem Widerspruch Raum gegeben worden ist. Dann weicht der Widerspruch zumeist der Erkenntnis, dass eben beides seine Wichtigkeit hat und dass auch beides gut akzeptiert werden kann – und einzelne Widerstände sind völlig normal –, sofern die Führung glaubwürdig vermittelt, dass sie nicht aus der Motivation der Machtausübung heraus führt und entscheidet, sondern aus der Weisheit, Erfahrung und Fürsorge für das Ganze.

Als hierarchisch sozialisierte Menschen assoziieren wir mit Kreiskultur meist eine Form gesellschaftlicher Organisation, in der niemand eine Führungsrolle innehat.

Das Gegenteil ist der Fall. Kreiskulturen fordern und fördern Führung. Doch auch dieser Begriff wird hier gänzlich anders definiert.

Jeder im Kreis ist eingeladen und aufgefordert, Führung zu übernehmen. Die stärkste Führungsrolle übernimmt derjenige, der die größte Kompetenz hat und bereit ist, am meisten Verantwortung zu übernehmen. Diese Position ist jedoch keine, die definiert oder gewählt werden muss – weder von der Person selbst noch von den anderen im Kreis. Sie ergibt sich vielmehr natürlich aus den Fähigkeiten des Einzelnen und den Anforderungen der Situation. Da jeder im Kreis andere Stärken hat, liegt die größte Kompetenz in verschiedenen Situationen bei jeweils unterschiedlichen Menschen. Da die hier geforderte Verantwortung eine gemeinsame ist, die sich auf das Ganze bezieht, besteht auch kein Konflikt zwischen mehreren starken Führungspersönlichkeiten. Es ist vielmehr so, dass jede Führungspersönlichkeit im Kreis dankbar ist für jeden anderen, der Verantwortung übernimmt. Denn je mehr Menschen für das Ganze Sorge tragen, desto besser und einfacher ist es für jeden Einzelnen. Je mehr Menschen Führung übernehmen, desto stärker ist der Kreis. Im Idealfall übernimmt jeder auf seine Weise und nach seinen Kompetenzen Verantwortung für das Ganze.

Und hierin steckt auch das Angebot zu einem neuen Ansatz *guter Führung*: Er fußt in der Bereitschaft zu einer laufenden inneren Arbeit der Führungskraft selbst, welche reflektiert, sich bewusst macht und sicherstellt, dass ihre Entscheidungen der Absicht der Fürsorge zum Gesamtunternehmen, der Verinnerlichung der Mission, dem radikalen Respekt der Einzelnen sowie der Sorge für die Gesamtgemeinschaft entspringen. Führungshandlungen, welche aus dieser inneren Haltung heraus geschehen, vertragen sich gut mit einer sogenannten *Kreiskultur*, denn wenngleich im ersten Moment häufig Widerstand aufkommt, so wird im zweiten Moment der Unterschied zu einer *Machtentscheidung*, die aus Motivationen der Machterhaltung, Abwertung, Status oder anderem entspringen, gespürt. Und doch: Es wird – wie jede Veränderungen – Zeit brauchen, bis eine neue Kultur des Miteinanders als Basis einer inspirierten und inspirierenden, lernenden Organisation entsteht, sich festigt und ein neues Vertrauen in die Führung und damit Akzeptanz auch von nicht partizipativen Entscheidungen in einer Kultur der Partizipation entstehen und sich verstetigen. Was dabei auch wachsen wird, ist das Rückgrat der Führungskräfte, hier verstanden als Fähigkeit, dem Widerstand und Unwillen von inneren und äußeren Stakeholdern standzuhalten: Auch diesbezüglich sprechen Führungskräfte oft davon, dass es für sie aus der Motivation der Fürsorge für das Ganze ein Leichteres gewesen ist, die notwendige Stärke und Kraft dazu zu entwickeln.

Zum Schluss sei noch darauf hingewiesen, dass Führung ganz unterschiedliche Ebenen und Richtungen betreffen kann, was in dieser Form bislang als Erkenntnis oft ziemlich neu ist. Diesbezüglich hat sich eine Unterscheidung der Begrifflichkeiten von *Management* und *Leadership* sehr bewährt, weil diese transparent nachvollziehbar macht, dass eine Führungskraft möglicherweise über exzellente Managerqualitäten verfügt, nicht aber über Leadership-Stärken oder umgekehrt (vergleiche Poostchi 2006).

Tabelle 18: Management und Führung.

Management	Führung
Wirken im System	Wirken am System
Tagesgeschäft	Zukunftsarbeit
Effizienz	Effektivität
Qualität der Umsetzung	Qualität der Vision
Problemlösung	Chancensuche
Kontinuität	Innovation
Dringend	Wichtig

Mit dieser neuen Klarheit über unterschiedliche Wirkrichtungen von »guter Führung« wird eine optimale Besetzung der verschiedenen Kreise in Bezug auf ihre unterschiedlichen Aufgabenstellungen noch besser ermöglicht.

Das Misstrauen in die Fähigkeit der Organisation, aber auch in sich selbst, eingefahrene Systemstrukturen wirklich verlassen zu können, ist allerorts groß. Zu verhärtet scheinen vielerorts alte Schemata, die Verantwortung abwälzen und Macht monopolisieren zu wollen. Doch zugleich gibt es eine tiefe Sehnsucht in sehr vielen Mitarbeitenden, aus den alten Begrenzungen und Verletzungen auszubrechen und Schritte in ein neues Miteinander zu wagen. Auf diese Kraft können veränderungswillige Organisationen vertrauen. Sie ist da und wird mit jedem Schritt in die »neue« Richtung größer.

Ganz zum Abschluss dieses Kapitels über Governance, Struktur und Führung zitieren wir noch den Vorstandsvorsitzenden der Uzin Utz AG, Werner Utz. Das Unternehmen mit über 1.000 Mitarbeitenden ist ein Ulmer Leuchtturmunternehmen in Sachen Nachhaltigkeit.

»Unternehmensphilosophie und Unternehmenskultur sind für den langfristigen Erfolg eines Unternehmens wichtiger als das rein sachlich-intellektuelle Produkt- und Dienstleistungsangebot. Letzteres muss natürlich aus Sicht der Kunden überzeugen und preislich richtig positioniert sein, ist aber, psychologisch betrachtet, ein Hygienefaktor. Kunden langfristig begeistern vom Unternehmen als Marktpartner und von den Produkten als Träger der Zusammenarbeit funktioniert nur über die emotionale persönliche Ebene. Man könnte sagen, der Teil, den ich hier beschreibe, betrifft die ökonomische Nachhaltigkeit.« (Utz 2015)

Und um genau diesen Anforderungen gerecht zu werden, ist ein intensiver Weg der persönlichen Entwicklung und der Aneignung sozialer Kompetenzen heute und in Zukunft mehr denn je die wichtigste Schlüsselqualifikation wirkungsvoller Führungskräfte.

16

Operative Exzellenz

In den vorangehenden Kapiteln haben wir uns

- die Ausrichtung des Unternehmens an Mission und Vision angesehen,
- diese in eine Strategie übersetzt und dabei Voraussetzungen für evolutionäre Veränderungen geschaffen,
- neue Wege der Produktentwicklung und des Marketings geprüft
- und gleichermaßen die innere Haltung der Menschen im Unternehmen auf ihrem Weg zur Individuation, das heißt der Entwicklung der eigenen Fähigkeiten und Talente, wie auch die Gestaltung der äußeren Formen der Steuerung betrachtet.

Nun geht es darum, im operativen Geschäft Exzellenz zu erreichen, denn selbstverständlich ist dies auch für das nachhaltige Unternehmen eine wichtige Komponente des Erfolgs. Diesbezüglich legen wir den Fokus auf die täglichen Praktiken und Ereignisse, in denen Menschen zusammenkommen und miteinander *hervorragende*, also exzellente Ergebnisse erzielen wollen.

Wir schauen gezielt dorthin, wo die größten Reibungsverluste entstehen und oft die Ursache großer Frustration liegt: endlose Besprechungen, langwierige Entscheidungsprozesse, schwierige Kommunikation zwischen Kollegen, aufgeblähtes und/oder nicht effizientes Projektmanagement. Das sind Dauerbrenner in den meisten Unternehmen, und der dazugehörige Berg an Ratgeberliteratur wird täglich höher. Wir werden die ganze Bandbreite an Vorschlägen hier nicht noch einmal beschreiben, sondern uns auf Aspekte konzentrieren, die aus unserer Sicht für ein sich evolutionär weiterentwickelndes nachhaltiges Unternehmen besonders wichtig sind und die sonst häufig zu kurz kommen.

Wir erweitern damit den Begriff der operativen Exzellenz, wie er anfänglich in der Betriebswirtschaft verwendet wurde, holen ihn aus dem ursprünglichen Anwendungsbereich der Produktionshallen heraus und dehnen ihn auf die Bereiche der Unterstützungs- und Führungsprozesse aus. Wir können dabei von einem lang bewährten

Anwendungsprinzip in den Kernprozessen lernen: *Vermeiden von Verschwendung*. In den Produktionsbereichen wird unter operativer Exzellenz die ständige Verbesserung aller Prozesse durch das Vermeiden jeglicher Art von Verschwendung verstanden, wie zum Beispiel überhöhter Ressourcenverbrauch, unnötige Lagerzeiten oder überflüssige Transporte. Operative Exzellenz ist hier ein häufig verwendeter Oberbegriff für alle Formen der Prozessoptimierung wie Lean Management oder Six Sigma und setzt Methoden wie den Kontinuierlichen Verbesserungsprozess, Wertstromanalyse, Orientierung an Best Practices und vieles andere mehr ein.

Wir verstehen Operative Exzellenz grundsätzlich als eine Kultur der kritischen Beobachtung und ständigen Erneuerung, die alle Mitarbeiter einbindet. Die Nähe zur lernenden Organisation ist damit unverkennbar.

Wenn wir den Gedanken der Operativen Exzellenz vom bisherigen Hauptanwendungsgebiet – den Shopfloors der Industrie – auf alle Bereiche des Unternehmens erweitern, stellen sich unter anderem folgende Fragen:

- Wie können die Interaktion und Kommunikation so gestaltet werden, dass Besprechungen als bereichernd und nicht mehr als ermüdend erlebt werden? Wie kann die hier verwendete – und manchmal auch verschwendete – Zeit reduziert werden, bei gleichzeitiger Verbesserung des Prozesses als auch der Ergebnisse der Besprechungen?

- Wie können bei Entscheidungen möglichst viele Mitarbeitende beteiligt werden, ohne in ermüdende Konsensfindungsprozesse zu geraten? Wie wird verhindert, dass ein einmal aufgebautes Vertrauensverhältnis zwischen den Mitarbeitern und Führungskräften durch unzureichende Entscheidungsprozesse gefährdet wird?

- Projektmanagement wird häufig als Mittel der Wahl bei der Bewältigung neuer Aufgaben eingesetzt. Zugleich ist es eine zusätzliche Belastung und oszilliert zwischen den Polen von *zu viel Formalismus* und *zu wenig Struktur*. Welche Art von Projektmanagement braucht eine lernende Organisation? Welche Art von Projektmanagement braucht ein erfolgreiches Veränderungsvorhaben?

Bevor wir zur detaillierten Bearbeitung dieser Fragestellungen übergehen, beschreiben wir noch ein zugrunde liegendes Modell, welches die Zusammenschau und Stimmigkeit der Themen in seiner Gesamtbearbeitung wesentlich unterstützen kann.

16.1 Vier Dimensionen der Wirklichkeit

Nach dem US-amerikanischen Philosophen und Gründer des Integralen Institutes, Ken Wilber, existiert kein Innerliches ohne ein Äußerliches und umgekehrt. Ebenso existiert kein Singular ohne ein Plural und umgekehrt. Die Zusammenführung dieser beiden Grundunterscheidungen Innen/Außen und Individuum/Kollektiv ergeben die vier Quadranten seines *integralen Modells*, das als Hilfestellung im Verstehen und Betrachten eines jeden Ereignisses herangezogen werden kann. Mit dem Quadrantenmodell wird jedes Ereignis in vier Dimensionen beschrieben:

- innerlich individuell (intentional),
- äußerlich individuell (verhaltensmäßig),
- innerlich kollektiv (kulturell),
- äußerlich kollektiv (sozial/System).

Damit ergibt sich dieses Bild:

Abbildung 21: Quadrantenmodell.

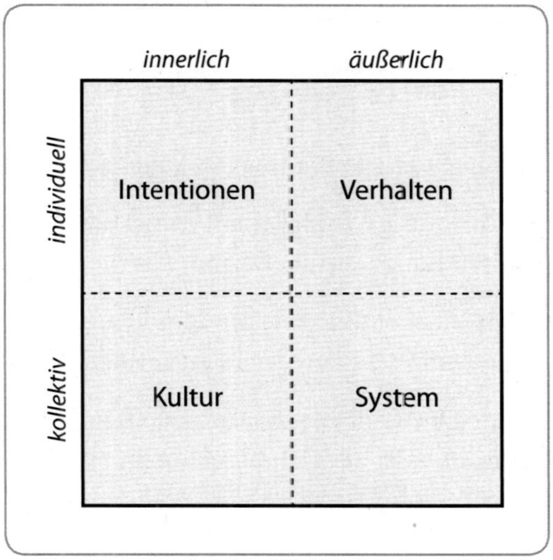

Quelle: nach Wilber 2010.

Betrachten wir das am Beispiel eines Gedankens. Ein Gedanke, der mir kommt, erlebe ich phänomenologisch (oberer linker Quadrant). Dieser Gedanke hat hirnphysiologische Entsprechungen (oberer rechter Quadrant). Der Gedanke entsteht vor dem Hintergrund meiner kulturellen Prägungen und Entwicklung und ist von diesen geformt (unterer linker Quadrant). Gleichzeitig ist dieser Gedanke auch geprägt und geformt von den sozialen und gesellschaftlichen Verhältnissen, in denen ich lebe (unterer rechter Quadrant). Wilbers vier Quadranten sind zu einem der bekanntesten integralen *Instrumente* geworden und werden von immer mehr Menschen dazu verwendet, Themen unterschiedlichster Art (Medizin, Psychologie, Spiritualität, Ökologie, Wissenschaft, Kunst ...) aus vier grundlegenden Perspektiven als ein Ereignis oder Thema mit (mindestens) vier unterschiedlichen Dimensionen oder Aspekten zu betrachten.

Wenn Probleme in der Zusammenarbeit entstehen und wir einander beobachten, so nehmen wir zunächst nur das konkrete Verhalten des anderen wahr. Mehr können wir auf den ersten Blick zumeist nicht erkennen. Wenn aus der persönlichen Sicht etwas nicht ganz optimal läuft, so denken Menschen zumeist, jemand anderer müsse sein Verhalten ändern und dafür vielleicht seine Fähigkeiten erweitern. Demnach werden Problem und Lösung zumeist auf der Ebene eines Individuums verortet. Diesbezüglich möchten wir Menschen dazu bewegen, sich bewusst zu machen, dass jedes Verhalten nur im Kontext der Umgebungsbedingungen (Strukturen, Prozesse, Unternehmenskultur) und der inneren Haltungen und Emotionen zu verstehen ist. Diese integrale Sichtweise erweitert den Horizont beträchtlich und führt uns zu neuen Handlungsmöglichkeiten.

Um operative Exzellenz zu entwickeln, braucht es deshalb, in logischer Konsequenz des Modells, Entwicklungen auf mehreren Ebenen:

- auf der Ebene der Strukturen und Prozesse, also der expliziten Regeln, sodass die Menschen die Möglichkeit erhalten, ihr volles Potenzial einzubringen;
- auf der Ebene der individuellen Fähigkeiten, damit das persönliche Potenzial den zur Verfügung gestellten Raum ausfüllen kann;
- auf der Ebene der persönlichen Denkweisen und Überzeugungen, damit auch die Bereitschaft entstehen kann, sein Potenzial einzubringen;
- und nicht zuletzt auch auf der Ebene der Organisationskultur bzw. der impliziten Regeln, die alles beflügeln oder alles lähmen können, was im Unternehmen an Aktivitäten geschehen soll.

Das Quadratenmodell macht diese Zusammenhänge übersichtlich und leicht verständlich. Auf ein Unternehmen angewandt, betrachtet die individuelle Perspektive den einzelnen Menschen mit seinen Werten (innerlich) oder mit seinem beobachtbaren Verhalten, seinen Fähigkeiten (äußerlich). Die kollektive Perspektive schaut auf die ganze Organisationskultur (innerlich) oder auf die sichtbaren Strukturen, Prozesse, Praktiken (äußerlich).

Abbildung 22: Quadrantenmodell für eine Organisation.

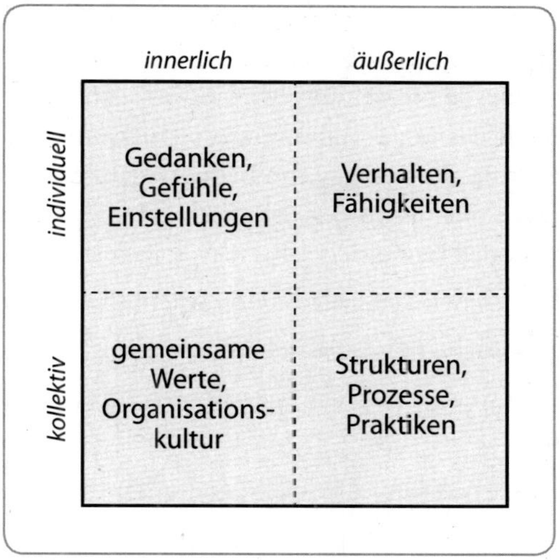

Quelle: Terra Institute.

Mit diesem Ansatz kann systematisch Klarheit geschaffen und Veränderung wirklich umfassend und damit Erfolg versprechend gestaltet werden. Hier gibt es einen engen Bezug zu unseren Ausführungen zur Selbsterneuerung und zur lernenden Organisation, denn nach unserem Verständnis von erfolgreichen Veränderungsvorhaben sind in jedem Projekt alle vier Ebenen miteinzubeziehen.

Zurück zur Operativen Exzellenz. Klassische Ansätze greifen meist nur an einem der vier Quadranten an. Einige Beispiele:

- Prozessoptimierung betrachtet vor allem den unteren rechten Quadranten der sichtbaren Strukturen und Prozesse, eventuell mit Unterstützung durch Schulungen (oben rechts).
- Teamentwicklung bezieht sich vor allem auf die Kultur in einem Team (unten links) und versucht, implizite Regeln explizit zu machen. Manchmal werden auch die internen Rollen und Aufgaben genauer beschrieben (unten rechts).
- Fortbildungen beschränken sich meist auf Verhalten und Fähigkeiten (oben rechts).
- Führungskräfteentwicklung legt häufig einen Schwerpunkt auf Gedanken, Gefühle und Einstellungen (»den eigenen Führungsstil finden« – oben links).

Aber alle vier Quadranten hängen eng miteinander zusammen und beeinflussen sich gegenseitig. Veränderungen in einem Feld haben Auswirkungen auf die anderen Felder. Es können sich Effekte ergeben, die einander verstärken, oder aber, was sehr häufig passiert, die guten Ansätze in einem Feld werden durch die Nichtbeachtung der anderen Felder gebremst oder sogar zum Scheitern gebracht. So kann zum Beispiel eine Prozessoptimierung mit dem Ziel, die Durchlaufzeiten zu reduzieren, scheitern, wenn bei den Mitarbeitern nur die Einstellung »wir sind stolz auf unsere hohe Qualität« im Mittelpunkt steht. Und das beste Training zur offenen und direkten, wertschätzenden Kommunikation hilft nur wenig, wenn in der Organisationskultur Wissen gleich Macht ist und Informationen nur gegen entsprechende Gegenleistung weitergegeben werden. Mit diesem Modell lassen sich hilfreiche Fragen stellen:

- Welche Aspekte sind in den vier Quadranten wichtig für dieses Thema?
- Welche Wechselwirkungen gibt es zwischen den Quadranten?
- Welche Maßnahmen sind in welchem Quadranten sinnvoll? Wie ausgewogen sind diese Maßnahmen?

Deshalb hilft stets die Betrachtung aller vier Quadranten, auch wenn Maßnahmen bevorzugt in einem beginnen. Dabei ist im Unternehmenskontext vor allem die innerliche Perspektive, sei sie individuell oder kollektiv, recht schwierig zu fassen. Notwendig ist diesbezüglich ein Mindestmaß an Offenheit in der Kommunikation. Folglich starten wir die Detailbetrachtung mit diesem Thema.

16.2
Kommunikation

Das ganze Leben ist ein Prozess des Miteinander-in-Beziehung-Stehens. Erhöhe die Qualität dieses Prozesses, und der Rest wird sich selbst ergeben.

Moshe Feldenkrais

Kommunikation ist Kernelement unseres Lebens und Arbeitens. Klarzumachen, worum es geht, dies überzeugend durch glaubhafte Botschaften vermitteln, Kommunikation nicht einseitig als Information, sondern als Austausch begreifen, neben dem Inhalt auch die Form und die Emotion berücksichtigen – all das sind wesentliche Elemente einer guten Kommunikation. Im lateinischen Verb *communicare* [etwas gemeinsam machen, mit jemanden teilen] ist das Verbindende bereits angelegt.

Der Kommunikation kann sich niemand entziehen, wie der österreichisch-amerikanische Kommunikationswissenschaftler Paul Watzlawick sehr treffend beschrieb (Watzlawik 2005): »Man kann nicht nicht kommunizieren, denn jede Kommunikation (nicht nur mit Worten) ist Verhalten, und genauso wie man sich nicht nicht verhalten kann, kann man nicht nicht kommunizieren.« Dabei ist das *Was* oft weniger entscheidend als das *Wie* einer Botschaft: »Jede Kommunikation hat einen Inhalts- und einen Beziehungsaspekt, wobei Letzterer den Ersteren bestimmt.«

Die unterschiedlichen Qualitäten der Kommunikation nach Otto Scharmer wurden bereits beschrieben (siehe Kapitel *Strategie, Lernen und Selbsterneuerung*). Reproduzieren, Debatte, Dialog und schöpferisches Zuhören: In diesem Abschnitt konzentrieren wir uns auf die Debatte und den Dialog als wesentliche Alltagselemente der Kommunikation in Organisationen.

Warum erleben Menschen in Organisationen Kommunikation häufig als schwierig, Besprechungen als ermüdend, warum wird auch bei scheinbar rein sachlichen Diskussionen so oft aneinander vorbeigeredet, und es fehlt an konsistenten, gemeinsam langfristig getragenen Entscheidungen?

Bei der Kommunikation zwischen zwei Menschen treffen sehr häufig zwei unterschiedliche Welten aufeinander. Wir wissen nicht, wie verschieden sie sind, sondern gehen meistens davon aus, dass der andere die Welt genauso wahrnimmt. Wir glauben, dass unsere Bewertungen und Schlussfolgerungen ein direkter Ausdruck einer objektiv vorhandenen Realität sind, und können nicht verstehen, warum andere nicht zum gleichen Ergebnis kommen. Zudem neigen wir noch dazu, aus all der Vielfalt an Informationen vor allem jene zu berücksichtigen, die unser vorherrschendes Bild oder unseren ersten Eindruck unterstützen. Alles, was hier nicht dazu passt, vernachlässigen wir. Eine einmal angelegte Sicht wird so immer weiter verstärkt (Kahnemann 2014).

Je nach unseren Vorinformationen oder -bewertungen gelangen wir deshalb zu einer ganz individuellen Beurteilung der Wirklichkeit. Das ist auch der Grund, weshalb Debatten – egal, worüber – oft so mühsam sind: Jeder glaubt, den objektiven Blick zu haben und nur genau das zu beschreiben, was »wirklich« da ist. Dann versuchen wir mit bester Absicht, die anderen davon zu überzeugen, die Dinge endlich richtig zu sehen. Wenn sie trotzdem auf ihrem Standpunkt beharren, reagieren wir entweder mit vermehrter Anstrengung (»Die haben einfach noch nicht die nötigen Informationen«), oder wir denken, die anderen seien dumm und wir müssten alles noch einmal auf eine einfachere Art wiederholen (»Die haben zwar die richtigen Informationen, sind aber nicht intelligent genug, um daraus die richtigen Schlüsse zu ziehen«). Schlimmstenfalls vermuten wir böse Absichten (»Die anderen besitzen zwar die nötigen Informationen, sie verstehen die sogar, aber sie gehen absichtlich auf Konfrontation, weil sie etwas Schlechtes wollen«). Jede dieser Reaktionen führt so möglicherweise zu noch mehr Nichtverstehen und manchmal mitunter sogar zu heftigen Auseinandersetzungen, mit der Konsequenz, dass die Qualität der Beziehung darunter leidet. Dies passiert so lange, wie wir nicht erkennen und verinnerlichen, dass die eigene Beschreibung der Wirklichkeit auch nur eine von mehreren Möglichkeiten ist.

Die Hirnforschung gibt uns deutliche Hinweise darauf, warum Menschen die Welt auf so unterschiedliche Art und Weise wahrnehmen. Ein Rechenbeispiel: Es gibt im Hirn ungefähr 100 Milliarden Neuronen, und jede von ihnen ist mit bis zu 10.000 anderen Neuronen verbunden. Innerhalb des Hirns gibt es demnach mehr als 100 Billionen Verbindungen, auf denen Informationen ausgetauscht werden. Gleichzeitig gibt es aber nur circa vier Millionen Verbindungen von unseren Sinnesorganen zu unserem Hirn. Die meisten davon kommen von unseren Augen. Das bedeutet: Durch vier Millionen Nervenleitungen kommen Impulse von außen in unser Hirn und werden hier durch über 100 Billionen interne Verbindungen weiterverarbeitet. Auf eine Nervenleitung mit dem Input eines Sinnesorgans kommen somit rechnerisch circa 25 Millionen Möglichkeiten der Weiterleitung und internen Verarbeitung im Hirn. Daraus folgt: Das innere Bild, das wir uns von der Welt machen, entsteht weitestgehend innerhalb unseres Kopfes, der reale Zusammenhang mit den von außen kommenden Sinneseindrücken ist außerordentlich begrenzt. Da ist es eher ein Wunder, dass mehrere Menschen überhaupt halbwegs ähnliche Bilder der Wirklichkeit erzeugen können und nicht regelmäßig völlig aneinander vorbeireden.

Wie können wir mit diesem Dilemma umgehen? Peter Senge (Senge 2011) hat die eben genannte Individualität in der Realitätswahrnehmung und die daraus folgenden unterschiedlichen Schlussfolgerungen mit dem Bild der *Abstraktionsleiter* (Abbildung 23) beschrieben: Von den objektiv beobachtbaren Daten (»Die man mit einem Videorekorder aufzeichnen könnte«) wählen wir bestimmte Daten aus, geben ihnen eine Bedeutung, entwickeln daraus Annahmen (»So ist es wirklich!«) und ziehen unsere Schlussfolgerungen. Andere Gesprächsteilnehmer kommen aber vermutlich zu ganz anderen Schlussfolgerungen, weil sie andere Daten ausgewählt haben und andere Annahmen trafen. Dann stehen sich die individuellen Schlussfolgerungen scheinbar unversöhnlich gegenüber, und eine unfruchtbare Diskussion nimmt ihren Lauf. Wenn Teams in unproduktiven Gesprächen feststecken, liegt es deshalb häufig daran, dass die Mitglieder auf ihren Abstraktionsleitern nach oben geklettert sind und nicht wieder herunterkommen.

Hilfreiche Fragen, um andere auf der Abstraktionsleiter herunterzuführen, sind:

- Was führt Sie zu dieser Schlussfolgerung? Was veranlasst Sie zu dieser Aussage? Welche Daten haben Sie dafür?
- Könnten Sie diesen Punkt noch einmal vertiefen, damit ich ihn besser verstehe? Welche Bedeutung hat diese Aussage?

Während die Abstraktionsleiter ein eher einfaches, aber hilfreiches Modell ist, geht die *gewaltfreie Kommunikation* weit darüber hinaus. Sie will zu einer Form der Kommunikation animieren, welche über die bewusste Abkehr vom Anspruch der Allgemeingültigkeit bzw. der Richtigkeit einer Aussage die Individualität und Subjektivität betont. Damit soll ein Klima geschaffen werden, in dem Menschen sich leichter in ihrer Unterschiedlichkeit respektieren und begegnen. Die gewaltfreie Kommunikation schlägt hierfür vier aufeinanderfolgende Schritte vor:

Abbildung 23: Abstraktionsleiter.

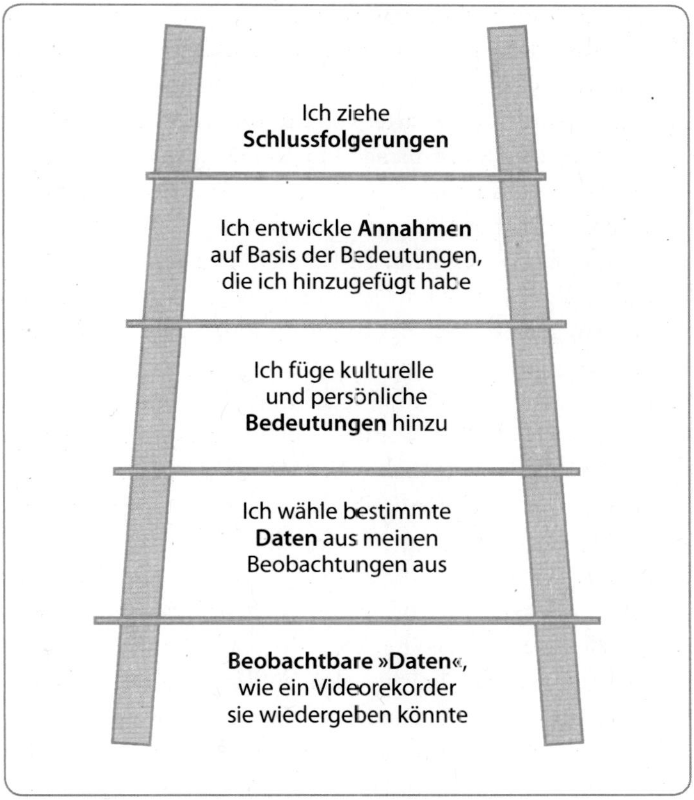

Quelle: in Anlehnung an Senge 2011.

1. Beobachten: eine konkrete Handlung beschreiben, ohne sie mit einer Bewertung oder Interpretation zu vermischen.
2. Dadurch ausgelöste Gefühle benennen.
3. Das dahinterliegende Bedürfnis beschreiben, wie zum Beispiel das Bedürfnis nach Sicherheit, Verständnis, Kontakt oder Sinn.
4. Die Bitte um eine konkrete Handlung aussprechen.

In Kurzform: »Wenn ich a sehe, dann fühle ich b, weil ich c brauche. Deshalb möchte ich jetzt gerne d.« (Rosenberg 2001)

Gewaltfreie Kommunikation braucht sehr viel Übung, denn sie ist nicht nur eine Technik, sondern auch eine innere Haltung. Anfänglich tun sich viele sehr schwer damit, die eigenen Gefühle zu benennen, ohne den anderen als schuldigen Verursacher zu verurteilen. Noch schwieriger ist es, die eigenen dahinterliegenden Bedürfnisse überhaupt zu erkennen, besonders wenn man schon emotional sehr erregt ist. Gleichzeitig braucht es eine radikal selbstverantwortliche und gleichsam kooperative innere Haltung als Grundlage dafür, dass das korrekte Befolgen der vier Schritte überhaupt die prophezeite positive Wirkung für das Gesprächsklima entfalten kann. Damit ist die Herausforderung an jene, die gewaltfrei kommunizieren wollen, wirklich sehr hoch. Und dem nicht genug: In der beruflichen Praxis stößt man noch auf weitere Schwierigkeiten. Wenn in der eher sachlich orientierten Arbeitswelt auf einmal über Gefühle gesprochen werden soll, so wirkt das zunächst sehr ungewohnt. Es braucht eine hohe Transferleistung, um den Boden dafür zu bereiten, dass es überhaupt möglich wird, Gefühle offen zu zeigen. In einer hitzigen Auseinandersetzung im Büro ist es zudem nicht leicht, klar zu benennen, welches Bedürfnis hinter dem Konflikt steht. Zudem: Aus unserer Sicht ist der Begriff ungünstig, weil er impliziert, dass jeder, der die Methode der gewaltfreien Kommunikation nicht anwendet, gewalttätig kommuniziert.

Gleichwohl verbreitet sich die gewaltfreie Kommunikation auch in Großunternehmen immer weiter. Viele Firmen schulen ihre Mitarbeiter gezielt in diesem Modell.

In evolutionären Organisationen (siehe Kapitel *Strategie, Lernen und Selbsterneuerung*) mit einer klaren Ausrichtung an einem übergeordneten Sinn kann auch die *transparente Kommunikation* nach Thomas Hübl gelebt werden (Hübl 2015). »Unter transparenter Kommunikation verstehen wir eine Art zu kommunizieren, die die innere Erfahrungswelt der Beteiligten mit einbezieht. Für die Wirkung und Bedeutung von Mitteilungen ist es wesentlich, von welchem Platz aus sie gesprochen und gehört werden. Wenn wir uns ganz aufeinander einstellen, sodass wir den inneren Erfahrungsraum von anderen Menschen erfahren können. Das schafft eine ganz neue Basis von Verstehen und Empathie.« Beim Üben der transparenten Kommunikation lernt man gezielt, alle Wahrnehmungen von sich selbst und vom Gegenüber einzubeziehen, seien sie mental, emotional oder physisch. Die Gesprächspartner sind dazu eingeladen, nicht mehr nur auf Worte zu hören und auf Mimik und Gestik zu schauen, sondern sich ganz bewusst auch auf ihre Intuition einzulassen. So ist die Verbindung verschiedener Erfahrungswelten möglich, und die Gesprächspartner bekommen Zugang zu umfassenderen Informationen. Laut Hübl ist es Ziel, dass die Menschen sich einander auf diese Art und Weise in all ihren Dimensionen inklusive der spirituellen Dimension begegnen. Gleichzeitig treten dabei die Gesprächspartner selbst als Individuen etwas zurück: Ein gemeinsamer transpersonaler Raum wird geöffnet.

Zum Abschluss dieses Abschnittes über Kommunikation möchten wir *zwei ganz einfache Fragen* vorstellen, die fast immer weiterführen, wenn sich die Kommunikation festgefahren hat:

- »Warum ist dir das so wichtig?«
- »Kannst du mir mehr davon erzählen?«

So einfach das klingt, so wirkungsvoll ist das Stellen dieser Fragen. Wir steigen damit nämlich ganz bewusst aus der Konfrontation aus und geben dem anderen Raum, sich zu zeigen. Indem wir dem anderen für eine Zeit die Bühne des Gesprächs ganz überlassen, entspannen wir die Atmosphäre und können uns auch selber wieder öffnen für einen konstruktiveren Dialog.

Nach diesen grundlegenden Aspekten der Kommunikation kommen wir zu einer ihrer wichtigsten »Bühnen«: *Besprechungen*. Sie nehmen einen großen Teil unserer Arbeitszeit ein. Oft sind sie lang und zäh, enden ergebnislos, oder die Ergebnisse werden dann doch nicht umgesetzt. Es ist für alle Beteiligte frustrierend, wenn die wertvolle Zeit nicht gut genutzt wird.* Gleichzeitig nimmt die Anzahl an Besprechungen in modernen Unternehmen ständig zu. Das ist kein Wunder, denn mit sich immer schneller verändernden Umgebungsbedingungen und einer zunehmenden Stakeholderorientierung werden die vorhandenen Strukturen, Rollen, Prozesse, Ausrichtungen und Prioritäten immer instabiler und müssen häufiger überprüft und angepasst werden.

Frederic Laloux (Laloux 2015) stellt eine enge Beziehung zwischen Besprechungs(un)wesen und Hierarchieebene her und bringt es mit diesen Worten auf den Punkt: »Die Überforderung durch Besprechung ist in herkömmlichen Organisationen besonders akut, wenn man sich die oberen Hierarchieebenen anschaut. Der typische Tag eines Topmanagers besteht aus einer Besprechung nach der anderen. … es könnte auch nicht anders sein. Je höher man kommt, desto mehr Linien überschneiden sich. Nur ganz oben können sich die verschiedenen Abteilungen für Verkauf, Marketing, Forschung und Entwicklung, Produktion, Personalentwicklung und Finanzen treffen. Die Entscheidungen werden natürlicherweise nach oben gedrückt, weil es der einzige Ort ist, wo Entscheidungen getroffen und Kompromisse gefunden werden können, die die verschiedenen Blickwinkel miteinbeziehen. Es ist fast schon vorherbestimmt: Durch eine Pyramidenform beklagen sich die Mitarbeiter an der Spitze der Organisationen über Überforderung durch zu viele Besprechungen, während die Mitarbeiter auf den unteren Ebenen sich machtlos fühlen und kein Mitbestimmungsrecht haben.«

Laloux beschreibt hier ein strukturelles Problem, das wir im Kapitel *Governance* schon aus einer anderen Perspektive betrachtet haben. Derzeit sind fast alle Unternehmen noch streng hierarchisch organisiert und *leiden* unter genau dieser beschriebenen Zunahme der Besprechungsfrequenz mit der Höhe der Hierarchieebene. Die Notwendigkeit von Besprechungen, Abstimmungen, Klärungen und Entscheidungen auf allen Ebenen ist zudem in jenen Branchen besonders wichtig, in denen bevorzugt

* *Death by Meeting* lautet der Titel eines Buches von Patrick Lencioni. Eine Umfrage unter 800 Führungskräften im deutschsprachigen Raum ergab: Sieben von zehn Teilnehmern halten Meetings für schlecht vorbereitet. Sechs von zehn sagen, Meetings verzögerten Arbeitsabläufe. Und jeder Zweite sieht Verantwortlichkeiten nur unzureichend geklärt (ZEIT, 15. Mai 2011).

geistige Arbeit geleistet wird, im Gegensatz zu handwerklichen Tätigkeiten, bei denen man die Qualität des Ergebnisses häufig auf Anhieb erkennen kann.

Wie können wir die erlebte Qualität unserer Besprechungen verbessern, sei es im Prozess oder im Ergebnis? Damit haben wir bereits eine wichtige Unterscheidung eingeführt. Die Art und Weise, wie wir miteinander reden, wie die Besprechung begonnen, moderiert und beendet wird, ob wir uns in persönlicher Wertschätzung begegnen oder die Meinung des anderen als geschätzten Mehrwert oder ein notwendiges Übel betrachten, ob wir Freude daran haben, uns aktiv zu beteiligen, und dabei Gehör finden, wie wir die Entscheidungsprozesse gestalten: All dies sind Fragen der Prozessqualität. Naheliegend: Ohne eine gute Prozessqualität wird es kein gutes Ergebnis geben. Dabei ist die Prozessqualität unmittelbarer Ausdruck der Unternehmenskultur, der inneren Werte und der persönlichen Fähigkeiten der Beteiligten (siehe hierzu oben das Quadrantenmodell von Wilber).

Bei der Prozessgestaltung sind in beiden Richtungen – dem Zuwenig und dem Zuviel – Übertreibungen möglich: Das einseitige Beharren auf Zahlen, Daten, Fakten *(ZDF)* lässt kaum einen direkten Austausch zu, während die Überbetonung der Prozessgestaltung, zum Beispiel mit häufigen Metafragen zur Gesprächskultur und zur Befindlichkeit der Teilnehmer, zu endlosen Diskussionen führen kann. Teilweise wird so erst recht der Unmut geschürt, dem in einem guten Prozess begegnet werden soll.

Im Idealfall ergänzen sich Ergebnis- und Prozessorientierung gegenseitig. Der wichtigste Hinweis aus unserer Sicht ist deshalb: Bei regelmäßigen Besprechungen sollte eine grundsätzliche Vereinbarung über die Art der Prozessgestaltung mit der Frage getroffen werden: *Welche Art von Prozessgestaltung brauchen wir, um gute Ergebnisse zu erzielen?* Damit wird das *Mindset*, also die innere Haltung der Teilnehmer, aufeinander eingestimmt. Denn ein unterschiedliches persönliches Verständnis einer guten Prozessqualität kann zu großen Differenzen im Team führen: Die eher ergebnisorientierten Teilnehmer werden als zu oberflächlich und unpersönlich wahrgenommen, während die eher prozessorientierten als umständliche Bremser gelten. Für das gegenseitige Verständnis ist es deshalb so wichtig, zunächst einmal die persönlichen Vorstellungen offenzulegen: Was verstehe ich unter einem guten Ergebnis? Was ist für mich eine gute Prozessqualität? Solange diesbezüglich noch keine Meinungsbildung stattgefunden hat und damit noch keine Übereinstimmung gefunden wurde, ist es sehr schwierig, eine für mehrere Beteiligte gleichsam positiv empfundene Besprechung abzuhalten. Dies kann sogar bei jeder Besprechung zu Beginn kurz wiederholt und gegebenenfalls für das aktuelle Thema angepasst werden.

Besprechungen sind trotz bester Vorbereitung, Einstimmung und Moderation dennoch stets eine Bühne für die Bedürfnisse der einzelnen Teilnehmer, auf der sie sich einander zeigen und im Miteinander um Status, Autonomie und Zugehörigkeit ringen: Welche Aufmerksamkeit bekomme ich? Wer kann sich wie einbringen? Wer kann mit kreativen Ideen oder klarem Faktenwissen glänzen? Wie gut finde ich mit meinem mir persönlich so wichtigen Anliegen Gehör? Selbst die beste Moderation kann diese manchmal stark prozessblockierenden Aspekte nicht verhindern, sondern höchstens minimieren. Falls die gegenseitige Wertschätzung und das gegenseitige Vertrauen groß genug sind, tut die Moderation gut daran, immer wieder mal Zeitfenster dafür zu öffnen, die Verhaltensweise und Interaktionen offen zu reflektieren.

Wir brauchen deshalb Praktiken, um mitunter schwierige Verhaltensweisen im Interesse der Qualität der Meetings unter Kontrolle zu halten. Einige erprobte Beispiele hierzu sind:

- Jede Besprechung beginnt mit einem Check-in und endet mit einem Check-out*. Reihum spricht jeder darüber, was ihn gerade beschäftigt, wo er steht. Das können sehr persönliche Worte sein, womit man sonst gerade beschäftigt ist oder was man von der Besprechung erwartet usw. Es sollte über ein »Alles okay« jedoch deutlich hinausgehen. Das Check-in ermöglicht den Teilnehmern, sich mit ihrer ganzen Person einzubringen und sich so miteinander zu verbinden. Alleine das Benennen einer gerade im Vordergrund stehenden Emotion (zum Beispiel aufgrund eines noch ungeklärten Konflikts zwischen zwei Besprechungsteilnehmern oder aufgrund eines Ereignisses ganz außerhalb der Arbeitswelt) kann zu einer Entspannung führen und die Präsenz in der Besprechung erhöhen. Das ist ein Grundeffekt jeder Kommunikation: Das Explizitmachen von sonst verborgenen Gedanken und Emotionen nimmt ihnen meist ein Stück Energie, die dann dem gegenwärtigen Moment zugutekommt.

Das Check-out am Ende der Besprechung reflektiert dann vor allem die Prozessqualität und ist ein unmittelbares Feedback.

- Jede Besprechung mit einem Moment der Stille beginnen (Laloux 2015).
- In den Kliniken Heiligenfeld beginnt jede Besprechung auf drei Arten: eine Minute Stille; ein kurzer Text; ein Witz (Laloux 2015).
- Peter Senge (Senge 2011) beschreibt folgende Praktik: »Bei jedem Treffen ließen wir den Leuten Zeit, sich vorzustellen, und wir unterhielten uns darüber, was uns persönlich wichtig war, warum wir Zeit und Energie in diese Zusammenarbeit steckten. Wenn es dann zu Konflikten kam, betrachteten sich die Leute trotzdem noch als Individuen, denen echte Veränderung wirklich am Herzen liegt.«

* In Anlehnung an das Format des *Tactical Meetings* des Holocracy©-Ansatzes entstanden, gehört dieser Schritt zur alltäglich gelebten Praktik zum Beispiel im Terra Institute.

Abbildung 24: Quadrantenmodell auf Besprechungen angewandt.

	innerlich	äußerlich
individuell	**Gedanken, Gefühle, Einstellungen** intensiver Austausch zur Besprechungskultur, zum Beispiel bei regelmäßigen Tagungen …	**Verhalten, Fähigkeiten** Schulungen in Moderationstechniken, gewaltfreier Kommunikation, Feedback, Entscheidungspraktiken …
kollektiv	**gemeinsame Werte, Organisationskultur** zu Beginn jedes Meetings die gerade angemessene Besprechungskultur vereinbaren …	**Strukturen, Prozesse, Praktiken** Regeln für Besprechungen vereinbaren, zum Beispiel Einladung, Einstieg, Moderationsmethode, Abschluss, Nachbereitung …

Quelle: Terra Institute.

- Eine Besprechung kann auch mit einer kurzen oder längeren Meditation beginnen (ab und zu im Terra Institute und bei einigen Kunden praktiziert). Bei geführten Meditationen kann gut mit Fragen gearbeitet werden, die in direktem Bezug zum Thema stehen und den entstehenden entspannten Zustand nutzen, um tiefere Bewusstseinsschichten anzusprechen.*

All dies sind einfache Praktiken, die mehrere Wirkungen erzielen: Die Teilnehmer können abschalten von dem, was sie direkt vor der Besprechung beschäftigte. Sie kommen zur Ruhe und können in einen Status unmittelbarer Präsenz und Achtsamkeit übergehen. Sie zeigen sich mit ihren gerade aktuellen Themen, und die persön-

---

* Zum Beispiel drei Fragegruppen zu Beginn eines Workshops mit dem Thema »X«:
Was kannst du zu X beitragen? Mit deinen Eigenschaften, Fähigkeiten, Erfahrungen, mit deinem Verstand, mit deiner Energie und deinem Willen und mit deinem Herzen. Was braucht X von dir? Wie kannst du X noch mehr zum Blühen bringen? Wenn du schon lange mit X beschäftigt bist, dann achte auf genau diesen Moment: Was braucht X jetzt von Dir?
Was kann X für dich tun? Wie kann X dich bei deinen Zielen unterstützen, dir Energie geben, dein Herz berühren? Und auch hier, wenn du schon lange mit X beschäftigt bist: Was brauchst du jetzt von X?
Was kannst du gemeinsam mit X für die Welt, in der wir leben, beitragen? Wie kannst du mit X einen Beitrag für diese Welt leisten?

liche Verbindung zwischen ihnen wird gestärkt. Es entsteht ein gemeinsames Aufmerksamkeitsfeld, das den konzentrierten Einstieg in die Themen der Besprechung erleichtert. Ein weiterer Grund für die Einführung gemeinschaftlicher Gewohnheiten ist, dass damit ein gemeinsames Lernen passiert: Durch das Commitment der Gruppe, sich konsistent und ganz natürlich an gemeinsame Regeln zu halten, entsteht eine von allen genossene *Verbesserung* des Gemeinschaftsraumes. Wenn die Sinnhaftigkeit solcher Praktiken mehrfach erfahren wurde, entstehen eine grundsätzliche Bereitschaft und Offenheit für weitere Prozessregeln, die den gemeinsamen Gesprächsraum noch besser gestalten.

Wenden wir das Vier-Quadranten-Modell nach Wilber auf die Entwicklung einer guten Besprechungskultur an, so ergeben sich zum Beispiel Themen wie in Abbildung 24 dargestellt.

16.3
Entscheidungsfindung

Entscheidungen sind ein Ziel der meisten Besprechungen. Je nach Unternehmenskultur wird die Entscheidungsfindung sowohl in Bezug auf die am Prozess Beteiligten (nur einer, wenige, mehrheitlich, alle, noch weitere Personen über das Unternehmen hinaus und andere mehr) als auch in Bezug auf die Methode (einfache Mehrheit, qualifizierte Mehrheit, Systemisches Konsensieren und anderes mehr) sehr unterschiedlich gehandhabt. Es gibt eine Unmenge verschiedener Varianten – wir stellen hier nur einige wenige vor. Genauso wie für Kommunikation und Besprechungen gilt auch in Bezug auf die Entscheidungsfindung: Es gibt nicht den einen richtigen Weg. Vielmehr geht es darum, dass die Organisation für sich in Bezug auf diese für die Gemeinschaft und den Unternehmenserfolg so ausschlaggebenden Tätigkeiten in einem guten Lernprozess ist und so laufend für sich entscheiden kann, welche Form gerade passend ist.

Hierarchische Entscheidung

Eine bzw. wenige Personen haben die Entscheidungsbefugnis. Der Vorteil ist, dass Entscheidungen schnell getroffen werden können und der Abstimmungsaufwand gering ist. Die Verantwortung liegt beim Entscheider, bei Fehlentscheidungen ist damit der Verantwortliche schnell gefunden – je nach Fehlerkultur damit auch der »Schuldige«. Untere Hierarchieebenen können in diesen Systemen oftmals unangenehme Entscheidungen leichter nach oben delegieren und sich wieder ungestört ihrer Arbeit widmen. Nachteilig ist, dass dann weder die Erfahrung noch das Wissen des Teams gehoben werden. Mögliche Widerstände, die der Umsetzung der Entscheidung später im Wege stehen, können sich nicht zeigen.

Hierarchische Entscheidungen sind in Unternehmen, die auf intensive Mitarbeiterbeteiligung und Empowerment setzen, häufig verpönt. Man setzt hier stattdessen auf

Konsens oder auf die Delegation von Entscheidungen auf eine untere Hierarchieebene. Nachteilig ist dabei, dass damit manchmal die Entscheidungsfindung von Menschen übernommen wird, die möglicherweise nicht über genügend Systemwissen verfügen.

Kritisch wird es auch, wenn Führungskräfte nicht konsequent hierarchisch entscheiden, sondern je nach Belieben manchmal die Mitarbeitenden beteiligen und manchmal nicht, ohne dass transparent ist, warum mal so und mal anders entschieden wird. Dies führt zur Verunsicherung und zum Vertrauensverlust.

Variante: hierarchische Entscheidung mit Widerspruchsmöglichkeit der Beteiligten. Ein praktisches Beispiel: In einem Teamworkshop sollten die Aufgaben, Rollen und Projekte im Team komplett neu verteilt werden. Bei zwölf Teammitgliedern und circa 60 zu verteilenden Themen kann das zu ziemlich langen und ermüdenden Diskussionen führen. Rein hierarchische Entscheidungen wären zwar schnell, übergehen jedoch vermutlich wichtige Anliegen oder Fähigkeiten der Teammitglieder. Die pragmatische Vorgehensweise im konkreten Fall: Der Vorgesetzte ging eine von ihm vorbereitete Liste durch, in der er seine Vorschläge zur Zuordnung nannte und erläuterte. Nur wenn es dagegen bei einem oder mehreren Teilnehmenden Widerstand gab, wurde der Vorschlag ausführlicher diskutiert und dann neu im Konsens entschieden. Das war im konkreten Fall bei fünf Themen der Fall, die dann ausführlich geklärt wurden. In diesem Fall kannte sich der Vorgesetzte ziemlich gut mit den Aufgaben seiner Mitarbeitenden aus, und es herrschte insgesamt eine offene Gesprächskultur, sodass niemand Bedenken hatte, einen Widerstand zum Vorschlag des Vorgesetzten zu äußern.

Mehrheitsentscheid

Mehrheitsentscheide gelten als dem demokratischen Ideal am nächsten kommend. Allerdings: Es wird nicht sichtbar, weswegen die Minderheit »dagegen« war. Die Gruppe hat nach dem Entscheid im Regelfall keine Kenntnis darüber, ob die Minderheit den Entschluss mittragen wird oder bereits dabei ist, ihn zu sabotieren. Auch sagt das Ergebnis nichts darüber aus, welche Leute mit welchem Wissensstand wie abgestimmt haben. Möglicherweise sind die Experten des Themas zahlenmäßig in der Minderheit und so von der weniger informierten Mehrheit überstimmt worden. Und die Wahloptionen werden oft so zugespitzt, dass es nur eine Wahl zwischen zwei Extremen gibt. Weitere Wahlmöglichkeiten, die eine höhere Zustimmung finden würden, werden oft nicht gesucht.

Konsens

Gut eingespielte Gruppen diskutieren mögliche Lösungen so lange, bis sie ein gutes Gefühl für die tragfähigste Lösung entwickelt haben. Diese Entscheidungsfindungsprozesse enden dann oft mit Fragen wie: »Sind wir uns dann einig?«, »Hat noch jemand etwas dagegen?« Auch in Gruppen, die eher unbewusst das Konsensverfahren anwenden, wird damit implizit gefragt: »Sind alle dafür?« bzw. »Ist dies aus jetziger Sicht die beste Variante?«

Entscheidungen im Konsens sind meist recht tragfähig. Damit gilt der Konsens für manche als die ideale Methode zur Entscheidungsfindung. Nachteilig sind der oft mühsame Weg bis zur Entscheidung und der Umstand, dass oft nur ein Kompromiss zwischen den verschiedenen Lösungsansätzen konsensfähig ist. Dabei können die Vorteile der Einzellösungen verloren gehen, und keiner steht mehr ganz hinter der gefundenen Lösung. Das heißt: Sowohl der Prozess als auch das Ergebnis von Konsensentscheidungen können erhebliche Nachteile haben.

Konsent

Konsent im Zusammenhang mit Entscheidungsfindungsprozessen wurde vor allem unter der Bezeichnung *Soziokratie* bekannt. Es bedeutet im Gegensatz zum Konsens (allgemeine Einstimmigkeit) die Abwesenheit von schwerwiegenden Einwänden gegen einen Beschlussvorschlag. Der zähe Prozess der Konsensfindung wird vermieden, gleichzeitig haben alle eine Stimme. Allerdings ist die Gefahr, dass man sich mit zweitklassigen Lösungen zufriedengibt, nicht völlig gebannt. Es gibt mittlerweile verschiedene Varianten, wie das Konsentprinzip umgesetzt wird. Eine Spielart des Konsent-Prinzips, welche in den heute vorherrschenden leistungsorientierten Organisationen gut eingesetzt werden kann, ist das Systemische Konsensieren.

Systemisches Konsensieren

Systemisches Konsensieren (Paulus et al. 2009) stellt die Logik vorherrschender Abstimmungsverfahren auf den Kopf. Gesucht wird nicht mehr die meiste Zustimmung zu einem Vorschlag, sondern eine Lösung, die den geringsten Widerstand hervorruft.

Damit erfüllt es zwei Voraussetzungen für kluge Entscheidungen: Zum einen fördert es die Kreativität einer Gruppe, indem es mehr Lösungsvorschläge hervorbringt als herkömmliche Verfahren, zum anderen erzeugt es langfristig tragfähige Lösungen, da die Widerstände aller am Entscheidungsverfahren Beteiligten sichtbar werden und damit gemeinsam konstruktiv nach der optimalen Lösung gesucht wird.

Ein *Beispiel* zeigt die Vorgehensweise: In einer Gruppenbesprechung wollen sich fünf Kollegen auf ein Restaurant für ein Arbeitsessen einigen. Peter schlägt einen Italiener vor. Marie möchte ein französisches Restaurant besuchen. Petra und Bernd wollen zum Griechen, und Lars bevorzugt ein spanisches Lokal. Bei einem einfachen Mehrheitsbeschluss (wer ist für was?) würde naturgemäß das griechische Lokal gewählt, weil es zwei Stimmen auf sich vereint.

Beim Systemischen Konsensieren wird nach den Widerständen gegen eine Lösung gefragt. Das heißt, jeder Teilnehmer benennt seinen Widerstand gegen jeden der genannten Vorschläge. Dazu wird eine Skala von null (kein Widerstand/präferierte Lösung) bis zehn (der Vorschlag ist vollkommen unannehmbar) verwendet. Das Ergebnis stellt sich wie folgt dar:

Tabelle 19: Beispiel Systemisches Konsensieren.

	italienisch	französisch	griechisch	spanisch
Peter	0	3	3	1
Marie	8	0	9	5
Petra	2	2	0	1
Bernd	6	4	0	1
Lars	2	1	1	0
Summe der Widerstände	18	10	13	8

Das Ergebnis zeigt klar: Der Widerstand gegen das italienische Restaurant ist am höchsten, gegen das griechische am zweithöchsten. Am wenigsten Widerstand gibt es gegen das spanische Lokal. Die Wahl fällt also auf dieses Restaurant.

Das Verfahren liefert das Ergebnis mit dem geringsten Gruppenwiderstand. Falls mehrere Vorschläge den gleichen geringsten Widerstand haben, kann man mit demselben Verfahren in eine Stichwahl gehen oder zusätzliche Kriterien einführen. Eine so gefundene Lösung kommt dem Konsens am nächsten, geht aber viel schneller.

Gerade wenn die Vertrautheit mit der Methode noch nicht hoch ist, hat es sich bewährt, Probeabstimmungen durchzuführen. Denn nach der Probeabstimmung kann hinterfragt werden, wie die Lösung(en) angepasst werden müsste(n), damit hohe Widerstände abgebaut werden können. Dies führt im Regelfall zu neuen Lösungen bzw. Varianten der bisherigen Vorschläge.

Beratungsprozess

Frederic Laloux (Laloux 2015) stellt in seiner Untersuchung evolutionärer Organisationen (siehe das Kapitel *Strategie, Lernen und Selbsterneuerung*) eine weitere Form der Entscheidungsfindung vor. Die von ihm als evolutionär beschriebenen Unternehmen haben keine Hierarchie mehr im klassischen Sinne und damit auch keine Möglichkeit, Entscheidungen über die hierarchische Ebene zu treffen. Die meisten von ihnen wenden deshalb den sogenannten Beratungsprozess an: »Dieser Prozess ist ganz einfach: Prinzipiell kann jeder Mitarbeiter in der Organisation jede Entscheidung treffen. Davor muss sich dieser Mitarbeiter aber den Rat aller davon betroffenen Mitarbeiter und von Experten in Bezug auf das jeweilige Thema einholen. Der Mitarbeiter ist dann nicht verpflichtet, jeden Ratschlag anzunehmen oder einen wirkungslosen Kompromiss zu finden, der versucht, jedem Wunsch gerecht zu werden. Aber der Mitarbeiter muss sich Rat suchen und gründlich darüber nachdenken. Je größer die Entscheidung ist, desto weiter ist das Netz, das berücksichtigt werden muss – wenn nötig, auch der Geschäftsführer oder der Vorstand. Meist wird die Entscheidung von demjenigen getroffen, der das Problem oder die Möglichkeit bemerkt hat, oder es ist die Person, die am meisten davon betroffen ist. … Dieser Prozess ist entscheidend, um Selbstführung in größeren Organisationen funktionsfähig zu machen. Er ist tatsächlich so wichtig, das bei AES und anderen selbstführenden Organisationen die Mitarbeiter wissen, dass die Missachtung des Beratungsprozesses eines der wenigen Dinge ist, die ihnen den Job kosten können.«

Das hier erwähnte AES (Applied Energy Services) ist ein global tätiges Unternehmen im Energiesektor mit 40.000 Mitarbeitern. Dennis Bakke, CEO von AES, nennt folgende Aspekte des Beratungsprozesses als für das Unternehmen zentral wichtig und hilfreich (nach Laloux 2015, gekürzt):

- Erstens: Die Menschen, die um Rat gefragt werden, beschäftigen sich nun auch mit dem Thema. Der Austausch der Informationen unterstützt das Gemeinschaftsgefühl. Jeder Mitarbeiter, der um Rat gefragt wird, fühlt sich anerkannt und gebraucht.
- Zweitens: Um einen Rat zu bitten, ist ein Akt der Demut. Allein diese Handlung sagt schon: »Ich brauche dich« … es entsteht eine intensivere Beziehung. Meiner Erfahrung nach wird es dadurch nahezu unmöglich für denjenigen, der eine Entscheidung treffen möchte, den Rat einfach zu ignorieren.
- Drittens: Entscheidungsfindung ist Lernen am Arbeitsplatz.
- Viertens: Die Chancen für das Erreichen der besten Entscheidungen sind größer als unter konventioneller Führung von oben. Derjenige, der die Entscheidung trifft, hat den großen Vorteil, dass sie oder er sich näher mit dem Thema beschäftigt und meist auch mit den Konsequenzen seiner Entscheidung leben muss.
- Fünftens: Dieser Prozess bringt für denjenigen, der die Entscheidung treffen muss, auch jede Menge Spaß – ähnlich der Freude, die wir beim Teamsport erleben. Der Beratungsprozess stimuliert Initiative und Kreativität, die durch die Weisheit sachkundiger und erfahrener Mitarbeiter in der Organisation verstärkt wird.

Entscheidungen prinzipiell von jedem Mitarbeiter treffen zu lassen ist sicherlich für die meisten Unternehmen ein zu großer Schritt. Bei Entscheidungen geht es nämlich nicht allein um rein sachliche Fragen, sondern Entscheidungen sind stets in mehr oder minder großem Maße mit Macht verbunden. Die Art der Entscheidungsfindung ist deshalb aufs Engste mit der Unternehmenskultur und der inneren Haltung der Mitarbeitenden verbunden. Vielen wird deshalb der Beratungsprozess wie die Einladung zum reinen Chaos erscheinen. Das ist auch nicht anders zu erwarten: In einem Unternehmen mit klarer Hierarchie und Top-down-Entscheidungsprozessen wird die individuelle Sicht durch die Erfahrungen in der Außenwelt geprägt. Veränderungen lassen sich nur schrittweise erreichen.

16.4 Systemisches Projektmanagement und agile Ansätze

Wenn du Gott zum Lachen bringen willst, erzähl ihm von deinen Plänen.
Woody Allen

Projektmanagement ist im Kerngeschäft vieler Unternehmen mittlerweile Standard. Es half in den letzten 25 Jahren dabei, die starren, formalen Strukturen hierarchischer Unternehmen aufzubrechen und flexibler zu machen. Nach einer gewissen Begeisterung in den 1990er-Jahren über die Vorteile projektorientierter Organisationen ist inzwischen in vielen Unternehmen Ernüchterung eingetreten. Woran liegt das?

So, wie heute Projektmanagement verstanden, gelehrt und eingesetzt wird, orientiert es sich an drei Hauptgestaltungselementen: genaue Analyse der Ausgangssituation, exakte Zielformulierung und, daraus folgend, eine eindeutige Projektstruktur mit Arbeitspaketen, Meilensteinen und Ablaufplänen. Ziel vieler Projektmanagementinstrumente ist es folglich, den Weg vom Ist zum Soll möglichst genau zu planen und Abweichungen so früh wie möglich zu erkennen. Wenn das Projekt mit dem Kickoff startet, ist der Großteil des spezifischen Projektmanagement-Know-hows bereits eingesetzt. Falls es gut läuft, besteht die weitere Arbeit darin, Abweichungen zu erkennen und ihnen zu begegnen. Ansonsten geht es vor allem um die inhaltliche Abarbeitung der Aufgaben – ein Umstand, der Anfänger in Projektmanagementseminaren immer wieder überrascht. Kurz: Unser gewohntes Projektmanagement leitet aus einer Anfangssituation einen genau beschriebenen *linear-kausalen* Weg zum Ziel ab. Es gibt sehr genaue Regeln für Projektmanagement, unter anderem in der DIN 69901 ff. festgehalten (Projektmanagement 2009). Die Ausbildung zum Projektmanager verläuft meist nach festen und weitgehend identischen Standards der großen internationalen Organisationen IPMA, PMI bzw. entsprechend dem britischen Standard Prince-2.

Diese Formalisierung führt zwar auch in Kerngeschäftsprojekten manchmal zu einem gewissen Unmut über die Vielzahl an Standardvorgehensweisen und das ausufernde Berichtswesen, aber die Vorteile der Klarheit und Eindeutigkeit überwiegen bei Weitem. Projektmanagement ist inzwischen so weitgehend standardisiert, dass die Grenzen zum Prozessmanagement immer fließender werden. Der ursprüngliche Hauptunterschied – ein Projekt ist im Wesentlichen durch seine Einmaligkeit gekennzeichnet, während ein Prozess häufig wiederkehrende Aktivitäten beschreibt – verschwindet immer mehr.

Außerhalb der Aufgaben im Kerngeschäft mit den meist klaren Ausgangssituationen und genau definierbaren Zielen sieht die Situation jedoch ganz anders aus. Wenn wir die Projektmanagementmethoden aus dem Kerngeschäft direkt auf Themen wie zum Beispiel Strategieimplementierungen oder organisatorische Veränderungen anwenden, entstehen Probleme, und das Projektmanagement selber kann zu einer Belastung werden (Streit 2014). Problematisch ist zum Beispiel der Einsatz von Werkzeugen und Methoden, die zwar im Kerngeschäft ihre Berechtigung haben, bei Veränderungsvorhaben jedoch kaum benötigt werden, das Abarbeiten von als sinnlos empfundenen Formalismen oder eine zu geringe Flexibilität bei den Standardprozeduren, wenn sie aus dem Projektgeschehen des Kerngeschäfts unreflektiert abgeleitet wurden. In der Folge entstehen oftmals Widerstände gegen die Inhalte der Veränderung, obwohl die Ursachen der als unzumutbar empfundenen Belastung von den eingesetzten Methoden herrühren.

Veränderungsprojekte haben ganz andere Charakteristika als Projekte im Kerngeschäft. Eine umfassende und differenzierte Analyse der Ausgangssituation ist kaum möglich, denn das Umfeld einer Veränderung ist komplex und dynamisch, und die Einflussfaktoren stehen in intensiver Wechselwirkung miteinander. Auch das Ziel ist oft schlecht darstellbar und damit schwer messbar, da die Projektbeteiligten entweder insgesamt aus gutem Grund eher prozess- anstatt ergebnisorientiert an das Veränderungsvorhaben herangehen oder weil vielleicht insgesamt noch viele unterschiedliche Vorstellungen darüber herrschen, was letztlich angestrebt wird. Bei solchen Unwägbarkeiten bei Start und Ziel der Reise ist eine zu detaillierte Ablaufplanung nicht hilfreich, sondern kann sogar das Gegenteil des Erwünschten ergeben.

Diese Unterschiede weisen auf eine grundsätzlich andere Schwerpunktsetzung hin. Anstelle einer *linear-kausalen Projektplanung* auf dem Weg zum Ziel stehen bei Veränderungsvorhaben die *Aushandlungsprozesse im Projektverlauf* im Fokus: Wie wird mit Unklarheiten in Ziel und Ausgangssituation, mit sich verändernden Randbedingungen und mit der zu erwartenden Dynamik zwischen den Projektbeteiligten umgegangen? Wie gehen wir mit sogenanntem Widerstand um? Wie fügt sich die aktuelle Veränderung in den Kontext des Gesamtunternehmens ein?

Aushandlungsprozesse basieren auf den Wechselwirkungen der Beteiligten, die einander etwas mitteilen, voneinander hören, etwas verschweigen, bestimmte Prioritäten setzen, etwas vergessen … kurz, die miteinander interagieren. Sie sind das Feld des systemischen Ansatzes, der weniger in kausalen Ursache-Wirkung-Mustern denkt, sondern die gegenseitige Beeinflussung und Abhängigkeit von Erkenntnis, Emotion und Handlung in den Vordergrund stellt.

Ein vielversprechender Ansatz im Projektmanagement zeigt sich in den sogenannten *agilen Methoden*, die ihren Ursprung in der Softwareentwicklung haben (siehe zum Beispiel Pichler 2009). Sie werden hier genauer untersucht und ihre mögliche Übertragung auf Veränderungsvorhaben überprüft.

Agile Softwareentwicklung verbreitet sich mit großer Geschwindigkeit, denn sie bietet einen Lösungsvorschlag für ein Grundproblem der Branche: schlecht definierbare Ziele und nicht vorhersehbare Schwierigkeiten bei der Umsetzung. IT-Projekte haben hier eine große Ähnlichkeit mit Veränderungsvorhaben.

Deshalb wird der Einsatz agiler Methoden bei Veränderungen zunehmend diskutiert: »Agile Organisationen werden zunehmend auch agile Change-Architekturen benötigen. Change Management ist gut beraten, sich von neuen Projektmethoden wie beispielsweise ›Scrum‹, das in der Softwareentwicklung entstanden ist, inspirieren zu lassen« (Capgemini 2010). Faschingbauer (Faschingbauer 2012) empfiehlt, konkrete Ziele in Veränderungen nur noch etappenweise mit einem Zeithorizont von ein bis vier Wochen zu vereinbaren. Das ist ein typisch agiler Ansatz.

Wichtigster Vertreter der agilen Methoden in der IT ist *Scrum*. Der Begriff (englisch für »Gedränge«) stammt aus dem Rugby und beschreibt die regelmäßigen Unterbrechungen im Spiel, wenn die Spieler in einem engen Kreis die Köpfe zusammenstecken und den nächsten Spielzug vorbereiten. Ein typisches Scrum-Projekt besteht aus einer Reihe von Zyklen, die *Sprints* genannt werden. Für jeden Sprint werden Ziel und Dauer festgelegt (zum Beispiel zwei Wochen). Das Team plant die erforderlichen Arbeitsschritte und setzt sie um. Das konkrete Ergebnis am Ende des Sprints wird mit dem Auftraggeber abgestimmt und ist Basis der Zielformulierung des nächsten Sprints. Während eines Sprints gibt es keine Änderungen.

Wesentlich ist der Grundgedanke: Beim Umgang mit unklaren und sich ändernden Zielen braucht es sowohl Phasen der ungestörten intensiven Arbeit, sonst kommt man gar nicht voran, als auch regelmäßige Unterbrechungen der inhaltlichen Arbeit, in denen der Standort bestimmt, das Ziel überprüft und die neue Route festgelegt wird.

Diese Methodik ist gar nicht so fern von der Vorgehensweise in vielen Veränderungsprojekten, in denen es ebenfalls immer wieder zu Neuausrichtungen kommt. Im Unterschied zum methodischen und Energie freisetzenden rhythmischen Vorgehen im Scrum wird das im Veränderungsprojekt bisher jedoch vor allem als Mangel erlebt, nämlich als Unfähigkeit der obersten Führung, ein klares Ziel vorzugeben und dabei zu bleiben, oder als Unfähigkeit der Mitarbeiter, »richtig« umzusetzen. Diese Bewertungen als Schwäche wirken desorientierend und demotivierend. Das Wichtigste, was Veränderungsprojekte von Scrum lernen können, sind deshalb vielleicht nicht die spezifischen Schritte, sondern vielmehr die Haltung: Änderungen in Ziel und Vorgehen sind normal. Dazu gehört eine regelmäßige systematische Reflexion des bisher Erreichten.

Wesentliches strukturelles Element für ein an Scrum angelehntes systemisches Projektmanagement ist die Gestaltung der Aushandlungsprozesse im Projektverlauf. Dazu gehören folgende Elemente:

- Großen Wert auf Rollenbeschreibungen und Governance legen: Welche Kompetenzen hat der Projektleiter bei der Detailgestaltung des Projektes? Was darf er allein entscheiden, wobei muss er sich rückversichern? Rollenbeschreibungen für die anderen Beteiligten wie Projektpate, Lenkungskreis und Stakeholder sind ebenso abzustimmen.
- Einen Projektpaten bestimmen, der im Auftrag des Lenkungskreises die direkte regelmäßige Abstimmung mit dem Projektteam organisiert. Ein hochkarätig besetzter Lenkungskreis wäre dafür zu schwerfällig.
- Scrums definieren: zum Beispiel zwei Wochen. Für Veränderungsvorhaben wählt man sicherlich ein Wort, das besser zur Unternehmenskultur passt. Ziel ist es, in einem hochkomplexen und dynamischen Umfeld das Projektteam arbeitsfähig zu halten, sodass es nicht am Übermaß ständig eintreffender Informationen und Meinungen erstickt. Es schirmt sich deshalb regelmäßig für begrenzte Zeiträume ab, um sich dann gemeinsam mit dem Projektpaten wieder zu öffnen und neu auszurichten. Der Lenkungskreis kann dafür seltener tagen.
- Systematische Einbindung der Stakeholder organisieren. Anpassungen innerhalb des Zielkorridors müssen intensiv mit ihnen abgestimmt werden.

Agiles Veränderungsmanagement setzt auf Flexibilität, hohe Eigenverantwortung und intensive Kommunikation. Das kann zu Konflikten mit der sonst im Unternehmen gelebten Kultur führen. Eine die Agilität unterstützende Kultur zeichnet sich durch folgende Aspekte aus:

- Es wird offen auch über Abteilungsgrenzen hinweg kommuniziert, der Umweg über den Dienstweg ist nicht erforderlich.
- Die Mitarbeiter haben Erfahrungen mit offenen Feedbacks. Sie können Kritik an anderen wertschätzend formulieren und von ihnen akzeptieren.
- Kooperatives Verhalten innerhalb der Führungsebenen ist die Regel und nicht die Ausnahme. Stärkere Orientierung an der Sache als an der Macht.

Damit wird deutlich, dass agile Methoden für viele Organisationen eine große Herausforderung darstellen. Für ein stark hierarchisch geprägtes Unternehmen mit macht-

und statusorientierten Führungskräften ist eine agile Vorgehensweise bei Veränderungsvorhaben mit Sicherheit eine Überforderung. Hier muss die Entwicklung von Veränderungskompetenz zunächst mit besser kontrollierbaren Methoden beginnen.

In diesem Kapitel haben wir gesehen, dass die Herausforderungen an Operative Exzellenz weit über die direkten Produktions- oder Dienstleistungsprozesse hinausgehen. Auch alle Führungs-, Beratungs- oder Entscheidungsprozesse – letztlich alle Situationen, bei denen die Menschen im Unternehmen miteinander im Austausch sind – benötigen Exzellenz. Dies umso mehr in unserer Zeit schneller Veränderungen. Der Verbesserung der Kommunikation kommt dabei eine herausragende Rolle zu.

17

Stakeholderdialog und Reporting

Im herkömmlichen Verständnis stellt unternehmerisches Handeln Produkte oder Dienstleistungen her und erzeugt damit einen Gewinn für die Eigentümer. In dieser Sicht sind die Kapitalgeber die wichtigste, oft sogar die einzige Anspruchsgruppe – auf Neudeutsch Stakeholder (zum gesetzlichen Rahmen siehe auch das Kapitel *Governance, Struktur und Führung*). Betroffen von der unternehmerischen Tätigkeit sind jedoch viele weitere Beteiligte und Bereiche: innerhalb des Unternehmens die ganze Belegschaft und über die Grenzen des Unternehmens hinweg alle Kunden, Lieferanten, Geschäftspartner, die Nachbarn in der Region. Letztlich ist die gesamte Umwelt, der Planet Erde betroffen, entweder als Quelle für Rohstoffe und Energie sowie zahlreicher ökologischer Leistungen oder als Senke für die Emissionen des Unternehmens einschließlich der Auswirkungen eines Produktes in seinem Lebenszyklus und sogar danach, als Abfall oder als Rohstoff für ein neues Produkt. Nachhaltiges unternehmerisches Handeln berücksichtigt all diese Aus- und Wechselwirkungen. Dabei sind die Eigentümer, die Mitarbeiter mit ihren Familien, die engsten Lieferanten, die Geschäftspartner und häufig auch die Kunden eindeutig identifizierbar, während die Interessen verschiedener Regionen und der gesamten Umwelt durch gesellschaftliche Organisationen wie Bürgerinitiativen, Verbände, Politiker, Kirchen und andere Nichtregierungsorganisationen vertreten werden können. Die systematische Verbindung des Unternehmens mit all diesen Gruppen ist der *Stakeholderdialog*. Dabei ist selbstverständlich, dass Dialog eine Wechselwirkung ist und über die reine Information weit hinausgehen muss.

Einen Schritt in der Kommunikation mit den Stakeholdern und der Gesellschaft allgemein bildet das *Reporting* (Nachhaltigkeitsberichterstattung). Es beschreibt die sozialen und ökologischen Leistungen und Auswirkungen des Unternehmens auf der Basis von qualitativen und quantitativen Leistungsindikatoren. Dazu gehören die Inanspruchnahme natürlicher Ressourcen, die Entstehung von Abfall oder Kohlendioxid, der Umgang mit den eigenen Mitarbeitenden, der Umgang mit den Lieferanten

Abbildung 25: Stakeholdermodell.

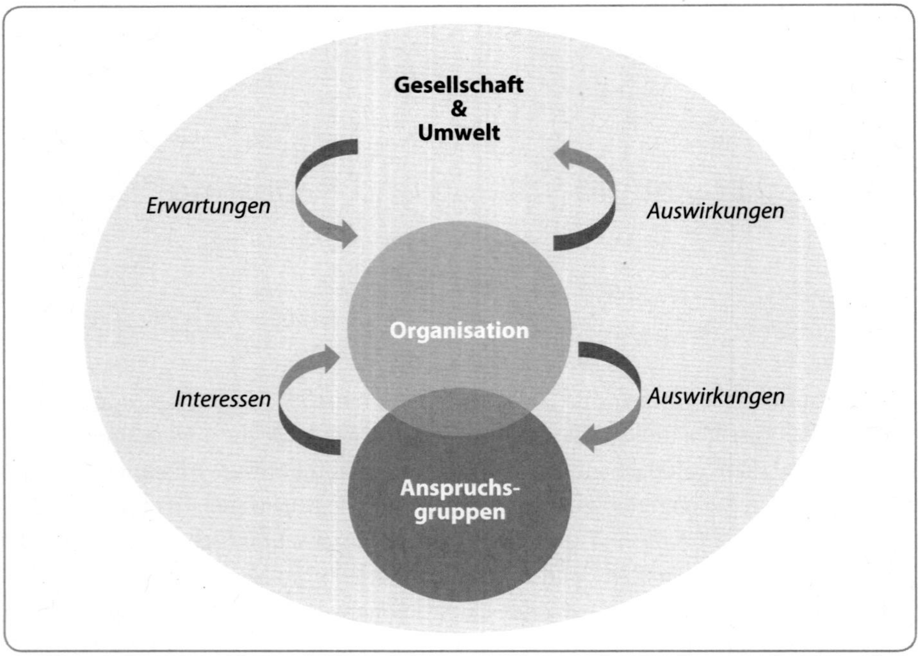

Quelle: in Anlehnung an ISO 26000.

in der gesamten Lieferkette oder das Engagement in der Region, um nur einige Beispiele zu nennen. Das Reporting gewährt zudem einen Einblick, wie das Unternehmen seine internen Strukturen und Prozesse gestaltet, welche Ziele und Maßnahmen es sich setzt, um auf diesen Leistungen aufzubauen und die Auswirkungen anzugehen.

Hinzu kommt die Auseinandersetzung mit der Frage, wie der Umgang mit all den Stakeholdern geregelt wird: Wie werden sie identifiziert, wie ist der regelmäßige Austausch mit ihnen in der Unternehmensstrategie abgebildet, welche Prozesse gibt es dazu, wie wird das überwacht und gesteuert usw. Dies unterstützt das Unternehmen darin, die Folgen des eigenen Handelns besser zu verstehen und verschiedene Sichtweisen zu integrieren. Die Stakeholder können sich gezielt darüber informieren, von welchen Auswirkungen des Unternehmens sie betroffen sind. Die Informationen aus dem Nachhaltigkeitsreporting sind somit eine wichtige Basis für den Stakeholderdialog.

Eine der wichtigen Anspruchsgruppen hat jedoch auch in diesem deutlich erweiterten Verständnis von Nachhaltigkeit noch keinen systematischen Vertreter: unsere Kinder und Enkel, also die uns nachfolgenden Generationen. Wir können nur ahnen, was ihre Ansprüche einmal sein werden. Vorerst gehen wir davon aus, dass es wohl keine großen Unterschiede zu unseren eigenen Bedürfnissen geben wird, und berück-

Abbildung 26: Stakeholder und Reporting.

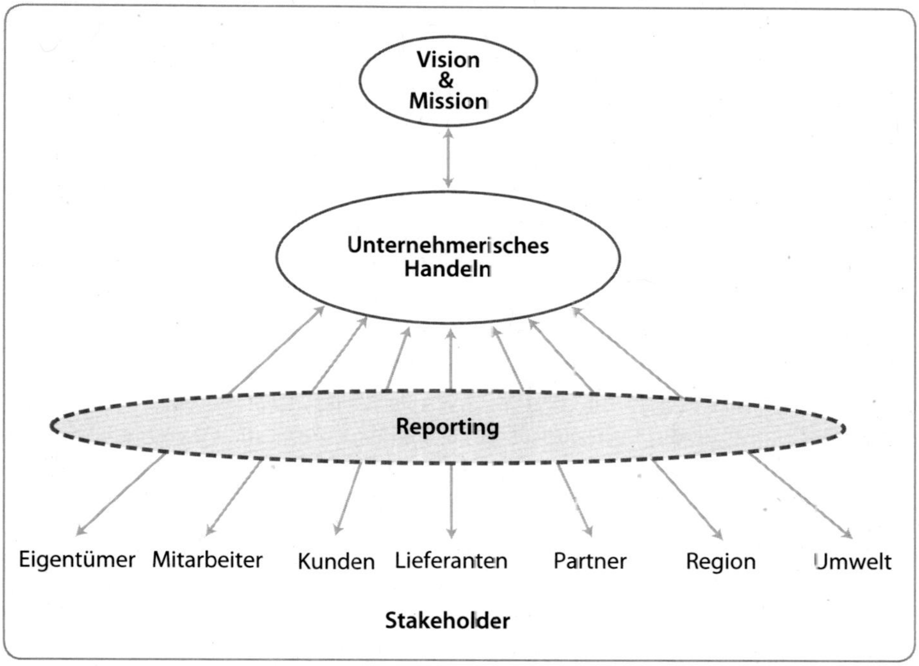

Quelle: Terra Institute.

sichtigen das, indem wir unser Augenmerk auf die Erhaltung nur bestimmter natürlicher Ressourcen lenken. Aber schon bei der Finanzierung unseres Lebensstils durch Schulden stehen wir im Konflikt mit den Ansprüchen unserer Nachkommen. Wenn wir unser unternehmerisches Handeln an einem systemischen Leitbild ausrichten, also die Verbindung mit einem übergeordneten Sinn suchen, sind wir hier zumindest auf einem guten Weg.

17.1 Stakeholderdialoge organisieren

Stakeholderdialoge sind ein Kernelement authentisch gelebter Nachhaltigkeit. Es geht darum, wie das Unternehmen mit den unterschiedlichen Ansprüchen umgeht, wie viel Respekt und Achtung diesen gezollt wird und wie sehr das Unternehmen an einem Interessenausgleich interessiert ist. Zudem hilft der Dialog, den eigenen, unternehmerischen Blickwinkel zu erweitern und wichtige gesellschaftliche Entwicklungen frühzeitig zu erkennen und anzugehen. Jedes Unternehmen hat in Abhängigkeit von seinem Auftrag etwas andere Ziele für einen Stakeholderdialog. Beispiele möglicher Zielsetzungen sind:

- transparent sein und die Stakeholder informieren;
- ihre Meinungen und Einschätzungen zum unternehmerischen Handeln erfahren, besonders bei geplanten Veränderungen;
- oft haben die Stakeholder ein umfangreiches Wissen entwickelt, das für das Unternehmen wichtig ist, zum Beispiel bei der Weiterentwicklung von Produkten und Dienstleistungen mit speziellen Anforderungen;
- Schlüsselthemen identifizieren, Stärken und Schwächen, Chancen und Risiken erkennen;
- mögliche Konflikte frühzeitig verstehen und gemeinsame Lösung erarbeiten;
- Identifikation der Mitarbeitenden mit dem Unternehmen erhöhen, die Bedürfnisse nach Mitgestaltung aufgreifen und Empowerment unterstützen;
- neue engagierte Mitarbeitende gewinnen;
- nachhaltige Lieferketten und regionale Wirtschaftskreisläufe fördern;
- Verbindung, Respekt, Verständnis und Kooperation mit allen Anspruchsgruppen intensivieren, Sympathie des Umfeldes für das Unternehmen erhöhen, Kundenbindung fördern und neue Kunden gewinnen;
- Nachhaltigkeit einen institutionalisierten Rahmen geben;
- die langfristige nachhaltige Ausrichtung des Unternehmens stärken;
- einen positiven Beitrag für die Welt und für eine echte Zukunftsgerechtigkeit leisten und dafür Verbündete gewinnen (Advocacy, »Fürsprache«).

Solche Dialoge brauchen eine sorgfältige Planung und Durchführung. Ein strukturierter, langfristig angelegter Stakeholderdialog enthält grundsätzlich folgende Elemente:

Vorbereitung

- Projektteam bilden
- übergeordneten Auftrag und Vision des Dialogs definieren, Ziele festlegen
- Kernthemen identifizieren
- Schlüsselpersonen in den Anspruchsgruppen identifizieren
- gegebenenfalls vertiefte Gespräche mit einzelnen Schlüsselpersonen der Anspruchsgruppen zur Vorbereitung der Start-Workshops

Start

- Start-Workshop je Anspruchsgruppe mit zum Beispiel zwei bis drei Vertretern des Unternehmens, zehn bis 15 Vertretern der Anspruchsgruppen, häufig mit externer Moderation. Typische Dauer: drei bis vier Stunden
- Oder: Multi-Stakeholder-Forum durchführen, in dem alle Stakeholdergruppen gemeinsam mit dem Unternehmen relevante Themen bearbeiten

Verstetigung

- Ergebnisse in einer Wesentlichkeitsanalyse konsolidieren und in zukünftige Maßnahmen übersetzen
- eventuell Onlinebefragung in der Anspruchsgruppe zur zukünftigen Gestaltung des Dialogs
- Beteiligung von weiteren Personen der Anspruchsgruppen
- regelmäßige Workshops, zum Beispiel einmal im Jahr
- Bildung von Arbeitsgruppen zu besonderen Themen
- gegebenenfalls gemeinsame Veranstaltungen

Nachdem die Ziele des Stakeholderdialogs beschrieben sind, gilt es, die Vertreter der Anspruchsgruppen auszuwählen, zum Beispiel nach folgendem Muster:

Abbildung 27: Typische Vertreter der Stakeholdergruppen.

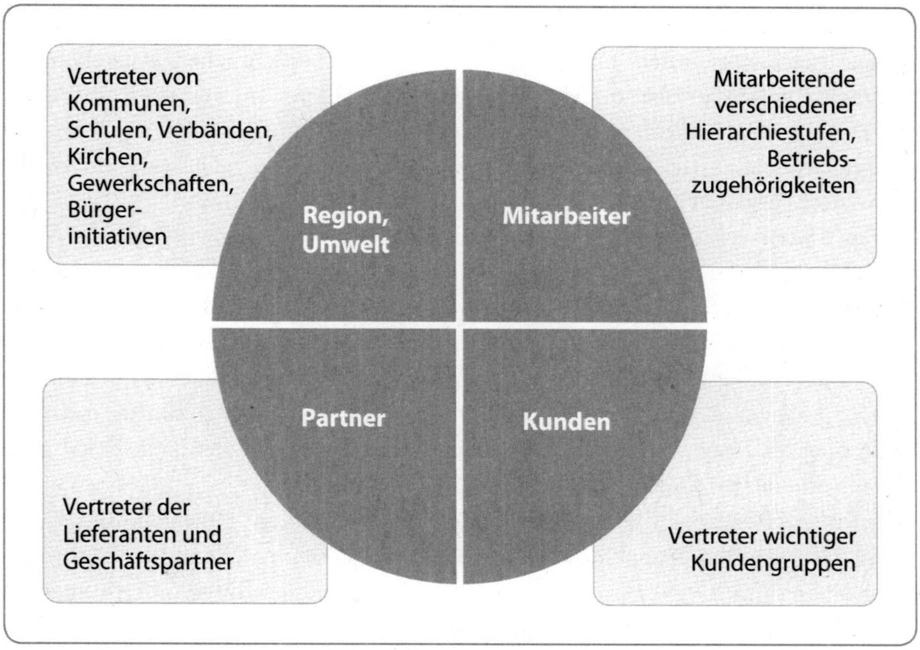

Quelle: Terra Institute.

Kriterien für die Auswahl der Teilnehmer (Beispiele)

- Diversität: Geschlecht, Alter, Lokalität …
- Reflexionsfähigkeit, Offenheit, Sensibilität für Nachhaltigkeit
- Menschen, die wichtig für das Unternehmen sind
- kritische Menschen, gegebenenfalls auch Exmitarbeiter, Exkunden

Nach den ersten Start-Workshops sollte es mit der Zeit zu einer Verstetigung des Dialogs kommen. Dabei können das gegenseitige Verständnis und Vertrauen wachsen, sodass die Zusammenarbeit tiefer wird und zu einer systematischen Einbindung der Stakeholder in unternehmerische Entscheidungen führen kann. Es lassen sich drei Stufen unterscheiden:

- Stufe 1: Die Stakeholder werden regelmäßig informiert.
- Stufe 2: Die Stakeholder werden regelmäßig befragt, konsultiert.
- Stufe 3: Die Stakeholder werden kooperativ und mitgestaltend in die Prozesse eingebunden.

Ein wichtiges Werkzeug im Stakeholderdialog ist die *Wesentlichkeitsanalyse*. Das ist die systematische Untersuchung der Frage, was aus Sicht des Unternehmens und was aus Sicht der Stakeholder besonders wichtig ist. Die identifizierten Themen werden in einem Diagramm mit den Achsen *Relevanz aus Sicht des Unternehmens* und *Relevanz aus Sicht der Stakeholder* eingetragen. Die Wesentlichkeitsanalyse fasst so die relevantesten Themen der Innen- und Außensicht in einer übersichtlichen Darstellung zusammen. Oft gibt es dabei ähnliche Einschätzungen, interessant sind jedoch vor allem die Themen, die für die Stakeholder besonders wichtig sind, denen das Unternehmen aber noch nicht so viel Aufmerksamkeit gibt. Das sind potenzielle Handlungsfelder für weitere Aktivitäten (Beispiel siehe Abbildung 28).

Das Thema *schadstofffreie Produkte* ist in diesem Beispiel sowohl für die Stakeholder als auch für das Unternehmen besonders wichtig, hier stimmen Innen- und Außensicht also überein. Die Themen *Nachhaltigkeit in der Lieferkette* und *Regionaler Bezug* sind aus Sicht der Stakeholder ebenfalls sehr wichtig, während das Unternehmen ihnen aus der Eigenperspektive eine geringere Relevanz zusprach. Hier kann das Unternehmen nun gezielt prüfen, ob es seine Aufmerksamkeit zukünftig mehr auf diese Bereiche legen will, also zum Beispiel sich in der Region deutlich stärker engagieren will oder die Lieferantenkette genauer betrachtet.

Selbst ein bestens vorbereiteter Stakeholderdialog kann auf Bedenken und Widerstand der Anspruchsgruppen stoßen. Insbesondere Gewerkschaften oder Nichtregierungsorganisationen wie zum Beispiel Umweltverbände oder Bürgerinitiativen gehen ein Risiko ein, wenn sie sich auf den Dialog mit einem Unternehmen einlassen, denn ein Teil ihrer Daseinsberechtigung entstand, historisch gesehen, aus dem Widerstand gegen mächtige Unternehmen. Kampf gehört aus Sicht ihrer Mitglieder manchmal noch zu ihrer Identität. Stakeholderdialoge versuchen dagegen, einen Ausgleich zu schaffen, tragfähige Lösungen zu erarbeiten und Konsens herzustellen. Auch gibt es immer wieder schlechte Erfahrungen mit Stakeholderdialogen zum Beispiel bei Großprojekten. Aus Sicht der Anspruchsgruppen erscheinen sie manchmal wie Alibiveranstaltungen: Es wird lange geredet, und dann wird doch das ursprüngliche Vor-

Abbildung 28: Beispiel für eine Wesentlichkeitsanalyse.

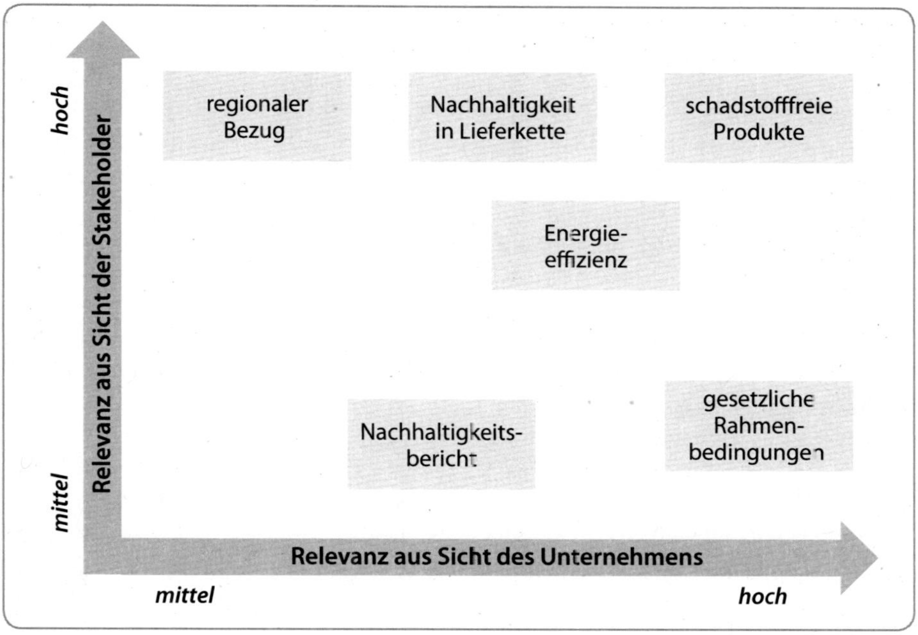

Quelle: Terra Institute.

haben mit nur wenigen nebensächlichen Änderungen durchgesetzt. Für einen gelingenden Dialog ist es deshalb unerlässlich, dass Offenheit und Ehrlichkeit auch dann gelebt werden, wenn es für das Unternehmen unangenehm wird. Gleichzeitig dürfen Marketingaspekte nicht in den Vordergrund treten. Das kann ein Balanceakt sein, denn manchmal werden unternehmensinterne Skeptiker ruhiggestellt, indem Kundenbindung und potenzielle Neukundengewinnung durch die Stakeholderdialoge in Aussicht gestellt werden.

Die zu Beginn wichtigsten Stakeholder sind die eigenen Mitarbeitenden. Wenn diese für die Nachhaltigkeitsziele des Unternehmens gewonnen wurden, ist der Schritt »nach draußen« wesentlich einfacher.

Heike Leitschuh-Fecht hat zehn »Dos and Don'ts« zur erfolgreichen Gestaltung von Stakeholderdialogen zusammengefasst (Leitschuh-Fecht, ohne Jahresangabe):

1. *Die Ziele klar definieren:* Was will ich im Dialog erreichen? Darüber sollte es für niemanden einen Zweifel geben. Keine versteckte Tagesordnung!

2. *Es ist ernst gemeint!* Die Stakeholder müssen klar den Willen des Unternehmens erkennen, die gewonnenen Erkenntnisse auch für ihre künftige Unternehmenspolitik zu nutzen.

3. *Offenheit und Ehrlichkeit, auch wenn's mal wehtut:* Der Dialog muss offen geführt werden, die Stakeholder müssen alle notwendigen Informationen erhalten, um die Unternehmenstätigkeit richtig beurteilen zu können.

4. *Marketingaspekte zurückstellen:* Die Stakeholder dürfen zu keinem Zeitpunkt das Gefühl bekommen, dass sie als »grünes bzw. nachhaltiges Feigenblatt« herhalten sollen. Ein Unternehmen, das einen Stakeholderdialog nur in der Absicht beginnt, damit sein Image nach außen zu verbessern (nach dem Motto: »Seht her: Wir haben Greenpeace im Boot!«), sollte es in seinem eigenen Interesse lieber lassen.

5. *Zuhören lernen: »Wer spricht, sät, wer zuhört, erntet.«* Richtig und gut zuhören, das ist vor allem in der Anfangsphase die wichtigste benötigte Fähigkeit. Das bedeutet auch, sich ungeliebte Dinge sagen zu lassen, ohne gleich in eine Rechtfertigungshaltung zu verfallen.

6. *Wertschätzung und Geduld für Fremdes:* Die Teilnehmer eines Stakeholder-Dialogs kommen alle aus »unterschiedlichen Welten«, die von persönlichen und beruflichen Erfahrungen, von sehr verschiedenen Kulturen, Werte- und Zielsystemen sowie Verhaltensweisen, zum Beispiel in der Kommunikation, geprägt sind. Wer sich hier mit der Haltung an den Dialogtisch setzt, dass seine Erfahrungen oder Werte die »richtigeren« seien, hat schon verloren und wird zumindest nichts dazulernen.

7. *Kluge Auswahl der Teilnehmer:* Natürlich macht es keinen Sinn, bloß diejenigen einzuladen, von denen man annimmt, dass sie dem Projekt oder Unternehmen von vorneherein positiv gegenüberstehen. Im Gegenteil: Gerade die besonders Kritischen sollten identifiziert werden. Die Teilnehmer sollten sich auszeichnen durch: hohe Kompetenz in der Sache, ihre Reputation in der Gesellschaft, das heißt ihre Ausstrahlung auf andere, Dialogbereitschaft.

8. *Spielregeln festlegen:* Für alle Beteiligte muss klar sein, dass alles, was geschehen soll, im gegenseitigen Einverständnis geschieht. Dies gilt vor allem für jede Art von externen Veröffentlichungen über den Dialog.

9. *Unabhängige Moderation sichern:* Ein solcher Dialog braucht aufgrund der großen Heterogenität der Beteiligten unbedingt eine qualifizierte, unabhängige Moderation, die von allen Beteiligten akzeptiert wird. Die Moderation muss strikt ergebnisorientiert angelegt sein.

10. *Keine Schnellschüsse:* Weil ein Stakeholderdialog ungewohnt und mitunter kompliziert sein kann, sind keine sehr schnellen Ergebnisse zu erwarten. Insofern ist der Dialog ein langfristiges Unterfangen. Erst dann werden auch die Früchte geerntet werden können.

17.2
Berichten

17.2.1
Etablierte Ansätze

Der Aufbau und die Weiterentwicklung eines Systems an Nachhaltigkeitsleistungsindikatoren und die entsprechende Berichterstattung haben bislang in mittelständischen Unternehmen wenig Bedeutung gehabt und war mehr eine Domäne von Großunternehmen, die bereits über komplexe Umweltmanagementsysteme verfügen (EMAS, ISO 14001 oder andere). Die vergleichsweise lange Erfahrung mit diesen Systemen prägt manchmal noch das heutige Verständnis von Nachhaltigkeitsreports. Die Zahl der Organisationen, die ihre Initiativen zur Nachhaltigkeit messen und darüber berichten, nimmt aber Jahr für Jahr deutlich zu.

Im Folgenden stellen wir kurz dar, welche Ansätze der Nachhaltigkeitssteuerung und -berichterstattung – von allgemeinen Prinzipien zu detaillierten Standards – am weitesten Verbreitung finden.

United Nations Global Compact ist ein weltweites Abkommen gesellschaftlich engagierter Großunternehmen mit den Vereinten Nationen. Die über 12.000 Teilnehmer stammen aus über 170 Ländern (Stand: September 2015, siehe www.unglobalcompact.org). Das freiwillige Netzwerk und Forum für gemeinsames Lernen und Erfahrungsaustausch verbindet diese Unternehmen und engagierte Stakeholder wie zivilgesellschaftliche Organisationen, Gewerkschaften, Verbände und Forschungseinrichtungen. Sie verpflichten sich, ihre Geschäftstätigkeiten und Strategien an zehn universell anerkannten Prinzipien aus den Bereichen Menschenrechte, Arbeitsnormen, Umweltschutz und Korruptionsbekämpfung auszurichten. Zudem werden sie aufgefordert, jährlich über ihren Fortschritt zu berichten, mit der Möglichkeit eines Ausschlusses sollte keine Berichterstattung erfolgen.

Die dreigliedrige Grundsatzerklärung über multinationale Unternehmen und Sozialpolitik der *ILO* (International Labour Organisation) ist ein weiteres Werkzeug, das bereits in den 1970er-Jahren entwickelt wurde, um Unternehmen einen Referenzrahmen in Bereichen wie Beschäftigung, Ausbildung und Arbeitsstandards zu geben. Daran beteiligt waren Arbeitgeber, Arbeitnehmer und Regierungen, die dieses für multinationale Konzerne entwickelt haben. Die Grundsatzerklärung sowie die Erklärung über die grundlegenden Prinzipien und Rechte bei der Arbeit und die ILO-Kernarbeitsnormen werden regelmäßig durch Berichterstattungsstandards und in den Berichten der sich dazu bekennenden Unternehmen aufgegriffen.

Und auch die *OECD* (Organisation for Economic Development and Cooperation) gibt regelmäßig überarbeitete, freiwillige Empfehlungen (OECD Guidelines for Multinational Enterprises) und Standards für verantwortliches Wirtschaften von

Regierungen an multinationale Konzerne heraus. Diese weitreichenden Empfehlungen decken viele Bereiche ab, zum Beispiel industrielle und Arbeitnehmerbeziehungen, Menschenrechte, Umweltschutz, Datenschutz, Korruptionsbekämpfung, Verbraucherschutz und fairer Wettbewerb. Auch sie werden häufig als Referenz für die Nachhaltigkeitsberichterstattung herangezogen.

Im November 2010 zog die International Organization for Standardization (ISO) nach und veröffentlichte den nicht zertifizierbaren Managementsystem-Leitfaden *ISO 26000*, der mit den Global-Compact-Prinzipien der Vereinten Nationen und mit den Vorgaben der ILO im Einklang steht. Die Orientierungshilfe definiert gesellschaftliche Verantwortung als die »Verantwortung einer Organisation für die Auswirkungen ihrer Entscheidungen und Aktivitäten auf die Gesellschaft und die Umwelt durch transparentes und ethisches Verhalten, das

- zur nachhaltigen Entwicklung, Gesundheit und Gemeinwohl eingeschlossen, beiträgt,
- die Erwartungen der Anspruchsgruppen berücksichtigt,
- anwendbares Recht einhält und im Einklang mit internationalen Verhaltensstandards steht,
- in der gesamten Organisation integriert ist und
- in ihren Beziehungen gelebt wird«.

Der Leitfaden ist für jede Organisation anwendbar und verzichtet auf detaillierte Vorgaben. Darin liegt zugleich eine besondere Herausforderung in seiner Anwendung, denn die enthaltenen Empfehlungen müssen spezifisch auf die eigene Organisation übertragen und angepasst werden. ISO 26000 gibt Hinweise zu Kernthemen und Handlungsfeldern gesellschaftlicher Verantwortung und weist darauf hin, wie gesellschaftlich verantwortliches Verhalten in die Organisation integriert werden kann. Zur Orientierung werden »erstrebenswerte beispielhafte Anwendungen« (Best Practices) gesellschaftlich verantwortlichen Handelns von Organisationen vorgeschlagen. Anders als andere Normen wie zum Beispiel ISO 14001 oder SA 8000 aus den Bereichen Umwelt oder Soziales ist die ISO 26000 nur in einigen Ländern (zum Beispiel in Österreich als ÖNORM 192500) in eine national zertifizierbare Norm übersetzt worden. Ziel des Leitfadens ist es, allen Arten von Organisationen in der Privatwirtschaft, im öffentlichen und im gemeinnützigen Sektor von Nutzen zu sein, unabhängig von ihrer Größe und von ihren Aktivitäten in den Industrie- oder Entwicklungsländern.

Während die ISO 26000 sich auf die Ausgestaltung des Nachhaltigkeitsmanagementsystems konzentriert, stellt die *Global Reporting Initiative (GRI)* einen Standardrahmen, der heute weltweit vor allem für die Nachhaltigkeitsberichterstattung Anwendung findet. Der entwickelte Leitfaden enthält umfangreiche Kriterien zur Beschreibung eines Unternehmens, seiner Governance und Managementsysteme sowie über 80 ökonomische, ökologische, soziale, menschenrechtliche, gesellschaftliche und produktstrategische Leistungsindikatoren, welche die Berichterstattung zur Nachhaltigkeit abdecken kann. Die gemeinnützige Organisation wurde 1997 von Nichtregierungsorganisationen in den USA gegründet, erhielt ab 1999 die Unterstützung des Umweltprogramms der Vereinten Nationen (UNEP) und verlagerte 2002 ihren Sitz nach Amsterdam. Die aktuelle Version 4 (G4) des Berichtsleitfadens mit der Wesentlichkeitsmatrix steht der Öffentlichkeit im Internet frei zur Verfügung (www.globalreporting.org). Im Oktober des Jahres 2015 enthielt die öffentlich zugängliche GRI-Datenbank 8.478 Unternehmensprofile und 29.470 Nachhaltigkeitsberichte (http://database.globalreporting.org/). Immer häufiger ergänzen oder ersetzen diese Berichte die bisherigen Hochglanz-Unternehmensprofil- oder -Nachhaltigkeitsbroschüren.

In Deutschland wurde 2011 vom Rat für nachhaltige Entwicklung der Deutsche Nachhaltigkeitskodex *DNK* eingeführt. Er ist mit 20 Kriterien aus den Bereichen Ökologie, Soziales und Unternehmensführung vergleichsweise schlank aufgestellt und richtet sich bevorzugt an mittelständische Unternehmen, unabhängig von ihrem Standort. Er kann also auch in anderen Ländern eingesetzt werden. Die Unternehmen erstellen eine Entsprechenserklärung zu den 20 DNK-Kriterien und berichten ergänzend zu Kriterien des GRI und der EFFAS (European Federation of Financial Analysts Societies). Derzeit enthält die Datenbank über 100 Erklärungen von Unternehmen und Organisationen wie BASF, GIZ, Frosta, Hochtief, Merck, REWE-Gruppe, Triodos Bank oder TÜV Rheinland (www.deutscher-nachhaltigkeitskodex.de/de/datenbank/dnk-datenbank.html).

Aufgrund der immer noch stark getrennt stattfindenden Unternehmensberichterstattung zu finanziellen und nicht finanzielle Kennzahlen, wurde auf Initiative des IIRC (International Integrated Reporting Council) ein erstes integriertes Gesamtmodell entwickelt.

Ziel der Initiative ist es, ein zuverlässiges Bild von der Fähigkeit des Unternehmens zu zeichnen, künftig Werte zu schaffen und zu erhalten. Es geht um eine neu ausgerichtete Steuerung und Kontrolle des Unternehmens, welche sich sowohl auf finanzielle Faktoren, Produktionsfaktoren, Menschen, Umwelt, Gesellschaft und Beziehungen bezieht. Folgende Grundsätze werden dabei primär verfolgt:

- Fokus auf Strategie und Geschäftsmodell des Unternehmens legen.
- Informationen nicht nur nebeneinanderstellen, sondern erkennbar und mit Mehrwert verknüpfen.

- Die Berichterstattung durchgängig zukunftsorientiert gestalten, das heißt beschreiben, wie eine Balance zwischen den kurzfristigen, mittelfristigen und langfristigen Interessen gefunden werden kann und welche Erfahrungen aus der Vergangenheit für die Zukunft eine wichtige Rolle spielen werden.
- Die Berichterstattung flexibel an die Interessen der Stakeholder anpassen.
- Ein umfassendes Bild des Unternehmens vermitteln und dieses Bild auf wesentliche Informationen beschränken.

In der aktuellen Debatte kristallisiert sich zunehmend heraus, dass die integrierte Berichterstattung vor allem die Abbildung eines integrierten Denkens ist. Integrated Reporting erfordert nicht zwingend die Produktion eines einzigen integrierten Berichts, welcher sowohl Geschäftsbericht als auch Nachhaltigkeitsbericht ist. Insofern stellt die Integration vor allem ein Konzept zur Verknüpfung von Informationen dar, die dann unter Nutzung der vielfältigen technischen Möglichkeiten auf die einzelnen Zielgruppen zugeschnitten werden können. Die Unternehmen des IIRC-Pilotprogramms betonen als Vorteil des Integrated Reporting vor allem drei Punkte:

- die bessere Einschätzung der Tragfähigkeit ihrer Geschäftsmodelle,
- ein tiefer gehendes Verständnis der relevanten Werttreiber sowie
- einen umfassenden Einblick in die Risiko- und Chancensituation des Unternehmens.

Nach jahrelangen, auf Freiwilligkeit basierenden Bemühungen rund um das Thema der gesellschaftlichen Verantwortung von Unternehmen gilt seit Dezember 2014 in der EU eine erweiterte Berichtspflicht zu nicht finanziellen Informationen, auch CSR-Richtlinie genannt (Richtlinie 2014/95/EU). Unternehmen mit mehr als 500 Mitarbeitern, an denen ein öffentliches Interesse besteht, sind ab der Umsetzung auf nationaler Ebene verpflichtet, über ihre Aktivitäten zur Nachhaltigkeit zu berichten. Ausdrücklich genannt sind die Aspekte Umwelt-, Sozial- und Arbeitnehmerbelange, die Achtung der Menschenrechte und die Bekämpfung von Korruption. Die genauere Ausgestaltung wird in einer Orientierungshilfe der EU bis Ende 2016 beschrieben werden, die gesetzgeberische Umsetzung und Ausformulierung in den Mitgliedsstaaten der EU soll ebenfalls bis Ende 2016 erfolgen. Auch die exakte Beschreibung, welche Unternehmen von öffentlichem Interesse sind, steht noch aus. Ursprünglich standen vor allem Finanzdienstleister, Versicherungen und börsennotierte Unternehmen im Fokus. Vermutlich werden sich aber darüber hinaus weitere Unternehmen freiwillig der Berichtspflicht anschließen, da sie in der Lieferkette größerer Unternehmen mit Berichtspflicht stehen oder weil sie sich als nachhaltiges Unternehmen positionieren wollen. Außerdem ist es möglich, dass mittelfristig die Berichtspflicht auf die lang diskutierte Grenze von 250 Mitarbeitern gesenkt wird.

Die Richtlinie lässt es derzeit offen, nach welchen Standards die Berichterstattung in den Unternehmen erfolgt, und nennt nur beispielhaft den UN Global Compact, GRI, ISO 26000 oder die OECD-Leitlinien. Der Deutsche Nachhaltigkeitskodex erfüllt vermutlich auch die Anforderungen, für die WIN-Charta des Landes Baden-Württemberg (siehe unten bei *Neue Ansätze*) wird dies derzeit geprüft (Stand: November 2015). Es wird sich zeigen, welche konkreten Vorgaben auf nationaler Ebene gemacht werden.

17.2.2
Reporting: Neue Ansätze

Einen demokratischen, alternativen Denkansatz zur heutigen Wirtschaftsordnung stellt Christian Felbers *Gemeinwohlökonomie* vor (Felber 2012). Im Gespräch zitiert Felber, österreichischer Autor und politischer Aktivist, gern Artikel 151 (1) der Bayerischen Verfassung: »Die gesamte wirtschaftliche Tätigkeit dient dem Gemeinwohl, insbesondere der Gewährleistung eines menschenwürdigen Daseins für alle und der allmählichen Erhöhung der Lebenshaltung aller Volksschichten.« Tatsächlich geben je 81 Prozent der Deutschen und Österreicher in einer Umfrage der Bertelsmann Stiftung 2012 an, dass sie sich eine neue Wirtschaftsordnung wünschen: eine, die den Schutz der Umwelt, einen sorgsamen Umgang mit Ressourcen und einen sozialen Ausgleich fördert (Bertelsmann 2012). Anders als die oben beschriebenen häufig freiwilligen Initiativen soll eine Gemeinwohlökonomie in einem festen Rechtssystem verankert werden. Wirtschaftlicher Erfolg wird nicht mehr ausschließlich nach monetären Werten wie Finanzgewinn oder BIP, sondern zusätzlich anhand von Nutzwerten wie Lebensqualität und Gemeinwohl gemessen. In dieser neuen sogenannten Gemeinwohlbilanz, die bereits von weit über 200 Pionierunternehmen erstellt worden ist, werden Menschenwürde, Solidarität, ökologische Nachhaltigkeit, soziale Gerechtigkeit, demokratische Mitbestimmung und Transparenz sowohl im Unternehmen selbst als auch bei Lieferanten, Geldgebern, Mitarbeitern, Kunden sowie im gesellschaftlichen Umfeld nach einem Punktesystem bewertet. Der Vision der Gemeinwohlökonomie nach werden gute Gemeinwohlbilanzergebnisse mit günstigen Steuersätzen belohnt. Später soll der Gemeinwohlwert das BIP als Erfolgsindikator des Staates ablösen. Weitere Initiativen wie die Deckelung der Weitergabe von Erbvermögen, demokratische Commons (Allmenden) für Soziales, Transport, Energie und Kommunikation und eine demokratische Bank vermitteln höhere Chancengleichheit und gemeinwohlorientierte Werte.

Das Team und die Pioniere rund um Christian Felber entwickelten die *Gemeinwohlbilanz* als eine Art *Balanced Scorecard*, mit dem der Gemeinwohlerfolg erhoben, gemessen, verfolgt und verglichen werden kann. Die übersichtliche und leicht zu

Abbildung 29:
Eigene Darstellung der Gemeinwohlmatrix, Version 4.1.

Wert / Berührungsgruppe	Menschenwürde	Solidarität	Ökologische Nachhaltigkeit	Soziale Gerechtigkeit	Demokratische Mitbestimmung und Transparenz
A) Lieferanten	A1: Ethisches Beschaffungswesen				
B) Geldgeber	B1: Ethisches Finanzmanagement				
C) Mitarbeiter & Eigentümer	C1: Arbeitsplatzqualität und Gleichstellung	C2: Gerechte Verteilung der Erwerbsarbeit	C3: Förderung ökologischen Verhaltens	C4: Gerechte Verteilung des Einkommens	C5: Innerbetriebliche Demokratie und Transparenz
D) Kunden, Produkte, Dienstleistungen, Mitunternehmer	D1: Ethisches Verkaufen	D2: Solidarität mit Mitunternehmern	D3: Ökologische Gestaltung der Produkte und Dienstleistungen	D4: Soziale Gestaltung der Produkte und Dienstleistungen	D5: Erhöhung der sozialen und ökologischen Branchenstandards
E) Gesellschaftliches Umfeld	E1: Sinn und gesellschaftliche Wirkung der Produkte/Dienstleistungen	E2: Beitrag zum Gemeinwesen	E3: Reduktion ökologischer Auswirkungen	E4: Minimierung der Gewinnausschüttung an Externe	E5: Gesellschaftliche Transparenz und Mitbestimmung

Quelle: in Anlehnung an www.ecogood.org.

erfassende Gemeinwohlbilanz ist das »Herzstück« der Gemeinwohlökonomie. Sie belohnt Verhalten, das universell zum Gelingen menschlicher Beziehungen führt: Kooperation, Solidarität, ökologische Nachhaltigkeit und demokratische Organisation. Die Werte der Gesellschaft werden dadurch zu den Werten der Wirtschaft.

Bürger spielen eine treibende Rolle bei einer Gemeinwohlökonomie: Sie treffen Kaufentscheidungen nach den Werten der Gemeinwohlbilanz der Unternehmen, sie wählen politische Akteure, die Gemeinwohlwerte in ihrer Region erhöhen, und sie machen ihre Umgebung zunehmend auf diese Werte aufmerksam.

Die heutige Gemeinwohlmatrix – die Grundlage für die Erstellung der Gemeinwohlbilanz – besteht heute schon in ihrer vierten Überarbeitung. Mittels eines Bewertungssystems werden Punkte zu 17 Indikatoren vergeben.

Zwischenzeitlich arbeiten auch *Gemeinden* ihre sogenannte Gemeinwohlbilanz aus. Unter der Begleitung des Terra Institutes entsteht auch gerade die erste Gemeinwohl-

Abbildung 30:
Zusammenwirken vom Gemeinwohl in Unternehmen und Regionen.

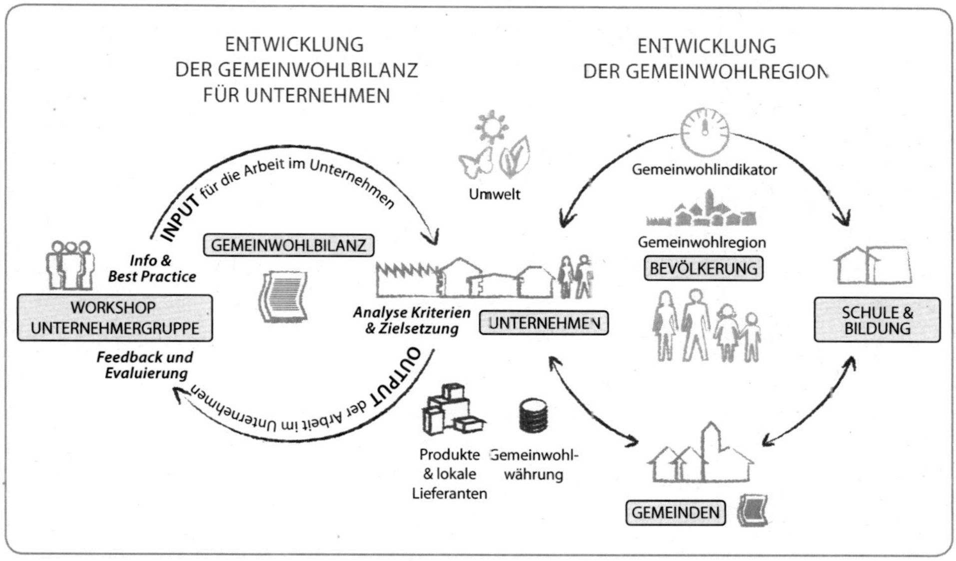

Quelle: Terra Institute.

region im Vinschgau (Südtirol/Italien): Diverse Gemeinden haben sich zusammengeschlossen und gehen gemeinsam diesen Prozess. In diesem Kontext werden gesellschaftsrelevante Themen wie Zeitbanken, Regionalgeld, Urban Gardening, Transition Town und andere mehr umgesetzt.

Im Dezember 2014 beschloss der Südtiroler Landtag als erste politische Institution, die Gemeinwohlökonomie grundsätzlich im ganzen Land zu fördern. Einstimmig wurde die Landesregierung verpflichtet, folgende Punkte umzusetzen:

- die aktuellen Förderungsrichtlinien mit diesem Gedankengut zu ergänzen;
- bei der Vergabe von öffentlichen Aufträgen gemeinwohlorientierte Unternehmen zu bevorzugen, soweit mit EU-Richtlinien kompatibel;
- gemeinwohlorientierte Gemeinden bevorzugt zu fördern.

Eine derartige Unterstützung könnte somit in Zukunft über besondere Förderungen, Beiträge oder Gemeinwohlkriterien bei der Vergabe von öffentlichen Aufträgen oder der Gewährung öffentlicher Subventionen zustande kommen. Ähnliche Ansätze wie in Südtirol gibt es derzeit auch schon im Salzburger Land und in Vorarlberg.

Das Land Baden-Württemberg hat im Jahr 2014 mit der *WIN-Charta* einen auch für kleinere Unternehmen gut gangbaren Ansatz zum Reporting geschaffen (WIN

2015). In zwölf Leitsätzen wird die ganze Bandbreite der Nachhaltigkeitsausrichtung abgebildet. Die Unternehmen müssen dabei nicht mit gleicher Intensität alle Leitsätze gleichzeitig erfüllen, sondern sind ermutigt, sich jährlich Schwerpunkte zu setzen. Verpflichtend ist allerdings das Engagement des Unternehmens in einem lokalen Projekt. Beispiele sind das Engagement in einer örtlichen Förderschule, die Unterstützung einer Stiftung für Heimatkultur, die Installation von Ladestationen für E-Bikes oder die Begleitung eines Energiewettbewerbs in Schulen. So verstärken die Unternehmen ihre Bindung in der Region. Nach jeweils 15 Monaten Laufzeit berichtet das Unternehmen der regionalen Öffentlichkeit über die erzielten Fortschritte, an das Land Baden-Württemberg geht nur ein kurzer Bericht. Damit wird ein deutlicher Unterschied zu den manchmal ausufernden Nachhaltigkeitsberichten gesetzt: Schlanke schriftliche Berichtsform, Engagement in der Region und Rechenschaftspflicht gegenüber der regionalen Öffentlichkeit sind Besonderheiten der WIN-Charta. Im ersten Jahr des Bestehens haben bereits 70 Unternehmen die WIN-Charta unterschrieben.

Abschließend wollen wir einen Einblick in eine neue Form der gesamtwirtschaftlichen Berichterstattung geben, mit dem *Bruttonationalglück* des kleinen asiatischen Staates Bhutan als prominentes Beispiel. Hintergrund dieses Ansatzes ist eine grundlegende Kritik an der herkömmlichen Messung wirtschaftlichen Erfolges. Weltweit wird heute das Bruttoinlandsprodukt (BIP) als wichtigster Indikator zur Bewertung von wirtschaftlicher Entwicklung und Wohlstand eines Landes verwendet. Das Bruttoinlandsprodukt entspricht der gesamten Wertschöpfung in einem Staat, also der Gesamtsumme aller Waren und Dienstleistungen, die in einem Land jährlich hergestellt werden, abzüglich der Summe aller Vorleistungen. In diesen Kennzahlen werden viele Leistungen nicht berücksichtigt. Dazu zählen zum Beispiel:

- Mithilfe von Familienmitgliedern zum Beispiel in der Landwirtschaft,
- häusliche Arbeit,
- Kindererziehung,
- ehrenamtliche Tätigkeiten,
- Selbstversorgung (Subsistenzwirtschaft),
- Schwarzarbeit.

Die Bilanz mit Gewinn-und-Verlust-Rechnung eines Unternehmens sagt nichts darüber aus, ob ein Unternehmen Nahrungsmittel oder Waffen verkauft, genauso wenig wie das BIP aufzeigt, welche Waren und Dienstleistungen zu diesem Wert geführt haben, welche politische Situation im Land herrscht und wie die Lebenssituation der dort lebenden Menschen ist. Krieg und Naturkatastrophen tragen mit ihren verursachten Ausgaben erheblich zum BIP bei, führen aber ganz sicher nicht zu Glück und Wohlstand der Einwohner des betroffenen Landes. Dagegen wird eine selbstversorgende Bauerngemeinschaft im BIP mit null erfasst. Das System BIP unterstützt unternehmerisches Wachstum, Profit, Produktivität und Wettbewerb. Die Werte, die menschliche Beziehungen fördern, fehlen in diesem Indikatorenset.

Dabei lassen sich ökologische und soziale Aspekte durchaus in das wirtschaftliche Controlling integrieren. Zahlreiche Organisationen befassen sich seit über vier Jahrzehnten mit dieser Aufgabe, und sie stellen Verbrauchern, Regierungen und Wirtschaftsakteuren gleichermaßen Werkzeuge, Messindikatorkataloge und Erfahrungsaustauschforen zur Verfügung. Ein besonders prominentes Beispiel, wie ein Staat Fortschritt und Wohlstand ganz anders misst, ist die Bruttonationalglück-Messung in Bhutan. Der kleine Himalajastaat Bhutan ist Reisenden nicht nur wegen seiner atemberaubenden Gebirgslandschaften und buddhistischen Klöster bekannt, sondern vielen auch deshalb, weil dort Wohlstand und »Erfolg« daran gemessen werden, wie glücklich seine Einwohner sind. 2010 wurde erstmals das Bruttonationalglück (Gross National Happiness) in Bhutan gemessen. Mithilfe von 33 Indikatoren werden psychologisches Wohlbefinden, Zeitverwendung, Vitalität der Gesellschaft, kulturelle Diversität, ökologische Resilienz, Lebensstandard, Gesundheit, Bildung und die verantwortungsvolle Regierungsführung landesweit gemessen. Die Methode, Tools und Ergebnisse sind online frei zugänglich.

Interview mit Günther Reifer zu seiner Reise nach Bhutan

Hans-Ulrich Streit: *Günther, du warst im Juni 2015 für zehn Tage in Bhutan. Wie kam es zu dieser Reise?*

Günther Reifer: Mich hat das Thema des Gross National Happiness Index schon lange interessiert. In Bhutan wird nicht das Bruttoinlandsprodukt als Maßstab des Wachstums verwendet, sondern es wurde der Glücksindikator entwickelt. Ich habe viel darüber gelesen und wollte das einmal live anschauen und »hin-spüren«. Ich habe Kontakt aufgenommen, und sie haben mir diese Forschungsreise nahegelegt. An ihr haben 20 Leute aus der ganzen Welt teilgenommen – aus Australien, Brasilien, Amerika, Europa –, aber auch zehn Bhutanesen, sodass man auch innerhalb dieser Forschungsgruppe den Austausch mit ihnen hatte. Abgelaufen ist die Forschungsreise nach dem Modell der Theory U: Wir sind angekommen, haben alle zunächst »downgeloaded« – wer weiß etwas Inhaltliches –, dann kam eine Phase des Hineinspürens. Am dritten Tag erlebten wir das Presencing: Wir haben fast nichts gesprochen und sind während einer Art Pilgerwanderung zum Tempel Tiger's Nest in 3.300 Meter Höhe in uns gegangen. Am fünften und sechsten Tag haben wir dann wirklich Prototypen gebaut: Wie kann es konkret umgesetzt werden? Was heißt es für Bhutan? Was kann aber auch der Rest der Welt darüber hinaus lernen? Zum Beispiel möchte ich dieses Modell des Glücksindikators nach Südtirol und in andere Regionen holen, wo wir dann Politiker dafür finden oder dafür begeistern, in diesen Denkprozess mit uns zu gehen.

Wir haben aber auch gelernt, dass wir das Modell von Bhutan nicht einfach auf die westliche Welt übertragen können, denn es ist stark mit den buddhistischen Werten verbunden. Aber was wir erkannt haben, ist, dass mit dieser Glückslogik ein Dialogprozess starten kann. Wir können hier in unserer Region noch einmal neu definieren: Was bedeutet für uns Glück? Welche Werte wollen wir denn wirklich leben? Damit können wir neue Zielvorgaben bauen. Das ist für mich auch die Aufgabe der Politik, aber auch von Unternehmen: Welche Zielvorgabe wollen wir haben, um Impulse für ein nachhaltiges Bewusstsein zu schaffen?

Gibt es schon konkrete Überlegungen für die nächsten Schritte?

Ja, als Terra Institute bauen wir eine offizielle Kooperation mit dem Gross National Happiness Center in Bhutan auf. Wir werden uns gegenseitig unterstützen, zum Beispiel werden wir Themen von hier nach Bhutan bringen, die wir bei kleinen und mittleren Unternehmen schon gut umgesetzt haben. Da sind sie noch schwach, denn bei ihnen ist der Prozess top-down entstanden. Der König hat selber in weiser Voraussicht einen Demokratisierungsprozess eingeleitet, um das Land zu entwickeln. In anderen Staaten wie Ägypten oder Libyen ist der Demokratisierungsprozess durch eine gewaltvolle Revolution entstanden. Er hat es anders gemacht. Dadurch sind sie top-down ganz stark, aber die Bottum-up-Logik fehlt noch ein bisschen, und die Unternehmen wissen nicht, wie sie das konkret umsetzen können. Da kommen wir ins Spiel und bringen ihnen ganz konkret Modelle, wie die Gemeinwohlökonomie oder Modelle der Nachhaltigkeit in Unternehmen, nahe. Und sie bringen uns den Top-down-Ansatz nahe, mit dem wir über diesen exotischen Zugang unsere Politiker noch einmal motivieren können, das ganze Thema neu zu denken. So bauen wir die Kooperation aus. Für uns ist Entwicklungshilfe nicht einfach Geldhinschicken, um dort etwas zu unterstützen. Für uns ist Entwicklungshilfe, auf Augenhöhe das gemeinsam weiterzuentwickeln. Wir können ihnen etwas geben, und wir nehmen ihre Expertise her und versuchen es hier umzusetzen. Zugesagt ist bereits, dass der Leiter des Gross National Happiness Center hierher nach Südtirol kommt im Frühjahr nächsten Jahres und wir eine Reise planen nächstes Jahr im Juni.

Könnte so etwas ohne grundlegende Änderung der Gesetze hier schon umgesetzt werden? Inwiefern braucht man die Politiker dafür?

Es gibt auch da zwei Möglichkeiten: Entweder machen wir einen politischen Prozess von oben nach unten, oder wir begeistern durch Themen von unten nach oben. Ich versuche jetzt zuerst den politischen Prozess zu starten, wenn das nicht gelingt, werden wir von unten nach oben gehen.

Wie könnten diese Gedanken in die Regionalentwicklung einfließen?

Wenn man den Glücksindikator als Messindikator für ein Land definiert hat, dann wird er ein Treiber für die Regionalentwicklung, wo ich überlege: Was heißt das für Unternehmen? Was heißt es für die Bildung? Was heißt es für die kommunale Politik? Was heißt es letztendlich für die Familien in den jeweiligen Regionen? Durch die Impulse, die durch den Glücksindikator ausgehen, entsteht ein Dialog, und durch den Dialog kann ein Bewusstsein für Kooperationen entstehen. Das ist dann der Impulsgeber für Regionalentwicklungsmodelle ganz im Sinne von Kleinregionen, wie auch Bhutan eine ist. Man denkt ja immer an Bhutan als einen Staat drüben in Asien, aber dieser Staat hat nur 700.000 Einwohner. Die Grundlogik, die ich damit verbinde, ist das Konzept von Leopold Kohrs *Small is beautiful*. Wenn ich regionale Kreisläufe im Kleinen schließe – und wir haben die Vision, dass Millionen von kleinen Regionen neu denken –, dann haben wir den »whole system change«. Wir müssen überall kleine Regionen neu denken, wie Südtirol, wie Salzburg, Oberösterreich, Voralberg, aber auch Bhutan. Wenn wir das schaffen, dann sind wir in einer guten Entwicklung, und wenn wir auch schaffen, dass sie sich miteinander verbinden, dann sind wir nicht nur connected, sondern auch interconnected, und das ist meine Vision.

Oft weniger prominent sind die Initiativen europäischer Länder zur *Definition alternativer Wohlstandsmesskriterien*. In Großbritannien und Finnland (das Findicator-Projekt) wurden in den letzten Jahren Indikatorensets entwickelt, um die politische Entscheidungsfindung besonders in sozialen Fragen zu verbessern. In Frankreich wurde zum gleichen Zweck die Stiglitz-Sen-Fitoussi-Kommission gegründet, die in ihrem Abschlussbericht im September 2009 empfahl, Haushalte, Einkommens-, Vermögens- und Konsumverteilung sowie physische Umweltindikatoren stärker zu betrachten als bisher (Bruttonationalglück 2015). In der Schweiz wurde durch das Bundesamt für Statistik ein System mit 40 Indikatoren zur Messung der Lebensqualität und zur Wohlfahrt entwickelt. Damit soll die objektive und die subjektive Situation der Bevölkerung ermittelt werden, wie zum Beispiel (objektiv) die Lebenserwartung, der Bildungsstand, Schulden der Haushalte, Verkehr, Lärm … und (subjektiv) die Lebenszufriedenheit, die Wahrnehmung der Umweltbedingungen, die psychische Gesundheit, der Zeit- und Beziehungswohlstand und auch der selbst wahrgenommene Gesundheitszustand (BFS 2011). Im Rahmen sogenannter Beyond-GDP-Initiativen (jenseits des BIP) reiht sich auch Italien ein mit seinem Index zum gerechten und nachhaltigen Wohlbefinden (Indice Benessesere equo e sostenibile – BES [BES 2015]). Beruhend auf einer Initiative des Verfassungsorgans Consiglio Nazionale Economia e Lavoro (CNL) und des Statustikamts ISTAT, umfasst es zwölf Dimensionen des Wohlbefindens, von Gesundheit, Bildung und Ausbildung, ökonomischem Wohlergehen zu Sicherheit, politischen Institutionen, Umwelt, Landschaft und kulturellem Erbe.

17.2.3
Vergleichbarkeit von Nachhaltigkeitsberichten

Die Nachhaltigkeitsberichte der Unternehmen – selbst wenn sie alle zum Beispiel nach dem GRI- oder einem anderen Standard erstellt werden – sind meist so komplex und bieten so viele Informationen, dass der Bürger oder Konsument und selbst Fachleute damit überfordert sind, daraus den Grad der Nachhaltigkeit eines Unternehmens wirklich beurteilen zu können. Recht früh erkannt haben diese Problematik Analysten, Pensionsfonds sowie Banken und Versicherungen, welche zum Beispiel in nachhaltige Unternehmen investieren wollen. Deshalb haben sie den Aufbau sogenannter Ratingagenturen zur Bewertung der Nachhaltigkeit vor allem börsennotierter Unternehmen unterstützt.

Die oekom research AG ist zum Beispiel eine der weltweit führenden Ratingagenturen im nachhaltigen Anlagesegment. Ihre unabhängige und transparente Nachhaltigkeitsforschung umfasst vor allem Aktien- und Rentenemittenten (Unternehmen, Länder und supranationale Einrichtungen). Seit 1993 gestaltet oekom research den Markt um nachhaltige Investments aktiv mit. Ihre Bewertungen dienen Unternehmen als kritische Messlatte und Impulsgeber dafür, ökologische und soziale Belange in die Unternehmensführung zu integrieren. Ihre Ratings umfassen nicht nur einzelne Unternehmen und Investitionsprodukte, sondern auch 52 Länder weltweit. oekom research verwendet hierfür 150 Indikatoren.

Großen Bekanntheitsgrad genießt auch die Familie der Dow Jones Sustainability Indizes der Gruppe RobecoSAM in Zusammenarbeit mit dem Dow Jones Verlagshaus.

Leider sind solche Analysen bislang nur kostenpflichtig verfügbar. Eine Ausnahme ist der Sustainability Guide (Sustainability Guide 2013). Hier werden alle STOXX®-Europe-50-Unternehmen – das sind die 50 größten europäischen börsennotierten Unternehmen wie zum Beispiel Nestlé, Novartis oder Vodafone – in einem Raster dargestellt. Die Unternehmen werden jeweils kurz vorgestellt, es werden die wesentlichen Fragen zur Nachhaltigkeit benannt und die Gründe zur Einstufung ausgeführt.

Viele Banken bieten heute ihren Kunden bereits nachhaltige Anlagen an, welche auf Basis solcher Kriterien zusammengestellt werden. Für diese Bewertung haben sie auch sogenannte *Ausschlusskriterien* entwickelt, damit keine Anlagen in Unternehmen getätigt werden, die in bestimmten Bereichen, wie der Umweltverschmutzung, besonders negativ auftreten oder zum Beispiel in der Rüstungsindustrie tätig sind.

Es gibt heute noch keinen weltweit anerkannten Kriterienkatalog zur ethischen Bewertung von Unternehmen. Der im Jahre 1997 in Zusammenarbeit von Ökonomen, Philosophen, Ethikern und Theologen erstellte Frankfurt-Hohenheimer-Leitfaden bietet einen Ansatz dazu. Darin werden rund 850 Indikatoren beschrieben. Anhand dieser Indikatoren können Wirtschaftsunternehmen kritisch betrachtet werden, und zwar in den drei Bereichen Kulturverträglichkeit (Rücksicht und Fairness), Sozialverträglichkeit (Arbeitsbedingungen, Sozialstandards und Menschenrechte) und Naturverträglichkeit. In der Praxis verwenden heute Research- und Ratingagenturen eine pragmatische Auswahl von 100 bis 150 der 850 Einzelkriterien dieses Leitfadens.

17.3
Greenwashing

Wenn Fast-Food-Konzerne Preisausschreiben für Nachhaltigkeit veranstalten und als ersten Preis eine Flugreise für die ganze Familie versprechen, Billigtextilketten mit dem Begriff *Nachhaltigkeit* werben, ohne irgendwo darauf hinzuweisen, was sie darunter verstehen und wie sie das umsetzen, oder sogar Rüstungskonzerne in ihren Geschäftsberichten auf Nachhaltigkeit hinweisen, sind die Grenzen des Greenwashing überschritten. In anderen Fällen ist das nicht so klar erkennbar. Es ist leicht, sich ein »grünes Mäntelchen« umzuhängen, ohne das substanziell etwas dahintersteht.

Heute finden sich auf den Internetseiten und Imagebroschüren aller großen Unternehmen Berichte über ihre Maßnahmen zum Schutz der Umwelt, der kulturellen Vielfalt und der sozialen Gerechtigkeit.

Der Verbraucher bleibt aber skeptisch. Er bezweifelt die wahren Motive der Unternehmen und vermutet eher Marken aufwertende PR-Kampagnen, um Umweltsünden und Arbeitsrechtsmissbrauch an anderen Stellen zu verschleiern. Gegen Unternehmen, welche die ökologischen und sozialen Nachhaltigkeitsherausforderungen nicht wirklich ernst nehmen, sich aber trotzdem mit Imagebroschüren positiv darzustellen versuchen, ist der Vorwurf des *Greenwashing* berechtigt. Das kann zu erheblichen Ruf- und Imageschädigungen führen.

LobbyControl ist ein gemeinnütziger Verein, der über Machtstrukturen und Einflussstrategien in Deutschland und der EU aufklären will. Er hat in seiner Greenwashingstudie (Lobbycontrol 2007) typische Kennzeichen für Greenwashing-Verhalten ermittelt:

- Selektive Darstellung der Realität: Fakten werden nicht in den Gesamtkontext gestellt. Eigene ökologische oder soziale Modellprojekte werden überbetont, die negativen Auswirkungen des regulären Kerngeschäfts häufig ausgeblendet.

- Übernahme von ökologischer Sprache: Greenwashing versucht, den erwarteten öffentlichen Ansprüchen rhetorisch gerecht zu werden, indem Begriffe wie »Nachhaltigkeit« übernommen werden. Die Begriffe werden meist abstrakt oder weitgehend sinnentleert benutzt.

- Eine »grüne« und positive Bildsprache: Bäume, grüne Landschaften, blauer Himmel, die Sonne – all das wird gerne verwendet.

- Hervorheben der eigenen Verantwortung: Unternehmen stilisieren sich selbst zum Umweltschützer, betonen, dass sie sich kümmern, dass sie an Lösungen arbeiten und das Problem im Griff haben. Sie wollen verantwortungsbewusst erscheinen – vor allem aber wollen sie eine Einmischung von außen und verbindliche Vorgaben durch die Politik verhindern.

- Betonung technischer Lösungen: Technische Entwicklungen werden als Lösung angepriesen – selbst wo diese unsicher sind (zum Beispiel CO_2-Abscheidung bei Kraftwerken) oder bei Weitem nicht ausreichen. Die politischen und gesellschaftlichen Dimensionen und Konflikte werden ausgeblendet. Das Anpreisen technischer Lösungen soll den Druck für weitergehende, strukturelle Veränderungen mindern.

- Ausblenden der realen politischen Debatten: In den meisten Grünfärbekampagnen werden die aktuellen politischen Konflikte ausgeblendet, auf die die Kampagnen zielen. Die Öffentlichkeit soll nicht anfangen, darüber nachzudenken, ob zum Beispiel der Flugverkehr in den Emissionshandel einbezogen werden soll. Sie soll das Gefühl bekommen, dass die Luftfahrtindustrie den Klimaschutz aus eigenem Antrieb heraus in den Griff bekommt.

Das Kapitel *Stakeholderdialog und Reporting* beschließt unseren Rundgang durch die unternehmerische Organisation. Erste Maßnahmen zur unternehmerischen Transformation sollten bereits auf den Weg gebracht worden sein, bevor darüber berichtet oder der Dialog mit den Anspruchsgruppen gesucht wird. Beides trägt dann aber zu einer Intensivierung und Verstetigung der eigenen Bemühungen bei. In den Nachhaltigkeitsberichten werden Ziele und Kennzahlen formuliert, die ins operative Controlling übernommen werden und auf diese Weise Nachhaltigkeit nicht mehr als Sonderthema, sondern als integralen Bestandteil der Firmenpolitik beschreiben. Und durch den immer wieder erneuerten Stakeholderdialog fließt ein Strom von Anregungen, Fragen und vielleicht auch Kritik ins Unternehmen, der Auswirkungen auf die Strategie oder sogar auf Vision und Mission haben kann und so ebenfalls zur Erneuerung beiträgt. Damit kommt das Unternehmen immer mehr »in Fluss«, es verbindet sich mit seiner Umwelt und ist nicht mehr Teil des Problems, sondern wird Teil der Lösung.

18

»Nachhaltige Unternehmen müssen zusammenarbeiten«

Interview mit Jakob von Uexküll

Jakob von Uexküll ist unter anderem Stifter des Alternativen Nobelpreises, Initiator des Weltzukunftsrates und Mitbegründer des alternativen Weltwirtschaftsgipfels. In diesem Gespräch im Sommer 2015 fordert er nachhaltige Unternehmen eindringlich auf, sich selbstbewusster zu präsentieren und aktiv Einfluss auf die gesetzlichen Rahmenbedingungen zu nehmen.

***Evelyn Oberleiter:** Jakob, du bist einer der größten Experten oder Vorreiter der Nachhaltigkeit. Wo könnten denn die Unternehmen heute einen wirklich sinnvollen Input leisten?*
Jakob von Uexküll: Ja, das ist eine schwierige Frage. Viele engagierte Unternehmen tun das ja, aber in einer Welt, wo die Regeln und die Anreize in die falsche Richtung zeigen, ist es natürlich sehr schwierig, wenn man nicht in einer erfolgreichen Nische arbeitet. Der CEO von PUMA, Jochen Zeitz, hat zum Beispiel untersucht, was passieren würde, wenn PUMA alle Kosten internalisieren würde, das heißt keine Kosten auf die Zukunft und auf die Umwelt abwälzen würde. Er hat festgestellt, dass der Verdienst von PUMA um 75 Prozent sinken würde. Ich habe ihm gesagt: »Sie haben großes Glück, weil PUMA ein High-Value-Brand ist, und der Brand an sich produziert natürlich keine CO_2-Emissionen.« Das heißt, wenn ich in der Luxusbranche arbeite, kann ich auch leichter nachhaltig sein, weil die Kunden diese Mehrkosten bezahlen. Das ist zum Beispiel in der Tourismusbranche so. Ein Fünf-Sterne-Ressort auf den Malediven, wo die Leute 1.000 Euro pro Nacht bezahlen, kann man sagen, es kostet jetzt 150 Euro mehr pro Nacht, und dafür sind wir nachhaltig, machen kein Airconditioning, Permakulturprinzipien werden aufgebaut usw. Das funktioniert. Aber das ist natürlich kein Vorbild für den Massentourismus. Der Drei-Sterne-Tourismus, der mit Vollpension 50 Euro kostet, kann keine 150 Euro drauflegen, und das ist natürlich das größte Problem.

Die Unternehmen, die eine Nische gefunden und Eigenkapital in der Firma haben, die für ihre Kinder etwas tun und nachhaltig leben wollen, die können das tun. Aber für die große Masse ist es heute so, dass nicht nachhaltig zu wirtschaften profitabler ist, als nachhaltig zu wirtschaften. Das heißt, ich werde auskonkurriert, wenn ich sage, ich möchte ab morgen nachhaltig sein. Dann gehe ich bankrott. Pavan Sukhdev, ein Mitglied des World Future Council, der von der Deutschen Bank zu UNEP* ging, hat das in seinem Buch *Corporation 2020* ganz klar dargelegt. Die meisten Unternehmen würden bankrottgehen, wenn sie gezwungen wären, Kosten voll zu internalisieren. Da ist es natürlich eine Selbstverständlichkeit, das nicht zu tun.

Es ist unlauterer Wettbewerb, wenn ich dem Kunden vorspiegele, dass ich ihm ein Produkt zu einem bestimmten Preis und zu einer hohen Qualität liefere, weil ich ein besseres Unternehmen bin. Und in Wirklichkeit tue ich das, indem ich einen Teil der Produktionskosten auf die Umwelt abwälze. Das ist nicht nur unlauterer Wettbewerb, das ist sogar Betrug. Das heißt, so kann es nicht weitergehen. Gleichzeitig ist es klar: Die meisten Unternehmen würden bankrottgehen, wenn sie von heute auf morgen die Kosten internalisieren würden. Deswegen muss ein Unternehmer, der nachhaltig wirtschaften will, gleichzeitig prüfen, was er sich leisten kann.

Bei den derzeitigen Rahmenbedingungen müssen sich die Unternehmen vor allen Dingen zusammentun und dafür sorgen, dass die Rahmenbedingungen so geändert werden, dass es sich lohnt, nachhaltig zu wirtschaften. Es braucht nicht unbedingt sehr profitabel zu sein, aber es muss profitabler sein, nachhaltig zu wirtschaften, als nicht nachhaltig zu wirtschaften. Sonst ist es eine Illusion zu glauben, dass die Mehrheit der Unternehmen das machen wird, denn sie wollen natürlich nicht von heute auf morgen bankrottgehen. Das ist für mich der springende Punkt: nicht dass es nicht Unternehmen gibt, die gerne nachhaltig sein wollen, sondern dass sie sich nicht zusammentun.

Sicherlich ist es leichter für die, die nicht nachhaltig arbeiten und dadurch höhere Profitraten haben. Es ist natürlich für sie interessanter, sich zusammenzutun, um ihre Profite zu wahren. Sie planen langfristig, sie haben ihre Lobbyisten, sie kaufen sich die Medien, besonders in den USA sieht man das ja, während unsere Freunde unter den Unternehmen, die nachhaltig sein wollen, dasitzen und warten, dass die Rahmenbedingungen besser werden. Die Regierungen sagen jedoch, wir können das nicht ohne mehr Druck von euch tun. Das heißt, das Hauptproblem ist heute, dass die Unternehmen, die Teil der Lösung sein wollen, nicht fokussiert zusammenarbeiten, nicht strategisch denken. Es gibt mal hier eine Initiative, mal dort eine Konferenz. Sie haben nicht verstanden, dass es so nicht klappen wird. Die Gegenkräfte sind sehr mächtig, haben viel Geld und machen das seit Jahrzehnten. Da ist überall diese Pro-

* United Nations Environment Programme

paganda nur von einer Seite, die andere Seite ist eben ganz nett, möchte gerne nachhaltig sein, aber sie steht einem skrupellosen Gegner gegenüber und muss auch anfangen, etwas strategisch zu denken.

Danke, das war jetzt schon sehr viel. Und ich glaube, dass ich deine Hauptbotschaft gefasst habe. Wenn du sagst, die Unternehmen, die nachhaltig wirtschaften möchten, schaffen es nicht, sich zusammenzutun, fokussiert zu agieren und strategisch zu denken, wer könnte sie da unterschützen? Was kann man da tun?
Ich glaube, in erster Linie nachhaltig denkende Unternehmer selbst. Man merkt sehr oft, dass sie das zwar theoretisch bejahen, aber in Wirklichkeit machen sie zu wenig. Sie machen vielleicht eine Konferenz oder schalten eine gemeinsame Anzeige. Aber die Gegenseite ist viel skrupelloser, die schickt ihre Lobbyisten zu jedem einzelnen Abgeordneten und sagt, wenn sie dies tun oder jenes, geht die Marktwirtschaft kaputt, mit allen Argumenten und Drohungen und Bestechungen. Da sind unsere Alliierten in der Wirtschaft viel zu nett.

Es gibt viele Beispiele. Vor zwei Jahren gab es das Thema, dass es viel zu viele Emissionsrechte für Kohlendioxid gibt. Es gab die Diskussion, einen Teil der Emissionsrechte aus dem Verkehr zu ziehen. Es gab eine Allianz von nachhaltigen Unternehmen, darunter auch Energieunternehmen, die Kirchen, die großen NGOs. Und dagegen gab es die großen Energieunternehmen, und sie haben ihre Lobbyisten geschickt, die den Abgeordneten gesagt haben: Hier fängt man an, Marktprozesse zu stören, man weiß nicht, wo das endet. Unsere Freunde haben nur Anzeigen geschaltet, und dann war das Ergebnis, dass sie die Abstimmung verloren haben. Die neuen Märkte haben wir schon, Erfolgsstorys sind aufzuweisen. Ich glaube, nun brauchen wir neue Allianzen.

Ist es auch ein bisschen ein Aufruf, etwas frecher zu werden?
Auf jeden Fall. Wir erleben ein Marktversagen ohnegleichen, die Preise sind nicht die richtigen, die Buchhaltung ist falsch – ich sage immer: Was unter dem Strich rauskommt, hängt davon ab, was über dem Strich steht und dort ausgelassen wird.

Wir erleben auch ein Medienversagen. Zum Beispiel beim Klimawandel, der größten globalen Gefahr, die wir in der menschlichen Geschichte hatten. Es gibt ernsthafte Wissenschaftler, die befürchten, dass ein zunehmender Klimawandel plötzlich einen Punkt erreichen kann, an dem die Erde unbewohnbar wie die Venus wird. Die Medienberichterstattung jedoch tut so, als ob es zwei Seiten gäbe. Aber ein Teil der Wirtschaft engagiert sich bei diesem Thema viel stärker und nimmt so Einfluss.

Du sagst, man braucht ein stärkeres Engagement. Wie könnte das funktionieren, jetzt ganz praktisch?

Eine Studie von der Universität Princeton in den USA hat letztes Jahr festgestellt, dass die USA nach der herkömmlichen Definition keine Demokratie mehr ist. Es ist eine Oligarchie. Al Gore sagt in seinem letzten Buch, dass die meisten Abgeordneten in den USA nicht mehr ihre Wähler, sondern ihre Geldgeber vertreten. Das ist ein unglaubliches Statement, aber es ist eben die Wahrheit. Dagegen kann man nicht mehr mit netten Methoden steuern, denn wir müssen sehen, dass wir einer mit Geld ausgestatteten Lügenmaschine gegenüberstehen, die dafür gesorgt hat, dass innerhalb von 20 Jahren das Bewusstsein bei der Bevölkerung für diese Probleme zurückgegangen ist. Wir müssen jetzt sagen: »Liebe Leute, wir haben auf Kosten der Umwelt gelebt, die Kosten müssen einmal gezahlt werden. Entweder fangen wir damit an, oder unsere Kinder und Enkel müssen das tun.«

Vieles kann noch wachsen: Die Zahl der Sprachen, die ich lernen kann, oder die Zahl der Instrumente, die ich spielen kann, ist unbegrenzt. Aber es ist ganz klar, dass der Ressourcenverbrauch in Westeuropa nicht auf China übertragbar ist. Das wissen die Chinesen auch, wir arbeiten mit ihnen. Diese Diskussion wird dort ernsthaft geführt. Chandran Nair von GIFT (Global Institute for Tomorrow) in Hongkong wurde gefragt: »Geben Sie ein Beispiel, wie eine nachhaltige Welt von morgen aussehen wird.« Er antwortete: »Mehr Tanzwettbewerbe, weniger Autorennen.«

Unternehmer müssen sich fragen, wie sie innerhalb dieser Rahmenbedingungen etwas identifizieren können, das nicht auf Kosten der Umwelt geht. Erstens muss ich mich fragen, was ist der Sinn meiner Unternehmung? Und wenn dieser Sinn mir die Möglichkeit gibt, meinen Lebensunterhalt zu verdienen, dann macht das auch Sinn. Wenn nicht, dann ist es etwas, das die Welt nicht braucht, oder die politischen Rahmenbedingungen sind eben falsch gestellt. Dann muss man sich entsprechend engagieren, um die Rahmenbedingungen zu ändern, und das ist schwierig. Der Status quo heute ist, dass Menschen mehr und mehr apolitisch sind. Diesen antipolitischen Zynismus findet man sowohl in NGOs als auch im Businesssektor. Das ist aber Unsinn.

Die politischen Bedingungen bestimmen die Welt, innerhalb deren wir agieren können. Kein Unternehmer, obwohl sie das immer so laut verkünden, wünscht sich tatsächlich viel weniger Staat. Sie wünschen sich staatliche Regeln, die in ihrem Interesse sind. Wenn man keinen Staat will, dann sage ich immer, dann gehen Sie nach Somalia, und investieren Sie dort. Da gibt es keine Regierung. Aber das wird natürlich kein vernünftiger Unternehmer machen.

Eine Frage noch, die mir unter den Nägeln brennt. Die Gegenkräfte sind sehr mächtig. Woran liegt es, dass diese Gegenkräfte nicht aufhören mit ihrem Treiben? Ich denke, wenn sie halbwegs vernünftige Menschen sind, dann müssen sie auch erkennen, dass sie den Ast absägen, auf dem auch sie selbst sitzen.

Ja, die Angst ist natürlich da. Man sieht das Chaos kommen und glaubt, je mehr Mittel, je mehr Geld man hat, umso besser kann man sich davor schützen. Aber nehmen wir das Beispiel von einem Unternehmer, der sein ganzes Leben lang in der Ölindustrie oder Kohleindustrie gearbeitet hat. Und plötzlich soll die Kohle in der Erde bleiben. Dann muss er sich eine andere Arbeit suchen. Das ist zum Teil nicht einfach. Aber sie sehen sich als Elite dieser Welt, die sie aufgebaut haben. Das Verstehen und Akzeptieren, dass sie keine Elite mehr sind, ist nicht einfach.

Du sagst, es ist auch ein ganz großes Verdrängen da, weil das auch eine Form des Schuldbekenntnisses wäre.

Ja, ich erinnere mich, es gab ein Beispiel in Deutschland von einem Unternehmen, das unter anderem Killershampoo herstellte. Eine Zeitschrift hatte herausgefunden, dass eine schädliche Chemikalie im Produkt enthalten war. Und am nächsten Tag hatte die Firma verkündet, dass sie diese Shampoos selbstverständlich aus dem Verkehr zieht, hat sofort um Entschuldigung gebeten und wurde dann gefragt: »War das Ihre erste Reaktion?« Die Antwort war: »Nein, natürlich nicht, meine erste Reaktion war: Wie können wir diese Veröffentlichung stoppen? Wir holen unsere Anwälte, wir machen eine Gegenerklärung. Dann bin ich nach Hause gekommen, meine zehnjährige Tochter guckt mich an und sagt: Du Schwein. Und da habe ich verstanden, dass ich so nicht weitermachen konnte.« Oft sind es die Kinder, die eine andere Botschaft senden.

Moderne Ökonomie ist keine Wissenschaft, sondern Wissenschaft im Dienste der Herrscher. Schönstes Beispiel sind Kosten-Nutzen-Analysen. Menschen wurden gefragt, wie viel Schadenersatz würden sie akzeptieren, um bestimmte Umweltschäden auszugleichen. Die Menschen haben so viel Geld verlangt, dass das Projekt sich nicht mehr gelohnt hätte. Und dann haben die Ökonomen, die im Interesse des Unternehmens gearbeitet haben, das Ganze umgedreht und gefragt, wie viel wären sie bereit zu bezahlen, um diese Umweltschaden zu verhindern? Und dann diese Zahl, was die Leute bezahlen würden, haben sie ermäßigt um das, was die Leute sich leisten konnten. Und dann kam diese Situation in der Klimadiskussion, dass das Leben eines armen Bangladescher wie ein Bruchteil des Lebens von einem Europäer bewertet wird. Mit dem Argument, sie können es sich nicht leisten zu bezahlen, um sich vor dem Ertrinken durch die steigende Flut zu retten. Die Anpassung ist billiger als die Veränderung. Das zu den Manipulationen. Die Ökonomen, auf die unsere Regierungen hören, die sind eben in diesem Glauben gefangen, dass die Natur ein Subsystem der modernen Wirtschaft ist. Die kann man manipulieren. Es gibt Beispiele, was bekannte amerikanische und angelsächsische Ökonomen zum Thema Klimawandel gesagt haben. Die sagen, dass der Klimawandel in erster Linie die Landwirtschaft treffen wird, und die Landwirtschaft macht in den USA nur drei Prozent vom Nationalprodukt aus. Das heißt, wenn die Landwirtschaft um 50 Prozent einbricht, heißt das ein halbes Prozent weniger Wachstum, und das kann man woanders ausgleichen. Unsere Regierungen hören auf Ökonomen, die ihnen sagen, wenn du genug iPads und iPods produziert, ist es egal, wenn die Produktion von Lebensmitteln einbricht. Diese Ideologie ist das, was wir bekämpfen müssen.

Jakob, herzlichen Dank.

TEIL 3

RE:MEMBER

19

Wie geht es weiter?

Als Gregor Samsa eines Morgens aus unruhigen Träumen erwachte,
fand er sich in seinem Bett zu einem ungeheuren Ungeziefer verwandelt …

Franz Kafka beschreibt in *Die Verwandlung* die Geschichte eines Mannes, der seine Metamorphose zuerst nur für vorübergehend hält, sich dann jedoch langsam auf die Konsequenzen seiner Verwandlung einstellt. Analog zu Gregor Samsas Geschichte steht die Menschheit heute vor einer umfassenden Metamorphose: Die globalen Veränderung wird – ganz ohne uns zu fragen – zu einer tief greifenden Veränderung des menschlichen Wirkens und Seins, der Werte und der Verhaltensweisen führen.

Viele Menschen diskutieren Auswege aus den multiplen Krisenphänomenen. Sie sind sich einig, dass das derzeitige Wirtschafts- und Gesellschaftssystem bröckelt und im Wandel begriffen ist. Klimawandel, Artensterben, demografische Verschiebungen und die Verschuldungs- und Währungskrisen machen immer klarer: So wie bisher wird es nicht mehr lange weitergehen. Und so wie die Zweifel am *alten System* wachsen, sprießen die Ideen für alternative Modelle. Der Suchprozess nach Alternativen zum derzeitigen Wirtschafts- und Lebensmodell hat begonnen. Im Mittelpunkt all dieser Ansätze stehen Überlegungen zum Umgang mit dem Thema Wachstum. Drei Richtungen lassen sich unterscheiden:

1. **Wachstum wird mit neuen Attributen versehen.** Wachstum ist mit neuen Modellen möglich. Schlagworte sind: Energie- und Ressourceneffizienz, Ökoinnovation, Umwelttechnologien, Entkoppelung des Wirtschaftswachstums vom Ressourcenverbrauch, Ökosystemdienstleistungen, Naturkapitalansatz, Umwelt- und Ressourcenökonomie, grünes Wachstum, nachhaltiges Wachstum, Green Economy und andere.

2. **Wachstum wird als Problem gesehen.** Die Wachstumsabhängigkeit soll verringert werden. Schlagworte sind: Grenzen des Wachstums, Postwachstumsgesell-

schaft, Postwachstumsökonomie, Steady State Economy, Degrowth-Bewegung, Decrescita Felice, Suffizienz, Downsizing, Voluntary Simplicity, Ökologische Ökonomie und andere.

3. **Das Wohlbefinden der Menschen wird unabhängig vom (materiellen) Wachstum gesehen.** Schlagworte sind: Das gute Leben, Buen Vivir, Wohlbefinden, Lebensqualität, menschliche Bedürfnisse, Capabilities-Ansatz, Suffizienz, Gemeinwohlökonomie, Solidarische Ökonomie, Transition Towns und andere.

Wir glauben, dass unsere Welt derzeit alle drei Sichtweisen benötigt, je nachdem, wo eine Gesellschaft, eine Nation oder ein Unternehmen gerade steht. Ein Beispiel: Am 1. September 2015 beschloss die Generalversammlung der Vereinten Nationen die Agenda 2030 für nachhaltige Entwicklung mit 17 Zielen. An erster Stelle genannt sind »Armut in all ihren Formen und überall beenden« und »Den Hunger beenden«. Für die knapp eine Milliarde Menschen, die derzeit weltweit in extremer Armut leben, werden diese Ziele ohne materielles Wachstum kaum erreichbar sein. Auf der anderen Seite stehen die reichen Industrieländer.

Wir wissen inzwischen, dass für die meisten im Westen lebenden Menschen eine weitere Steigerung des Besitzes an (materiellen) Gütern das Wohlbefinden nicht mehr erhöht, gleichzeitig jedoch die globalen Ökosysteme extrem schädigt. Postwachstumsgesellschaft und Buen Vivir sind hier vielleicht passende Modelle für den nächsten Entwicklungsschritt.

Aber so logisch und einleuchtend solche Wandlungsangebote auch sein mögen, stoßen sie dennoch auf große mentale und emotionale Widerstände. Das Bewusstsein der meisten Menschen ist von der von Knappheit, Armut und Hunger geprägten gesamten bisherigen Menschheitsgeschichte beeinflusst. Nie war genug für alle da, deshalb musste alles wachsen. Diese durch jahrtausendealte Erfahrungen geprägten Überzeugungen lassen sich nicht von heute auf morgen ändern, auch wenn wir jetzt das Zeitalter des materiellen Überflusses erreicht haben. Inzwischen konkurrieren in den Industriegesellschaften nicht mehr Menschen um die knappen Waren, sondern die Waren konkurrieren um die Aufmerksamkeit der Menschen. Jeder hat schon alles, nur durch größte Marketinganstrengungen können noch Kaufanreize geschaffen werden. Mental ist uns das größtenteils klar, emotional jedoch sind wir in unseren evolutionären Mustern zurückgeblieben. Veränderungen von solchen Mustern brauchen viel *emotionale Arbeit.*

Aber bleibt uns überhaupt noch die Zeit, mit Achtsamkeit und Respekt vor der Verschiedenartigkeit der Menschen und in der Hoffnung auf die emotionale Aufarbeitung einst sinnvoller Muster die Entwicklung in eine nachhaltigere Zukunft zu gestalten, oder müssen wir nicht radikaler und schneller ein Umsteuern erzwingen?

Eine Antwort darauf versucht Jørgen Randers im Auftrag des Club of Rome zu geben (Global Compacts 2013). Vor vier Jahrzehnten wurde die damals vom Club of Rome in Auftrag gegebene Publikation *Die Grenzen des Wachstums* zum Bestseller und zu einem Meilenstein in der Nachhaltigkeitsdebatte. Die Autoren rund um Dennis Meadows gingen damals der Frage nach, wie die Menschheit sich an die gegebenen physikalischen Grenzen des Planeten Erde anpassen kann. Doch wo stehen wir heute? Und wie sieht die Zukunft aus heutiger Sicht aus? Jørgen Randers hat dazu ein Szenario für die nächsten 40 Jahre erstellt. Er stützt sich dabei auf globale Prognosen führender Wissenschaftler, Ökonomen und Zukunftsforscher. *2052* lautet der Name des aktuellen Reports, und er skizziert eine Zukunft, die ganz anders sein wird, als sich die meisten von uns vorstellen. Trotz der überwiegend düsteren Prognosen glaubt Randers nicht an einen globalen Kollaps, denn »der Anpassungsprozess der Menschheit an die Grenzen dieses Planeten hat begonnen«, die Metamorphose ist eingeleitet. Der Report gibt aber auch keine Entwarnung, denn die Zukunft wartet mit gewaltigen Herausforderungen auf die Menschheit, und sie wird geprägt sein von sozialen Unruhen und zahlreichen Umbrüchen. Hier zusammenfassend die wesentlichen Inhalte:

Klimawandel: Wir werden künftig immer öfter eine zunehmend unsichere Welt mit beängstigenden Klimaereignissen erleben. Wir werden eine Gesellschaft antreffen, die sehr viel Geld für die Reparatur der Schäden aufwenden wird, anstatt den gleichen Betrag zur Vermeidung künftiger Probleme einzusetzen.

Wirtschaft: Es wird weltweit ein deutlich langsameres Wirtschaftswachstum geben. Im Jahr 2052 wird es vermutlich mehr Armut geben als heute, und die meisten Menschen in den reichen Ländern werden nicht reicher sein als aktuell. Die gute Seite ist, dass der ökologische Fußabdruck der Menschheit kleiner ausfallen wird als heute. Da das Niveau der Ressourcennutzung niedriger ausfallen wird, wird auch der Schadstoffausstoß geringer sein.

Nachhaltigkeit: 2052 wird die Welt erkannt haben, dass nicht nachhaltig zu sein bedeutet, nicht zukunftsfähig zu sein. Wenn wir unseren derzeitigen Lebensstil fortsetzen, wird die durchschnittliche Temperatur steigen und schließlich das Leben unglaublich kompliziert machen – und genau diese Einsicht wird in den kommenden Jahren in das Bewusstsein der Menschen sickern. Daher wird noch in diesem Jahrhundert eine Nachhaltigkeitsrevolution – so nennt Randers sie – stattfinden: Gegenwärtiges, unhaltbares ökologisches Verhalten wird auf die eine oder andere Weise gestoppt werden. Im Idealfall sollte dies planvoll geschehen, wahrscheinlicher ist jedoch, dass sich die Natur wehrt und uns stoppt. Randers glaubt, dass der entscheidende

Druck für umfassende Nachhaltigkeitsmaßnahmen ausgehend vom Klimawandel kommen wird. Und er glaubt auch, dass wir eine schwierige Zeit durchleben, bevor wir in eine nachhaltige Situation hineingezwungen werden.

Konsumdenken: Aus Randers Sicht ist es hilfreich, sich einzugestehen, dass Menschen materialistisch sind. Die Leute wollen immer mehr besitzen, egal, ob für eine bessere Ernährung, ein besseres Zuhause oder einen besseren Urlaub. Das ist laut Randers eine empirische Tatsache. Obwohl die Welt an sich nicht so sein müsste, ist diese Triebfeder sehr stark. Eine weise Politik sollte demnach versuchen, diese Tatsache anerkennend, neue Triebfedern zu schaffen und einen kulturellen Wandel einzuleiten. Heute ist es noch so, dass jene Menschen besonders angesehen sind, die sich egoistisch verhalten. In Zukunft könnte es sein, dass jene besondere Anerkennung erhalten, die sich sozial und ökologisch verhalten.

Weltbevölkerung: Der bisher als Bevölkerungsexplosion bezeichnete exponentielle Anstieg verlangsamt sich deutlich. Die weltweite Geburtenziffer ist in den letzten 40 Jahren von 4,5 Kindern je Frau auf 2,5 Kinder je Frau zurückgegangen (Rosling 2014). Gleichwohl wird die Weltbevölkerung noch auf zehn Milliarden Menschen steigen, vor allem aufgrund der höheren Lebenserwartung der Menschen.

Rohstoffe: Randers vermutet, dass Ressourcen keinen Engpass darstellen werden. Das Wirtschaftswachstum wird seiner Meinung nach niedriger ausfallen, ebenso die weltweite Nachfrage nach Rohstoffen. Darüber hinaus wird es zu sehr vielen Verhaltensänderungen und neuen Businessmodellen kommen, die knapper werdende Ressourcen ersetzen können.

Wie schnell all diese Entwicklungen gehen werden, wird sich zeigen. Randers glaubt nicht, dass freiwillige Maßnahmen ausreichen werden. Regulierungen sind notwendig, um sicherzustellen, dass wir die notwendigen Veränderungen unternehmen. Und diese werden begleitet sein von dem Paradigmenwechsel von dem, was am Profitabelsten ist, hin zu dem, was, gesellschaftlich betrachtet, am notwendigsten ist.

Diese Entwicklungen werden viel Geld kosten. Aber gleichzeitig möchten wir an dieser Stelle daran erinnern, dass die westliche Gesellschaft heute in einer Zeit lebt, in der Geld für andere Themen fast unbegrenzt zur Verfügung steht. Im Folgenden nur ein Beispiel: Die Mitgliedsstaaten der Europäischen Union haben allein zwischen den Jahren 2008 und 2011 die unvorstellbar hohe Summe von 1,6 Billionen Euro zur Rettung der europäischen Banken nach der Finanzkrise bereitgestellt (Europäische Kommission, Pressemitteilung vom 21.12.2012). Es ist vor allem eine Frage des Bewusstseins und der Priorität, wie den notwendigen Maßnahmen in Bezug auf den

Klimawandel begegnet wird. Es ist dies also keine Frage des Geldes – und schon gar nicht der Technologie.

So hat Mark Jacobson, Professor für Umwelt- und Bauingenieurwesen an der Stanford University in Kalifornien, zusammen mit seinem Kollegen Mark Delucchi bereits im Jahr 2009 einen Plan für eine emissionsfreie Welt bis 2030 vorgelegt (Spektrum der Wissenschaft, 12/2009). Er sieht weltweit 3,8 Millionen Windturbinen, 90.000 große Solaranlagen, zahlreiche Erdwärme-, Wasser- sowie Gezeitenkraftwerke vor. Eingeplant wurden ausschließlich die bis 2009 ausgereiften und marktgängigen Technologien. Schon im Jahr 2020 würde derart erzeugte Energie einschließlich ihres Transports zu den Verbrauchern weniger kosten als die gegenwärtig veranschlagten 5,5 Eurocents pro Kilowattstunde bei herkömmlichen Kraftwerken. Als größtes Hindernis betrachten auch Jacobsen und Delucchi weder die Technologie noch das Geld, sondern den mangelnden politischen Willen.

Und damit wird klar, dass ein grundsätzlicher Wandel in der Energiepolitik und darüber hinaus in der Politik deshalb so schwierig zu unterstützen ist, weil mächtige Konzerne und lang etablierte Lobbys Widerstand leisten. Und sie tun dies aus zumindest zwei Gründen: Zum einen würden ihre Investitionen in klassische Technologien entwertet, zum anderen erschließen sich aufgrund der dezentralen Strukturen erneuerbarer Energien auch keine neuen Geschäftsmodelle für Großkonzerne. Dazu meint Naomi Klein, dass jeder Versuch, gegen die Erderwärmung vorzugehen, fruchtlos ist, wenn er nicht als Bestandteil einer größeren Auseinandersetzung um neue Weltanschauungen verstanden wird und damit als ein Prozess der Neuformulierung und Neuerfindung des Kollektiven, des Kommunalen, der Zivilgesellschaft und der Bürgerrechte. Das Überwältigende an der Klimakrise sei nämlich, so Klein weiter, dass zu ihrer Überwindung sehr viele Regeln gleichzeitig gebrochen werden müssen. Regeln, die in nationale Gesetze und internationale Handelsabkommen eingeflossen sind, aber auch mächtige, ungeschriebene Normen, nach denen eine Regierung, die an der Macht bleiben will, keine Steuern erhöhen oder große Investitionen ablehnen darf, und seien deren Folgen noch so zerstörerisch. Den Zusammenhang zwischen Umwelt und Gesellschaft hat auch Papst Franziskus in seiner viel beachteten sogenannten Umweltenzyklika vom Mai 2015 klar benannt: »Es gibt nicht zwei Krisen nebeneinander, eine der Umwelt und eine der Gesellschaft, sondern eine einzige und komplexe sozioökologische Krise« (Papst Franziskus 2015).

Wir haben in diesem Buch viele Gründe genannt, weshalb es sich für Unternehmen und Unternehmer auszahlt, weitere Schritte zu unternehmen und die scheinbaren Sackgassen zu verlassen. Einige aus unserer Sicht wichtige und zukunftsweisende Aspekte wollen wir abschließend aufgreifen und einen Blick in eine bessere Zukunft wagen.

Wertangebot und Führung in Unternehmen: Im Mittelpunkt all der Überlegungen in diesem Buch steht das Wertangebot, das ein Unternehmen bereitstellt. Welchen Beitrag leistet es für das übergeordnete System? Befindet es sich im ausgeglichenen Fluss von Geben und Nehmen mit seiner Umwelt? Oder besser noch: Bereichert es die Welt über das hinaus, was es aus der Welt entnimmt? Das Wertangebot wird über die bewusste Anbindung an ein übergeordnetes System gespeist und findet seinen Ausdruck in Mission und Vision. Diese Ausrichtung am Sinn führt auch zu einer neuen Ausrichtung der Mitarbeitenden: Sie arbeiten gemeinsam für einen Sinn. Damit kann sich aber auch die Art der Beziehungsgestaltung zwischen Führungskraft und Mitarbeitenden grundlegend verändern. Alle bisherigen Konzepte und Methoden, alle Seminare und Coachings zum Thema Führung zielen auf die Veränderung des Verhaltens der Führungskraft oder des Mitarbeiters ab. Sie untersuchen genauestens, welche Auswirkungen ein bestimmtes Verhalten auf das Gegenüber hat, und versuchen, hier Änderungshebel zu finden. Mit begrenztem Erfolg, wie allein schon die immense Zahl an immer neuen Führungsratgebern zeigt. Wenn jedoch nicht mehr das Gegenüber von Chef und Mitarbeitenden im Mittelpunkt steht, sondern das Miteinander in den Vordergrund kommt, sind ganz neue, weniger hierarchische Führungsmodelle denkbar. Vielleicht wird dann sogar der Begriff der Führung nicht mehr ganz so wichtig sein, wie wir ihn jetzt noch für das Gelingen eines Unternehmens halten.

Über **Advocacy** haben wir im Abschnitt zur Mission und Vision schon gesprochen. Wir wünschen uns, dass sich immer mehr Unternehmen zusammentun – mit Partnern, mit Kunden, mit den Anspruchsgruppen in der Region, aber auch mit der Politik –, um immer mehr Einfluss zu nehmen und aus der inneren Haltung der Fürsorge für unsere heutige Welt und die der nachkommenden Generationen die gesellschaftlichen und wirtschaftlichen Rahmenbedingungen aktiv zu gestalten. So können Unternehmen zu Transition Cells werden, zu Veränderungsknoten, die sich mit anderen zu Transition Networks zusammenschließen und so die sozioökologischen Transformation entschieden mitfördern. Das ist gelebter Stakeholderdialog und Fürsorge (Advocacy) in einem.

Produkte und Innovation: Dienstleistungen und Produkte müssen immer mehr mit nachhaltigen Methoden und Materialien hergestellt werden. Das ist schon lange klar, und ein wichtiges Konzept dazu ist zum Beispiel die Circular Economy. Aber gleichzeitig wünschen wir uns, dass Unternehmen immer mehr auch ein ganzheitliches Wohlbefinden ihrer Kunden im Blick haben, im Sinne des Buen Vivir, eines guten Lebens. Hier können ganz neue Geschäftsmodelle entstehen.

Und allem zugrunde, als Voraussetzung und gleichsam als Treiber mutiger Veränderungen, steht die Entwicklung einer **neuen Beziehungskultur** in Unternehmen, in der Selbstverantwortung und Fürsorge keine Widersprüche mehr sind, sondern nebeneinander gleichwertig bestehen. Gefragt ist hierfür der neue, emanzipierte Mensch: einer, der ganz das Eigene spürt und nicht nur denkt, einer, der Grenzen zieht, um Kontakt zu ermöglichen, und einer, der darum weiß, dass nur, wenn er ganz er selbst ist, er dem Gesamten seinen größtmöglichen Dienst erweist. Und eine Gemeinschaft emanzipierter Menschen, welche die Dualität würdigt und sie genau deshalb überwindet, kreiert, indem sie Raum gibt und zulässt, dass Entwicklungen sich ganz von selbst vollenden. Diese Gemeinschaften werden gelernt haben, dass alle Formen von Widerstand allein dazu führen, Kraft zu verlieren, und dass die gemeinsamen Kräfte viel besser darin investiert sind, aufzunehmen, zu akzeptieren, zu verstehen, loszulassen und zu verarbeiten und immer wieder neu in Fluss zu kommen. Egal, worum es geht.

20

Literatur

Baecker, D. (1994): Postheroisches Management – ein Vademecum, Berlin

Balderjahn, I. (2004): Nachhaltiges Marketing-Management, Stuttgart

Baldwin, C. (1998): Calling the circle: The first and future culture, New York

Baldwin, C.; Linea, A. (2010): The circle way: A leader in every chair, San Francisco

Bauriedl, T. (1996): Leben in Beziehungen, Freiburg

Bauriedl, T. (2001): Wege aus der Gewalt. Die Befreiung aus dem Netz der Feindbilder, Freiburg

BBC (2006): [www.bbc.co.uk/pressoffice/pressreleases/stories/2006/05_may/03/happiness.shtml] (aufgerufen am 23. März 2013)

Becke, G. (2007): Vom Erhalten durch Veränderung zum Verändern durch Erhalten, in: Organisationsentwicklung, 1/2007, S. 18–25

Bertelsmann (2012): [www.bertelsmann-stiftung.de/cps/rde/xbcr/SID-CB94B839-1B0C989E/bst/xcms_bst_dms_36359_36360_2.pdf] (aufgerufen am 22. Juni 2013)

BES (2015): siehe [www.misuredelbenessere.it]

BFS (2011): Wachstum im Spiegel der Wohlfahrt – ein neuer Blick auf das BIP, BFS, Wohlstand und Lebensqualität, Valeurs, 1/2011

Blessing (2011): Employee Engagement Report [http://www.nine-dots.org/documents/Blessing%20White%202011%20%20Employee%20Engagement%20Report.pdf]

Botsman, R.; Rogers, R. (2010): What's Mine Is Yours: The Rise of Collaborative Consumption, New York

Braungart M. (15. 03. 2011): Die nächste Industrielle Revolution. Die Cradle-to-Cradle-Community, broschiert, Hamburg

Bruttonationalglück (2015): Für weitere Informationen über das Bruttonationalglück und andere nationale Erfolgsindikatoren siehe z. B.: [http://www.grossnationalhappiness.com], [http://www.findikaattori.fi/enlink], [http://www.stiglitz-sen-fitoussi.fr], [http://www.beyond-gdp.eu], [http://www.oecdbetterlifeindex.org]

Capgemini (2010): Change Management Studie 2010, erstellt von Felicitas von Kyaw und Martin Claßen, Capgemini Consulting, München, zu beziehen unter [www.capgemini.com]

Conte, A. (2007): »Holacracy: Organization in motion. A promising new idea for organizational agility«, Download von [http://api.ning.com/files/jXAmB6WFYokSwoptW2a5ZxK9QGgDDorO5bq*L60hhO4EC3MgodtmWAdy67MzIOc4xSUCUShy1LgSrNzGRYJ5CnNbxkPfRxU5/HolacracyOrganizationinmotionAllisonConte.pdf]

Csíkszentmihályi, M. (2005): Flow, Stuttgart

Dittmar, V. (2015): Gefühle – eine Gebrauchsanweisung, Brixen

Dombrowski, U.; et al. (2015): Prozessorganisation in deutschen Unternehmen, in: zfo Zeitschrift Führung + Organisation, 1/2015, S. 63–69.

Eisenstein, C. (2012): Ökonomie der Verbundenheit, München

Ellen MacArthur Foundation – Towards a Circular Economy Volume 1, 2010, UK

Ellen MacArthur Foundation (2010): Sense & Sustainability

Europäische Kommission, Pressemitteilung vom 21. 12. 2012, Brüssel

FAO (2012): FAO UN: The State of Food Insecurity in the World, [http://www.fao.org]

Faschingbauer, M. (2012): Effectuation. Wie erfolgreiche Unternehmer denken, entscheiden und handeln, Stuttgart

Feige, A. (2010): Good Business – Das Denken der Gewinner von morgen, Hamburg

Felber, C. (2012): Gemeinwohlökonomie, Wien

Gallup (2014): Gallup Engagement Index 2010, [www.gallup.de]

Gemeinwohlbilanz Gugler GmbH (2011): [www.gugler.at]

Gerhardt S.; Richter J. (20. 04. 2015): Deutsche schauen beim Umweltbewusstsein zuerst auf Unternehmen [http://www.gfk.com/de/Documents/Pressemitteilungen/2015/20150420_PM_Umweltbewusstes_Verhalten_dfin.pdf]

Global Compact – Deutschland; Interview mit Herrn Jørgen Randers, S. 126 ff., 2013

GPA (2013), Gewerkschaft der Privatangestellten, Druck, Journalismus, Papier, Download [www.gpa-djp.at] (aufgerufen am 24. März 2013)

Hauser, B. (2012): Action Learning, Bonn

Häusler (2012): Licht für die Ärmsten, 2012, [http://www.zeit.de/zeit-wissen/2012/02/Indien-Husk-Power-System]

Heinberg R. (2007): Peak Everything: Waking Up to the Century of Declines, Trowbridge, Wiltshire, UK

Howe, J.: [http://www.crowdsourcingblog.de/blog/2011/02/12/terminologie/]

Hübl, T. (2015): Transparente Kommunikation, [www.thomashuebl.com]

INQA (2014): Führungskultur im Wandel Herausgeber: Initiative Neue Qualität der Arbeit, Berlin, c/o Bundesanstalt für Arbeitsschutz und Arbeitsmedizin, veröffentlicht am 1. 10. 2014, zu beziehen unter [www.inqa.de/]

Jackson, T. (2013): Wohlstand ohne Wachstum, München

Jakobson, M.; DeLucchi, M. (2009): Erde 3.0. Plan für eine emissionsfreie Welt bis 2030, Spektrum der Wissenschaft, 12/2009, S. 80–87

Kahnemann, D. (2014): Schnelles Denken – langsames Denken, München

Klein, N. (2015): Die Entscheidung – Kapitalismus vs. Klima, Frankfurt am Main

Kotler P. (2010): Die neue Dimension des Marketings. Vom Kunden zum Menschen, Frankfurt am Main

KPMG (2012), Studie: Expect the Unexpected, Building business value in a changing world, [www.kpmg.com]

Krugmann, P. (2008), Interview im Manager-Magazin, 26. Mai 2008

Laloux, F. (2015): Reinventing Organizations. Ein Leitfaden zur Gestaltung sinnstiftender Formen der Zusammenarbeit, München

Lebensministerium Österreich (2012), Wachstum im Wandel – Zukunftsdossier Nr. 3 – Alternative Wirtschafts- und Gesellschaftskonzepte 2012, [http://www.wachstumimwandel.at/wp-content/uploads/WiW-Dossier_Alternative_Wirtschafts_und_Gesellschaftskonzepte_de.pdf]

Leitschuh-Fecht, H. (ohne Jahresangabe): Wie wird ein Stakeholder-Dialog erfolgreich? »Dos and Donts«, download von [www.fairwirtschaften.de]

Lobbycontrol (2007): [www.lobbycontrol.de/download/greenwash-studie.pdf]

Lohmann-Haislah A.; BAUA – Bundesanstalt für Arbeitsschutz und Arbeitsmedizin (2013): Stressreport Deutschland 2012, Psychische Anforderungen, Ressourcen und Befinden, [http://www.baua.de/de/Publikationen/Fachbeitraege/Gd68.pdf?__blob=publicationFile]

Macy, J.; Brown, M. Y. (2011): Die Reise ins lebendige Leben – Strategien zum Aufbau einer zukunftsfähigen Welt, Paderborn

Mcpherson, M.; et al. (2006): Social Isolation in America, Changes in Core Discussion Networks over Two Decades, Durham, North Carolina

Mohr, G. (2015): Systemische Wirtschaftsanalyse, Bergisch Gladbach

Neuberger, O. (2002): Führen und führen lassen, Stuttgart

OECD – Organisation für wirtschaftliche Zusammenarbeit und Entwicklung (2015): Sozialbericht »In it together: why less inequality benefits all«, OECD Publishing, Paris

Osterwalder, A.; Pigneur, Y. (2011): Business Model Generation. Ein Handbuch für Visionäre, Spielveränderer und Herausforderer, Frankfurt am Main

Paech N. (2013), Befreiung vom Überfluss, München

Papst Franziskus (2015): Laudato Sí, Rom

Pauli, G. (2011): Neues Wachstum: Wenn grüne Ideen nachhaltig »blau« werden, Berlin

Pauli, G. (2012): The Blue Economy: 10 Years – 100 Innovations – 100 Million Jobs, Wien

Paulus, G.; et al. (2009): Systemisches Konsensieren. Der Schlüssel zum gemeinsamen Erfolg, Holzkirchen

Perrin, T. (2007): Closing the Engagement Gap, a Towers Perrin Global Workforce Study, 2007–2008

Pichler, R. (2009): Scrum – Agiles Projektmanagement erfolgreich einsetzen, Heidelberg

Poostchi, K. (2006): Spuren der Zukunft – vom Systemdenken zur Teampraxis, Stuttgart

Prahalad, C. K.; et al. (2009), Harvard Business Manager, 24. 11. 2009

Projektmanagement (2009): DIN-Taschenbuch 472, Berlin

Qualman, E. (2009): Socialnomics. Wie Social Media Wirtschaft und Gesellschaft verändern, Hoboken, New Jersey

Randers, J., (2012): 2052 – Der neue Bericht an den Club of Rome. Eine globale Prognose für die nächsten 40 Jahre, München

Rheingold, H. (2002): Smart Mobs: The Next Social Revolution. Perseus, Cambridge, Massachusetts

Rosenberg, M. (2001): Gewaltfreie Kommunikation, Paderborn

Rosling, H. (2014): Der Saldo der Welt. Spiegel, 37/2014, S. 50–58

Schachinger (2012), Nachhaltigkeitsbericht 2012–2014, Schachinger Logistik Holding GmbH, Hörsching

Scharmer, O. (2009): Theorie U – von der Zukunft her führen, Heidelberg

Scharmer, O.; Käufer, K. (2014): Von der Zukunft her führen – Theorie U in der Praxis, Heidelberg

Schmid, B.; Gerard, C. (2008): Intuition und Professionalität, Heidelberg

Schmidt, G. (2015). Dieser Literaturhinweis zum Thema lernende Organisation bezieht sich auf eine ganze Reihe von Veröffentlichungen von Gunther Schmidt, aber auch auf die Teilnahme an einer zweijährigen Fortbildung bei ihm. Siehe auch das Interview mit ihm im vorliegenden Buch.

Senge, P. (2011): Die notwendige Revolution. Wie Individuen und Organisationen zusammenarbeiten, um eine nachhaltige Welt zu schaffen, Heidelberg

Stöger, R. (2007): Strategieentwicklung für die Praxis, Stuttgart

Streit, H.-U. (2014): Projektmanagement für Veränderungsvorhaben, in: Projektmanagement aktuell, Heft 4/20014, S. 32–36

Sustainability Guide (2013): Company and Sector Analysis of the STOXX® Europe 50 Index, Featuring the new Inrate Sustainability Assessment, 2013, [www.inrate.com/Inrate/media/Documents/Studies/InrateSustainabilityGuide2013.pdf]

The Economist (2012): Green Growth: Shoots, greens and leaves, Ausgabe vom 16. Juni 2012

Turner G. (2008): A comparison of the limits to growth with thirty years of reality, Australia

Unicef (2012): [http://www.unicef.de/presse/2012/vergleichsstudie-kinderarmut/] (aufgerufen am 23. März 2013)

Utz, W. (2015): persönliche Mitteilung

Watzlawik, P. (2005): Wie wirklich ist die Wirklichkeit?, München

Weitzman M. (1984): The share economy: conquering stagflation, Harvard

Wilber, K. (2010): Ganzheitlich handeln. Eine integrale Vision für Wirtschaft, Politik, Wissenschaft und Spiritualität, Freiburg

WIN (2015): [http://www.win-bw.com/win-charta.html]

Xerox (2010): Report on Global Citizenship [http://www.xerox.com/corporate-citizenship-2010/sustainability/waste-prevention.html]

SUSTAINABLE COMPANIES

Internationales Sommerforum der Terra Academy

nach »U-Prozess« (Otto Scharmer)

vom 22. bis 26. August 2016

Downloading	Seeing & Sensing	Presencing	Crystallizing	Prototyping
MONTAG	DIENSTAG	MITTWOCH	DONNERSTAG	FREITAG
RE:CONNECT. Die Standortbestimmung. Globaler Kontext • Herausforderungen unserer Zeit als Impulsgeber für Neuausrichtung und Innovationen • Rolle von Unternehmen und Wirtschaft im globalen Wandel • Paradigmenwechsel im Denken • Treiber für Change-Prozesse	**RE:STRUCTURE. Evolutionäre Unternehmen im Überblick.** Visionen für neues unternehmerisches Handeln • Erfolg für Mensch, Natur und Unternehmen • Merkmale und Strukturen moderner, postmoderner und herausragender Unternehmenskulturen	**RE:MEMBER. Erste Reflexion in Stille; wie kann ich die Inhalte in meiner Struktur umsetzen.** Reflexionswanderung in den Dolomiten • Gespräche in der Natur • Verbindung zu tieferen Schichten der eigenen Persönlichkeit aufbauen • Sinnstiftung	**Diverse Vertiefungen zur Auswahl** Modelle, Methoden und Instrumente nachhaltiger Unternehmen • Best Practice • Einsparungspotenzial und Kosten • Nutzung sinnvoller Zyklen, kollektiver Intelligenzen und globaler Bedürfnisse	
			Mission, Vision & Advocacy – Anbindung an das übergeordnete System	Produkte und Werteallianzmanagement
				Beziehungskultur und Kooperation in Unternehmen
			Strategie, Lernen und Selbsterneuerung	Governance, Struktur und Führung
			Stakeholderdialog und Reporting	Operative Exzellenz
ABEND *Inputgeber Günther Reifer*	ABEND *Inputgeber Hans-Ulrich Streit*	*Freie Gestaltung*	ABEND *Die Gemeinschaft genießen. Inputgeberin Evelyn Oberleiter*	

Location:
St. Georg in Brixen (Südtirol)

Rahmenprogramm
(auch für Begleitpersonen)

Organisierte Wanderung mit Bergführer in den Dolomiten

Biologisches und regionales Mittag- und Abendessen am Campus

Nachhaltig Kochen mit dem Sternekoch Herbert Hintner

Stimmungsvolles Abendprogramm mit Gesprächen, interessanten Besuchern und Musik